国家职业资格培训教程与鉴定指南

（配套国家题库湖南分库）

GUOJIA ZH ENG
YU JIANDIN

工具钳工鉴定指南

（职业资格五级 四级/初级 中级）

湖南省人力资源和社会保障厅职业技能鉴定中心组织编写

张立夏 主编

中国劳动社会保障出版社

图书在版编目(CIP)数据

工具钳工鉴定指南：职业资格五级　四级/初级　中级/张立夏主编. -- 北京：中国劳动社会保障出版社，2020

国家职业资格培训教程与鉴定指南：配套国家题库湖南分库

ISBN 978-7-5167-3691-3

Ⅰ. ①工…　Ⅱ. ①张…　Ⅲ. ①钳工-职业技能-鉴定-自学参考资料　Ⅳ. ①TG9

中国版本图书馆 CIP 数据核字(2019)第 249447 号

中国劳动社会保障出版社出版发行

(北京市惠新东街 1 号　邮政编码：100029)

*

三河市华骏印务包装有限公司印刷装订　新华书店经销

787 毫米×1092 毫米　16 开本　16.25 印张　315 千字

2020 年 2 月第 1 版　2020 年 2 月第 1 次印刷

定价：40.00 元

读者服务部电话：(010) 64929211/84209101/64921644

营销中心电话：(010) 64962347

出版社网址：http://www.class.com.cn

本书编审人员

主　　编：张立夏

参　　编：陈芬桃　周青山　郭勇军　文　献　陆　斌
邹　毅　颜迎建　王文治　聂　颖　张　丽
肖　俊　赵文海　吴五一　邓伟文　戴智勇
刘一峰　彭　青

审　　稿：尹子文　周培植　杨成斌　彭　博

前　言

科教兴国、人才强国是党中央、国务院的战略决策。《国家中长期人才发展规划纲要（2010—2020）》明确提出："培养和造就规模宏大、结构优化、布局合理、素质优良的人才队伍，确立国家人才竞争比较优势，进入人才强国行列"。实施《国家中长期人才发展规划纲要 2010—2020》，首要的就是以高层次、高技能人才为重点，统筹推进各类人才队伍建设。

职业教育培训是人力资源开发、促进技能强国的重要途径；开展职业技能鉴定，推行国家职业资格证书制度则是检验职业教育培训效果、促进其发展的重要手段，引领着职业教育培训的方向。近年来，在人力资源和社会保障部职业技能鉴定中心的指导和支持下，我们组织湖南省内部分职业院校教师和大中型企业的专家，按照国家题库开发技术规程，针对目前职业技能鉴定试题存在的一些老旧过时、偏离实际、未反映新技术发展等问题，坚持依据国家职业标准，突出"以职业活动为导向、以职业能力为核心"的思想，对国家题库湖南分库进行了修订和完善，并在全省职业技能鉴定工作中启用。为促进职业教育培训与职业技能鉴定工作规范有序开展，根据国家题库湖南分库的修订完善情况，我们与中国劳动社会保障出版社共同组织开发了配套的系列培训教程和鉴定指南。

该系列培训教程和鉴定指南编写本着精练简洁、通俗易懂、科学合理的原则，重点体现职业特色，遵循用什么、学什么、考什么、编什么的标准，突出针对性、典型性和实用性。编写工作凝聚了编者的心血，体现了集体的智慧，对促进广大劳动者提升职业能力和综合素质具有较高的价值，既可用于相关职业从业人员的职业培训和技能鉴定，也可作为各类职业院校的专业教材和参考指南。由于时间仓促及能力水平所限，该系列培训教程和鉴定指南难免存在不尽人意之处，欢迎广大培训鉴定单位和读者提出宝贵意见和建议，以便今后进一步修改完善。

湖南省国家职业资格培训教程与鉴定指南编审委员会

目　录

第一部分　职业资格五级/初级工具钳工鉴定指南

第一章　理论知识考试指南…………（1）
理论知识考试解读…………（1）
理论知识考试试卷构成…………（1）
职业资格五级/初级工具钳工理论知识鉴定要素细目表……（1）
理论知识考试试题…………（12）
理论知识考试试题参考答案…………（69）
理论知识考试模拟试卷…………（73）
理论知识考试模拟试卷（一）…………（73）
理论知识考试模拟试卷（二）…………（79）
理论知识考试模拟试卷（一）参考答案…………（86）
理论知识考试模拟试卷（二）参考答案…………（87）
第二章　操作技能考核指南…………（88）
操作技能考核解读…………（88）
操作技能考核试卷构成…………（88）
职业资格五级/初级工具钳工操作技能考核内容结构表……（88）
职业资格五级/初级工具钳工操作技能鉴定要素细目表……（89）
操作技能考核试题…………（91）
操作技能考核模拟试卷…………（121）

第二部分　职业资格四级/中级工具钳工鉴定指南

第三章　理论知识考试指南…………………………………………………（125）

理论知识考试解读………………………………………………………（125）

理论知识考试试卷构成……………………………………………（125）

职业资格四级/中级工具钳工理论知识鉴定要素细目表 ……（125）

理论知识考试试题………………………………………………………（136）

理论知识考试试题参考答案……………………………………………（189）

理论知识考试模拟试卷…………………………………………………（193）

理论知识考试模拟试卷（一） ……………………………………（193）

理论知识考试模拟试卷（二） ……………………………………（200）

理论知识考试模拟试卷（一）参考答案 …………………………（207）

理论知识考试模拟试卷（二）参考答案 …………………………（208）

第四章　操作技能考核指南…………………………………………………（209）

操作技能考核解读………………………………………………………（209）

职业资格四级/中级工具钳工操作技能考核内容结构表 ……（209）

职业资格四级/中级工具钳工操作技能鉴定要素细目表 ……（210）

操作技能考核试题………………………………………………………（212）

第一部分　职业资格五级/初级工具钳工鉴定指南

第一章　理论知识考试指南

➢ 理论知识考试解读

理论知识考试试卷构成

职业资格五级/初级工具钳工理论知识考试采用标准化试卷，考试试卷有“单项选择题”和“判断题”两大类题型。总共100题，满分100分。

1. 单项选择题为“四选一”单选题型，即每道题有四个选项，其中只有一个选项为正确选项。共80题，每题1分，共80分。

2. 判断题为正误判断题型。共20题，每题1分，共20分。

职业资格五级/初级工具钳工理论知识鉴定要素细目表

鉴定范围：五级						鉴定点		
名称	鉴定比重（%）	名称	鉴定比重（%）	名称	鉴定比重（%）	代码	名称	重要程度
基本要求	30	职业道德	5	职业道德基本知识	3	001	职业的定义、产生与分类	X
						002	道德与法律的关系	Y
						003	职业道德的基本内涵	X
						004	职业道德的作用	X
						005	社会主义职业道德的核心与基本原则	Z
						006	爱岗敬业的具体要求	X
						007	诚实守信、办事公道的具体要求	X
						008	服务群众、奉献社会的具体要求	X
						009	职业道德修养的目的与内容	X
						010	提高职业道德修养的方法与途径	Y

续表

鉴定范围：五级						鉴定点		
名称	鉴定比重（%）	名称	鉴定比重（%）	名称	鉴定比重（%）	代码	名称	重要程度
基本要求	30	职业道德	5	职业守则	2	001	劳动法基本知识	X
						002	劳动合同基本知识	X
						003	质量第一、用户至上的基本要求	X
						004	钻研技术、提高技能的基本要求	X
						005	遵纪守法、安全生产的基本要求	X
						006	安全操作规程	X
		基础知识	25	识图知识	3	001	机械图样的概念和种类	Y
						002	国家标准对图样的一般规定	X
						003	投影的概念	Y
						004	三视图的概念	Y
						005	识读三视图的要领	X
						006	简单零件剖视的表达方法	X
						007	螺纹的规定画法和代号标注方法	X
						008	键、销、弹簧、轴承、齿轮的规定画法和代号标注方法	X
						009	装配图识读知识	Y
				公差配合知识	2	001	公差配合的基本概念	Y
						002	公差配合的标准	X
						003	公差配合的代号	X
						004	形位公差的种类	X
						005	形位公差的标注	Z
						006	表面结构的概念	Y
				金属材料与热处理知识	4	001	碳素钢的种类牌号	X
						002	碳素钢的力学性能及切削性能	X
						003	合金钢的力学性能及切削性能	X
						004	铸铁的种类和牌号	X
						005	铸铁的力学性能及切削性能	Y
						006	常用有色金属的种类和牌号	X
						007	常用有色金属的力学性能及切削性能	X
						008	钢的退火的种类及其目的	X
						009	钢的正火及淬火的目的	X
						010	钢的回火种类及其目的	X
						011	钢的调质处理	X
						012	钢的表面淬火的种类及特点	Z

续表

鉴定范围：五级						鉴定点		
名称	鉴定比重（%）	名称	鉴定比重（%）	名称	鉴定比重（%）	代码	名称	重要程度
基本要求	30	基础知识	25	机械传动基本知识	2	001	带传动工作的类型	X
						002	带传动的特点	X
						003	链传动的类型和应用	Y
						004	齿轮传动的分类	X
						005	齿轮传动的应用特点	X
						006	螺旋传动的类型	X
				机械加工设备知识	1	001	金属切削机床的分类	X
						002	机床型号的编制方法	Y
						003	金属切削机床的用途	X
				金属切削刀具知识	2	001	切削运动的组成	Z
						002	切削用量要素	X
						003	刀具材料的种类和特点	X
						004	刀具的几何参数	X
						005	刀具的磨损及寿命	X
						006	车削加工的特点	X
				机械加工工艺知识	3	001	机械加工工艺规程	X
						002	生产类型与工艺特征	X
						003	常用的定位元件	X
						004	常用的定位方法	X
						005	定位基准的选择	X
						006	工艺路线的拟定	X
						007	轴类零件的工艺路线	X
						008	套类零件的工艺路线	Y
						009	法兰类零件的工艺路线	Y
				机械设备润滑与切削液的使用知识	1	001	润滑材料及选用	X
						002	机械设备的润滑方法	X
						003	典型机械零件的润滑	X
						004	切削液及其选用	X

续表

鉴定范围：五级						鉴定点		
名称	鉴定比重（%）	名称	鉴定比重（%）	名称	鉴定比重（%）	代码	名称	重要程度
基本要求	30	基础知识	25	液压与气动知识	2	001	液压传动工作原理及特点	X
						002	液压传动系统的组成及各组成部分功用	X
						003	液压传动元件的图形符号	X
						004	液压动力元件	X
						005	液压执行元件	X
						006	气压知识	X
				通用设备和常用电器的种类和用途	1	001	常用低压电器的种类	X
						002	常用低压电器的用途	X
						003	常用电器仪表	Y
				现场文明生产要求	1	001	安全生产常识	X
						002	车间文明生产要求	X
						003	现场生产管理	X
				安全用电知识	1	001	人体触电的方式	X
						002	触电急救	X
						003	安全用电措施	X
				安全操作和劳动保护知识	1	001	工具钳工作业环境的安全要求	X
						002	工具钳工安全技术操作规程	X
						003	常用劳动保护用品的作用和使用规定	X
				质量管理知识	1	001	质量管理的概念	Y
						002	岗位的质量要求	X
						003	岗位的质量保证措施	X
相关知识	70	工艺装备零件的加工	35	划线	3	001	划线的概念	X
						002	划线工具的种类	X
						003	常用划线工具的使用	X
						004	等分圆周的画法	X
						005	平面划线方法	X
						006	分度头的结构和工作原理	X
						007	划线基准的选择原则	X
						008	划线涂料的种类	X
						009	划线涂料的应用场合	Y

续表

鉴定范围：五级						鉴定点		
名称	鉴定比重（%）	名称	鉴定比重（%）	名称	鉴定比重（%）	代码	名称	重要程度
相关知识	70	工艺装备零件的加工	35	零件加工	22	001	砂轮机的种类及使用时注意事项	X
						002	台虎钳的结构、使用及保养方法	X
						003	钻床的安全操作知识	X
						004	钻床的结构、性能和用途	Y
						005	钻床的使用和维护保养方法	X
						006	剪板机的种类、用途及使用安全技术	X
						007	带锯机的用途	X
						008	带锯机安全使用及维护保养方法	X
						009	手用、电动工具的用途及使用安全技术	X
						010	錾削与錾子	X
						011	錾子的角度与刃磨及热处理要求	X
						012	錾削方法	X
						013	錾削时常见缺陷分析及安全技术	X
						014	錾子的结构、规格与选用	X
						015	锯削与手锯	X
						016	锯条的规格及选用	X
						017	锯削的方法及操作要点	X
						018	锯削时常见缺陷分析及安全技术	X
						019	锉削与锉刀	X
						020	锉刀的规格及选用	X
						021	锉削方法	X
						022	平面、曲面锉削的操作要点及技术要求	X
						023	锉削时常见缺陷分析及安全技术	X
						024	钻孔与麻花钻	X
						025	麻花钻的切削角度	X
						026	麻花钻的刃磨要点	X
						027	钻孔的方法	X

续表

鉴定范围：五级						鉴定点		
名称	鉴定比重（%）	名称	鉴定比重（%）	名称	鉴定比重（%）	代码	名称	重要程度
相关知识	70	工艺装备零件的加工	35	零件加工	22	028	钻孔时常用辅助工具及用途	Y
						029	钻孔常见缺陷分析及安全技术	X
						030	钻头损坏的形式及原因	X
						031	扩孔钻的结构及扩孔方法	X
						032	锪孔钻的结构及锪孔方法	X
						033	铰孔与铰刀	X
						034	铰刀的结构、规格及选用	X
						035	铰孔方法	X
						036	铰削时产生废品的原因	X
						037	螺纹的种类和用途	X
						038	螺纹各部分尺寸之间关系	X
						039	攻螺纹的工具及加工方法	X
						040	攻螺纹时底孔直径的确定方法	X
						041	攻螺纹常见的缺陷	X
						042	套螺纹的工具及加工方法	X
						043	套螺纹时圆杆直径的确定方法	X
						044	套螺纹常见的缺陷	X
						045	丝锥的选用与刃磨	X
						046	刮刀的种类	X
						047	刮刀的结构、规格及选用	X
						048	刮刀的切削角度与刃磨	X
						049	刮削的工作原理和操作方法	X
						050	显示剂的类型和使用方法	X
						051	刮削时显示剂的选用	X
						052	平面刮削方法	X
						053	刮削表面缺陷	X
						054	研磨的方式	X
						055	研磨的工作原理和操作方法	X
						056	研具的类型及选用	X

续表

鉴定范围：五级						鉴定点		
名称	鉴定比重（%）	名称	鉴定比重（%）	名称	鉴定比重（%）	代码	名称	重要程度
相关知识	70	工艺装备零件的加工	35	零件加工	22	057	磨料的种类及用途	X
						058	常用研磨剂的种类及选用	X
						059	研磨原理和研磨方法	X
						060	研磨时常见的缺陷及原因	X
						061	划线样板及制作方法	X
						062	矫正与矫正方法	X
						063	弯形与弯形方法	X
						064	弯曲前毛坯长度的计算	X
						065	弹簧的种类和用途	X
						066	手工盘制圆柱拉伸弹簧的步骤	Z
				零件的精度测量	10	001	测量分类	Y
						002	常用量具的分类	X
						003	游标卡尺的种类与各部分名称	X
						004	游标卡尺的读数原理	X
						005	外径测量方法	X
						006	内径测量方法	X
						007	游标高度卡尺	X
						008	千分尺的结构与各部分名称	Y
						009	千分尺的原理与读数方法	X
						010	千分尺的使用	X
						011	深度千分尺	X
						012	千分尺的精度保持和保养	X
						013	指示表的种类和各部分名称	Y
						014	表架及其使用方法	X
						015	杠杆指示表的结构及使用	X
						016	游标万能角度尺的结构与使用	X
						017	刀口尺的结构与使用	X
						018	角尺的结构与使用	X
						019	百分表的结构与使用	X

续表

鉴定范围：五级						鉴定点		
名称	鉴定比重（%）	名称	鉴定比重（%）	名称	鉴定比重（%）	代码	名称	重要程度
						020	塞尺的结构与使用	X
						021	塞规及其使用	X
						022	塞规的保管和保养	X
						023	量块的结构与使用	X
						024	量块的保养	X
		工艺装备零件的加工	35	零件的精度测量	10	025	计量器具的选择	X
						026	光滑极限量规的类型及使用	X
						027	直线度和平面度的测量	Y
						028	平行度和垂直度的测量	Y
						029	同轴度和跳动误差的测量	Y
						030	表面结构的测量方法	Z
						001	装配工艺过程概念	X
						002	尺寸链的概念	X
						003	起重设备的种类	Y
相关知识	70					004	起重设备的使用和保养	X
				装配前的准备	3	005	扳手与旋具的结构和使用	X
						006	电动钻具的类型和使用	X
						007	常用夹具（夹持工件、夹持刀具）的使用方法	X
		工艺装备的装配、调试	25			008	零件的清洗方法	X
						009	清洗剂的种类	Y
						001	螺纹连接的类型、应用特点	X
						002	螺纹连接的防松装置	X
						003	螺纹连接的装配技术要求	X
				装配	15	004	螺纹连接的装配工艺	X
						005	螺纹连接的损坏形式及修理	X
						006	平键、半圆键、楔键的配合类型和选用知识	X
						007	松键、紧键连接的装配工艺	X

续表

鉴定范围：五级						鉴定点		
名称	鉴定比重（%）	名称	鉴定比重（%）	名称	鉴定比重（%）	代码	名称	重要程度
相关知识	70	工艺装备的装配、调试	25	装配	15	008	销的种类和作用	X
						009	销连接的装配与拆卸	X
						010	过盈连接的装配	X
						011	滚动轴承的结构、代号和选用方法	Y
						012	滚动轴承的装配方法	X
						013	游隙的测量和调整	Z
						014	滚动轴承的预紧	Y
						015	润滑与密封装置的选择	Y
						016	轴组的装配方法	Z
						017	铆钉的分类、铆钉直径和长度的确定	X
						018	铆接的种类和形式	X
						019	粘接的种类特点	X
						020	粘接的用途和粘接方法	X
						021	六点定位原则	X
						022	工件定位的方法	X
						023	定位元件的选用	X
						024	工件的安装与基准	X
						025	钻床夹具的分类	X
						026	钻床夹具的典型结构	X
						027	机床夹具的装配工艺过程	X
						028	固定式钻模的装配	X
						029	冲裁过程分析	X
						030	冲裁断面分析	X
						031	冲裁间隙对冲裁件质量的影响	X
						032	冲裁间隙对冲裁力及模具寿命的影响	X
						033	冲裁模的分类和典型结构	X
						034	冲裁凸模的结构形式与固定方式	X
						035	冲裁凹模的结构形式与固定方式	X
						036	冲裁模定位零件的结构与选用	X

续表

鉴定范围：五级						鉴定点		
名称	鉴定比重（%）	名称	鉴定比重（%）	名称	鉴定比重（%）	代码	名称	重要程度
相关知识	70	工艺装备的装配、调试	25	装配	15	037	冲裁模的卸料装置的结构与选用	X
						038	冲裁模模架与导向装置的结构与选用	X
						039	冲裁模其他支承零件的结构和选用	X
						040	冲裁模的装配技术要求	X
						041	冲裁凸模的装配	X
						042	低熔点合金在冲裁模装配上的应用	Z
						043	无机粘接在冲裁模装配上的应用	X
						044	单工序冲裁模的装配秩序	X
						045	单工序冲裁模的装配工艺	X
				调试	7	001	钻床夹具的调试	X
						002	曲柄压力机的用途和分类	Y
						003	曲柄压力机的结构组成	Z
						004	曲柄压力机滑块的常用结构	Z
						005	曲柄压力机的技术参数及选用	X
						006	冲床的操作方法	X
						007	冲床安全操作规程	X
						008	模具安装前的准备	X
						009	冲裁模安装的要求	X
						010	冲裁模的安装要点	X
						011	冲裁模的拆卸	X
						012	冲压安全知识	X
						013	冲裁模调试的目的	Y
						014	冲裁模调试的内容	X
						015	冲裁模调试的技术要求	X
						016	冲裁模在调试过程中应注意的问题	X
						017	冲裁模的调试要点	X
						018	冲裁时凸凹模间隙的调整方法	X
						019	冲裁时制件毛刺大的调整	X
						020	冲裁时凸凹模啃刀的调整	X
						021	冲裁时卸料不正常的调整	X

续表

鉴定范围：五级						鉴定点		
名称	鉴定比重（%）	名称	鉴定比重（%）	名称	鉴定比重（%）	代码	名称	重要程度
相关知识	70	工艺装备的维修	10	故障的分析和检查	5	001	钻床夹具常见故障产生的原因及排除方法	X
						002	冲裁时制件毛刺大的原因	X
						003	冲裁时凸凹模啃刀的原因	X
						004	冲裁时卸料不正常的原因	X
						005	冲裁时冲头断裂的原因	X
						006	冲裁时凹模胀裂的原因	X
						007	冲裁时工作零件严重磨损的原因	X
						008	冲裁时上、下模模板在使用过程中发生裂纹及碎裂的原因	X
						009	冲裁时冲件压伤、刮伤的原因	X
						010	冲裁时跳废料的原因	X
						011	冲裁时废料阻塞的原因	X
						012	冲裁时送料不畅与卡料的原因	X
						013	冲裁时制件不平的原因	X
						014	冲裁时断面质量差的原因	X
						015	冲裁时运动部位磨损的原因	Z
				修理	5	001	机械拆卸的基本知识	X
						002	工艺装备的拆卸方法和注意事项	X
						003	滑动轴承的润滑	X
						004	滚动轴承的润滑	X
						005	夹具的维护和检查	X
						006	冷冲模的使用检查	X
						007	冲裁模临时维护修理内容	X
						008	冲裁模临时维护修理方法	X
						009	冲裁模的维护和保养	X
						010	冲裁模的日常保养	X
						011	冲裁模修理准备	X

续表

鉴定范围：五级						鉴定点		
名称	鉴定比重（%）	名称	鉴定比重（%）	名称	鉴定比重（%）	代码	名称	重要程度
相关知识	70	工艺装备的维修	10	修理	5	012	冲裁模的检修原则和步骤	X
						013	冲裁模的修理工艺	X
						014	冲裁模的修理方法	X
						015	冲裁模典型零件的修复	X

注：表中鉴定要素“重要程度”分为X、Y、Z三种指标，X表示“核心要素”，是鉴定要素集合中最重要、考试中出现频率最高的内容，是要求考生熟练掌握的内容；Y表示“一般要素”，是鉴定要素集合中一般重要的内容，是要求考生理解、熟悉的内容；Z表示“辅助要素”，是鉴定要素集合中重要程度较低的内容，是要求考生了解的内容。

➢ 理论知识考试试题

一、单项选择题

1. 所谓职业，是指从业人员为获取主要（　　）所从事的社会工作类型。

A. 职务　　B. 生活来源　　C. 岗位　　D. 社会交往

2. “以德治国”与“依法治国”（　　），才能维护社会稳定，促进社会发展，保持国家的长治久安。

A. 相互对立　　B. 既统一又对立

C. 不统一也不对立　　D. 相互统一

3. 道德和法律作为人们的行为规范，都是维护社会秩序、规范人们思想和行为的重要手段，都对社会关系有调节作用，但是两者的作用（　　）。

A. 相同　　B. 不同

C. 此消彼长　　D. 有相同，也有不同

4. 职业道德的内容包括（　　）。

A. 从业者的工作计划　　B. 职业道德行为规范

C. 从业者享有的权利　　D. 从业者的工资收入

5. 职业道德体现了（　　）。

A. 从业者的价值观　　B. 从业者的工资收入

C. 从业者享有的权利　　D. 从业者的工作计划

6. 职业道德作为（　　）建设的一个组成部分，是完善社会道德体系的重要方面。

A. 个人情感道德　　　　　　　　　　B. 社会道德

C. 个人思想道德　　　　　　　　　　D. 个人利益

7. (　　) 是社会主义职业道德的核心。

A. 遵纪守法　　B. 为人民服务　　C. 爱岗敬业　　D. 诚实守信

8. (　　) 是社会主义职业道德的基本原则。

A. 遵纪守法　　B. 爱岗敬业　　C. 诚实守信　　D. 集体主义

9. 诚实守信的基本要求是自觉抵制不正之风，主动公示职业行为，(　　)。

A. 钻研技术，提高技能　　　　　　B. 不惜代价兑现承诺

C. 多劳多得，按劳分配　　　　　　D. 搞好与他人的关系

10. 办事公道的基本要求是坚持真理，追求正义；(　　)；坚持正气，一视同仁。

A. 搞好与他人的关系　　　　　　B. 坚持原则，不徇私情

C. 服从领导，按指示办事　　　　D. 大事化小，小事化了

11. (　　) 就是要求每个职业劳动者一心想着群众，一切为了群众，全心全意地为人民群众服务。

A. 办事公道　　B. 爱岗敬业　　C. 服务群众　　D. 奉献社会

12. 职业道德修养是个人(　　)道德活动，通过职业道德教育形成，在职业活动中不断提高。

A. 主动　　B. 被动　　C. 客观　　D. 主观

13. 职业道德修养的总目标，就是要使从业者成为(　　)的高素质劳动者。

A. 自觉抵制不正之风　　　　　　B. 有理想、有道德、有文化、有纪律

C. 坚持原则，不徇私情　　　　　D. 德、智、体、美

14. 在学习中、在实践中、在(　　)中、在自律中提高职业道德修养。

A. 积累　　B. 他律　　C. 约束　　D. 创造

15. 下列选项中不是劳动者应尽义务的是(　　)。

A. 完成劳动任务　　　　　　B. 节假日加班

C. 提高职业技能　　　　　　D. 执行劳动安全卫生规程

16. 法定休假日加班工资为不低于平时工资的(　　)%。

A. 100　　B. 200　　C. 300　　D. 400

17. 下列选项中不属于劳动合同内容的条款是(　　)。

A. 劳动报酬　　B. 劳动纪律　　C. 押金　　D. 保守商业秘密

18. 企业要生存和发展，(　　) 是最基本的要求。

A. 员工数量　　　　　　B. 质量第一，用户至上

C. 产品名称　　　　　　　　　　D. 生产设备

19. 下列选项中不是坚持“质量第一，用户至上”基本要求的是（　　）。

A. 树立“质量第一”的观念

B. 提倡诚实劳动，严把质量关

C. 掌握岗位专业知识，提高产品、工作质量

D. 努力完成工作任务

20. （　　）是人们进行职业活动、完成职业责任的能力和手段。

A. 职业技能　　　　　　　　　　B. 文化水平

C. 表达能力　　　　　　　　　　D. 社交能力

21. 安全生产是指在劳动生产过程中，要努力改善劳动条件，克服不安全因素，防止伤亡事故的发生，使生产在保证劳动者（　　）和国家财产及人民生命财产安全的前提下顺利进行。

A. 合理报酬　　　　　　　　　　B. 安全健康

C. 个人利益不受侵害　　　　　　D. 工作时间

22. （　　）是遵规守纪、安全生产的基本要求之一。

A. 用户至上　　　　　　　　　　B. 质量第一

C. 严格自律　　　　　　　　　　D. 提高技能

23. 装配图是表达组成机器各零件之间连接方式和（　　）关系，是零件装配成机器的依据的图样。

A. 连接　　B. 装配　　C. 配合　　D. 组成

24. 根据图样使用场合不同，机械图样分为零件图和（　　）。

A. 测绘图　　B. 立体图　　C. 装配图　　D. 透视图

25. 国家标准规定了（　　）种常用的基本线型。

A. 5　　B. 10　　C. 15　　D. 20

26. 图样中所标注的尺寸（　　）。

A. 是所示机件的最后完工尺寸

B. 是绘制图样的尺寸，与比例有关

C. 以毫米为单位时，必须标注计量单位的代号或名称

D. 只确定机件的大小

27. 机械图样采用的投影方法是（　　）。

A. 中心投影法　　　　　　　　　B. 斜投影法

C. 正投影法　　　　　　　　　　D. 侧投影法

28. 正投影投射线（　　），并与投影面垂直。

A. 互相平行　　B. 互相交叉　　C. 互相垂直　　D. 互相倾斜

29. 三视图是指主视图、俯视图和（　　）。

A. 后视图　　B. 左视图　　C. 右视图　　D. 仰视图

30. 主视图是从前往后投影，在（　　）上得到视图。

A. 水平投影面　　B. 正立投影面　　C. 侧立投影面　　D. 前投影面

31. 每一封闭线框代表一个（　　）的投影。

A. 点　　B. 直线　　C. 曲线　　D. 面

32. 相邻线框代表不同位置的（　　）个面。

A. 一　　B. 两　　C. 三　　D. 四

33. 外形简单、内部结构复杂的零件最好用（　　）表达。

A. 全剖视图　　B. 半剖视图　　C. 局部视图　　D. 阶梯剖视图

34. 画在视图轮廓线之内的断面图，称为（　　）断面。

A. 移出　　B. 重合　　C. 全剖　　D. 半剖

35. 国标规定内螺纹大径应画（　　）。

A. 虚线　　B. 粗实线　　C. 细实线　　D. 点画线

36. 在投影为圆的视图上，表示外螺纹小径的圆用（　　）画。

A. 虚线　　B. 细实线

C. 1/4 细实线圆　　D. 3/4 细实线圆

37. 常用的圆头键（A 型）属于（　　）。

A. 花键　　B. 半圆键　　C. 普通平键　　D. 钩头楔键

38. 普通平键和半圆键的（　　）为工作面。

A. 前后面　　B. 左右面　　C. 两侧面　　D. 两顶面

39. 一张完整的装配图的技术要求指在装配、检验、（　　）和使用等方面的要求。

A. 形状精度　　B. 位置精度　　C. 调试　　D. 尺寸精度

40. （　　）不是装配图中必要的尺寸。

A. 性能尺寸　　B. 装配尺寸　　C. 基本尺寸　　D. 安装尺寸

41. 孔的上极限偏差用（　　）表示。

A. EI　　B. ei　　C. ES　　D. es

42. 孔和轴之间的配合类型有（　　）种。

A. 2　　B. 3　　C. 4　　D. 5

43. 轴的基本偏差在（　　）范围之间为基孔制间隙配合。

A. a ~ h　　B. A ~ H　　C. j ~ n　　D. P ~ ZC

44. (　) 公差等级的精度最高。

A. IT5　　B. IT6　　C. IT7　　D. IT8

45. (　) 属于孔的公差带代号。

A. h7　　B. f6　　C. F7　　D. r6

46. ϕ25H7/f6 中的 H7 代表（　）代号。

A. 轴的公差带　　B. 孔的公差带

C. 轴的基本偏差　　D. 孔的基本偏差

47. 符号“⌭”是指形状公差（　）。

A. 圆度　　B. 圆柱度　　C. 同轴度　　D. 位置度

48. (　) 公差不属于方向公差。

A. 平行度　　B. 垂直度　　C. 对称度　　D. 倾斜度

49. 形位公差的特征代号应标注在公差框格的第（　）格。

A. 一　　B. 二　　C. 三　　D. 四

50. 基准代号的字母应标注在公差框格的第（　）格。

A. 一　　B. 二　　C. 三　　D. 四

51. 最常用的表面结构要求是（　）。

A. 粗糙度参数　　B. 波纹度参数

C. 原始轮廓参数　　D. 显微硬度参数

52. 碳素钢按钢的含碳量分类可分为低碳钢、中碳钢和（　）。

A. 高碳钢　　B. 优质碳钢

C. 普通碳钢　　D. 高级优质碳钢

53. (　) 属于优质碳素结构钢的中碳钢。

A. 30　　B. 45　　C. T8A　　D. T12A

54. 低碳钢的（　），但塑性、韧性及焊接性良好。

A. 强度低、硬度高　　B. 强度低、硬度低

C. 强度高、硬度高　　D. 强度高、硬度低

55. (　) 钢的强度、硬度最高。

A. 35　　B. 45　　C. 60　　D. T12A

56. 用于一般工程结构和机械零件的材料是（　）。

A. 低合金结构钢　　B. 合金弹簧钢

C. 合金调质钢　　D. 滚动轴承钢

57. 用于制造各种负荷较大、受冲击的重要零件的材料是（　　）。

A. 合金渗碳钢　　B. 合金弹簧钢

C. 合金调质钢　　D. 滚动轴承钢

58. 按铸铁中的石墨化程度可分为灰口铸铁、白口铸铁和（　　）三种。

A. 可锻铸铁　　B. 球墨铸铁　　C. 麻口铸铁　　D. 蠕墨铸铁

59. 灰铸铁的牌号开头是汉语拼音字母（　　）。

A. HT　　B. KT　　C. QT　　D. RUT

60. 牌号 HT100 的含义是灰铸铁的最小抗拉强度是（　　）。

A. 100MPa　　B. 100GPa　　C. 100HRC　　D. 100HRB

61. 相对来说下列铸铁中（　　）力学性能最好。

A. HT　　B. KTH　　C. QT　　D. RUT

62. 常用的有色金属有铜及铜合金、铝及铝合金、钛及钛合金和（　　）等。

A. 铬　　B. 锰　　C. 铅　　D. 轴承合金

63. 常用的铜合金有黄铜、青铜和（　　）三大类。

A. 锡青铜　　B. 铝青铜　　C. 紫铜　　D. 白铜

64. 纯铜的性能特点有导电、导热好以及（　　）。

A. 耐腐蚀性好　　B. 强度高　　C. 硬度高　　D. 塑性差

65. 铝的导电性仅次于铜和（　　），居第三位。

A. 金　　B. 镍　　C. 钛　　D. 银

66. 将钢加热到完全奥氏体化，随之缓慢冷却，以获得接近于平衡状态组织的工艺方法是（　　）。

A. 完全退火　　B. 球化退火　　C. 去应力退火　　D. 低温退火

67. （　　）热处理不属于退火的工艺方法。

A. 完全退火　　B. 球化退火　　C. 去应力退火　　D. 低温退火

68. 正火是在（　　）中冷却的工艺方法。

A. 水　　B. 煤油　　C. 空气　　D. 机油

69. （　　）不属于淬火的介质。

A. 油　　B. 水　　C. 盐水　　D. 空气

70. 高温回火的温度范围通常为（　　）℃。

A. 150 ~ 250　　B. 350 ~ 500　　C. 500 ~ 650　　D. 800 ~ 1 000

71. 中温回火的温度范围通常为（　　）℃。

A. 150 ~ 250　　B. 350 ~ 500　　C. 500 ~ 650　　D. 800 ~ 1 000

72. 调质是指淬火后再进行（　　）回火。

A. 低温　　B. 中温　　C. 高温　　D. 超高温

73. 调质处理一般作为（　　）热处理。

A. 最初　　B. 最终　　C. 化学　　D. 表面

74. 表面淬火应用最广泛的是感应加热和（　　）加热表面淬火。

A. 电能　　B. 电解　　C. 激光　　D. 火焰

75. （　　）感应电流淬透深度最深。

A. 200 kHz　　B. 10 kHz　　C. 5 kHz　　D. 50 Hz

76. （　　）传动不属于带传动的类型。

A. 平带　　B. V 带　　C. U 带　　D. 圆带

77. 平带的截面形状为（　　）。

A. 矩形　　B. 梯形　　C. 圆形　　D. 方形

78. 截面形状为矩形的带传动类型是（　　）。

A. 平带传动　　B. V 带传动　　C. 多楔带传动　　D. 圆带传动

79. 截面形状为圆形的带传动类型是（　　）。

A. 平带传动　　B. V 带传动　　C. 多楔带传动　　D. 圆带传动

80. 按用途不同，链可分为传动链、输送链和（　　）。

A. 滚子链　　B. 齿形链　　C. 起重链　　D. 移动链

81. 自行车上的传动主要是采用（　　）传动。

A. 带　　B. 齿轮　　C. 螺旋　　D. 链

82. 根据齿轮副两传动轴相对位置不同，齿轮传动分为平行轴、相交轴和（　　）齿轮传动。

A. 闭式　　B. 开式　　C. 交错轴　　D. 垂直轴

83. 根据齿轮齿廓曲线不同，齿轮传动可分为（　　）传动、摆线齿轮传动和圆弧齿轮传动。

A. 渐开线齿轮　　B. 圆柱齿轮　　C. 圆锥齿轮　　D. 交错齿轮

84. （　　）传动效率高。

A. 平带传动　　B. V 带传动　　C. 齿轮传动　　D. 液压传动

85. （　　）传动制造成本高。

A. 平带　　B. V 带　　C. 齿轮　　D. 链条

86. 车床的大拖板属于（　　）传动。

A. 带　　B. 链　　C. 齿轮　　D. 螺旋

87. 下列关于机床的滑板移动机构的说法正确的是（　　）。

A. 螺母回转，螺杆作直线运动　　B. 螺杆回转，螺母作直线运动

C. 螺母固定，螺杆回转作直线运动　　D. 螺杆固定，螺母作直线运动

88. 目前一般将机床划分为（　　）类。

A. 10　　B. 12　　C. 14　　D. 16

89. 汽车生产中组合镗床属于（　　）机床。

A. 专用　　B. 多用　　C. 专业化　　D. 通用

90. 机床类别代号“C”代表（　　）。

A. 铣床　　B. 车床　　C. 钻床　　D. 磨床

91. 机床特性代号“K”代表（　　）。

A. 精密　　B. 数控　　C. 数显　　D. 自动

92. 主要加工轴类和直径不大的盘套类零件的机床是（　　）。

A. 车床　　B. 钻床　　C. 铣床　　D. 磨床

93. 可以加工不同的平面，也可以加工齿轮花键等的机床是（　　）。

A. 铣床　　B. 镗床　　C. 钻床　　D. 刨床

94. 车削时，（　　）是主运动。

A. 工件的旋转运动　　B. 车刀的纵向移动

C. 车刀的横向移动　　D. 吃刀

95. 主运动的速度一般是（　　）的。

A. 最高　　B. 最低　　C. 中等　　D. 任意

96. 切削用量的三要素是（　　）。

A. 切削速度、背吃刀量和进给量　　B. 切削速度、切削厚度和进给量

C. 切削速度、切削宽度和进给量　　D. 切削厚度、切削宽度和进给量

97. 切削过程中工件上形成了待加工面、已加工面和（　　）。

A. 光滑表面　　B. 粗糙表面　　C. 过渡表面　　D. 挤压表面

98. 圆板牙和丝锥一般用（　　）作材料制成。

A. 碳素工具钢　　B. 合金工具钢

C. 高速工具钢　　D. 硬质合金

99. W18Cr4V 属于（　　）材料。

A. 碳素工具钢　　B. 合金工具钢

C. 高速工具钢　　D. 硬质合金

100. 90°外圆车刀切削部分主要由三面、两刃、（　　）组成。

A. 一刀尖　B. 二刀尖　C. 三刀尖　D. 四刀尖

101. 与工件过渡表面相对的刀面称为（　　）。

A. 前面　B. 主后面　C. 副后面　D. 正交平面

102. 刀具磨损的形式有前面磨损、后面磨损和（　　）磨损。

A. 前后面同时　B. 磨粒

C. 机械　D. 氧化

103. 刀具磨损是由机械磨损和（　　）两方面因素造成的。

A. 刀具材料　B. 切削用量　C. 热效应　D. 切削力

104. 车削加工的精度范围为（　　）。

A. IT13 ~ IT6　B. IT13 ~ IT11　C. IT16 ~ IT5　D. IT13 ~ IT4

105. 不宜车削加工的材料是（　　）。

A. 钢材　B. 铸件　C. 铝合金　D. 陶瓷

106. 规定产品或零件制造工艺过程和（　　）等的工艺文件称为工艺规程。

A. 操作方法　B. 生产　C. 测量　D. 检验

107.（　　）不属于工艺规程所含的内容。

A. 加工尺寸　B. 工艺设备　C. 切削用量　D. 刀具磨损

108. 新产品试制一般属于（　　）生产。

A. 单件　B. 成批　C. 大批　D. 大量

109. 小批生产一般使用（　　）的刀具和量具。

A. 专门　B. 专用　C. 通用　D. 高效率

110. 平头支承钉适用于（　　）定位。

A. 粗基准　B. 精基准　C. 辅助基准　D. 半精基准

111. 工件以内圆孔定位的定位元件一般用（　　）。

A. 固定支承板　B. 支承钉

C. V 形块　D. 定位销

112.（　　）定位不属于常见的定位方法。

A. 平面　B. 外圆柱　C. 内孔　D. 斜面

113.（　　）常用于未加工的侧表面定位。

A. 平头支承钉　B. 圆头支承钉

C. 刻纹支承钉　D. 自位支承钉

114. 粗基准是指（　　）。

A. 没经加工的毛坯表面作定位基准　B. 已加工表面作定位基准

C. 粗加工的定位基准　　D. 精加工的定位基准

115. 基准重合是指定位基准和（　　）基准重合。

A. 设计　B. 工序　C. 测量　D. 装配

116. 粗加工阶段的主要任务是（　　）。

A. 提高生产率　B. 确保质量

C. 达到图样要求　D. 完成最终加工

117. （　　）是机加工顺序安排原则之一。

A. 先次后主　B. 先孔后面

C. 先面后孔　D. 先精后粗

118. 轴一般有（　）个支承轴颈。

A. 两　B. 三　C. 四　D. 五

119. 对于非淬硬外圆表面加工采用的最主要的工艺路线是粗车—半精车—（　　）。

A. 精车　B. 精细车　C. 粗磨　D. 精磨

120. 套类零件的主要加工表面为孔和（　　）。

A. 外圆　B. 端面　C. 沟槽　D. 止推面

121. 套类零件的同轴度主要是指（　　）的同轴度。

A. 端面对外圆　B. 端面对内孔

C. 端面对内孔轴线　D. 外圆对内孔轴线

122. （　）不是法兰类零件的主要加工表面。

A. 外圆　B. 端面　C. 内孔　D. 螺栓孔

123. 法兰类零件的同轴度主要是指（　　）的同轴度。

A. 端面对外圆　B. 端面对内孔

C. 端面对内孔轴线　D. 外圆对内孔轴线

124. 液压传动是依靠（　　）来传递动力的。

A. 油液内部压力　B. 密封容积的变化

C. 油液的流动　D. 活塞的运动

125. 借助于设置溢流阀等元件，液压装置易于实现（　　）。

A. 传动比恒定　B. 过载保护

C. 变速传动　D. 大功率传动

126. 下列关于动力元件的说法正确的是（　　）。

A. 把机械能转化成液体压力能的装置

B. 把液体压力能转化成机械能的装置

C. 对液体的压力、流量和流动方向进行控制和调节的装置

D. 除以上三种组成部分以外的其他装置

127. （ ）属于控制元件。

A. 液压缸 B. 液压泵 C. 流量阀 D. 过滤器

128. 定量泵的图形符号是由一个圆加一个（ ）来表示。

A. 实心三角形 B. 空心三角形

C. 小方格 D. 箭头

129. 换向阀的工作位置用（ ）表示。

A. 箭头 B. 空心三角形 C. 实心三角形 D. 方格

130. 液压系统中把输入的机械能转换成油液的压力能的液压元件是（ ）。

A. 液压泵 B. 液压缸 C. 液压马达 D. 电动机

131. 液压泵将（ ）向整个压力系统提供动力。

A. 液压能转换成机械能 B. 电能转换为液压能

C. 机械能转换成液压能 D. 机械能转换成电能

132. 液压传动的执行元件是（ ）。

A. 液压缸或液压马达 B. 溢流阀

C. 液压泵 D. 换向阀

133. 将液压能转换成连续回转的机械能的液压元件是（ ）。

A. 液压泵 B. 液压缸 C. 液压马达 D. 换向阀

134. 气动系统的气源装置有气泵、（ ）等。

A. 气站 B. 气缸 C. 气动马达 D. 气阀

135. 气动系统的控制元件有压力阀、流量阀和（ ）等。

A. 过滤器 B. 消声器 C. 油雾器 D. 方向阀

136. （ ）属于手动电器。

A. 闸刀开关 B. 交流接触器

C. 时间继电器 D. 限位开关

137. （ ）属于保护电器。

A. 交流接触器 B. 时间继电器

C. 熔断器 D. 闸刀开关

138. （ ）不能实现对电路进行接通或断开的控制。

A. 闸刀开关 B. 铁壳开关

C. 自动空气开关 D. 限位开关

139. （　　）广泛用于各类机床和起重机械，用以控制其行程。

A. 转换开关　　B. 铁壳开关

C. 自动空气开关　　D. 限位开关

140. 电工仪表中符号“A”代表（　　）。

A. 电流表　　B. 电压表　　C. 电阻表　　D. 功率表

141. 电工仪表中符号“－”代表（　　）。

A. 交流表　　B. 直流表

C. 交直流两用表　　D. 电压表

142. 人体的某些部位触及一相带电体所引起的触电叫作（　　）。

A. 单相触电　　B. 两相触电

C. 接触电压触电　　D. 跨步电压触电

143. 人体站在地上触及设备外壳，手脚间所形成的电压差引起的触电叫作（　　）。

A. 单相触电　　B. 两相触电

C. 接触电压触电　　D. 跨步电压触电

144. 脱离高压电源的方法应是（　　）。

A. 拉　　B. 挑　　C. 拽　　D. 通知供电部门

145. 有心跳但无呼吸的触电者宜采用的救护方法为（　　）。

A. 人工呼吸法　　B. 胸外呼吸法

C. 胸外按压法　　D. 自主呼吸法

146. 机床照明灯应选用（　　）V 以下的电压供电。

A. 220　　B. 380　　C. 36　　D. 110

147. 保护接地适应于电源中线不直接接地的（　　）V 以下的电气设备。

A. 220　　B. 380　　C. 500　　D. 1 000

148. 润滑油中应用最广的是（　　）。

A. 动物油　　B. 植物油　　C. 矿物油　　D. 煤油

149. 润滑脂又称（　　）。

A. 机油　　B. 黄油　　C. 煤油　　D. 矿物油

150. 不属于集中润滑的方式是（　　）。

A. 半自动操纵　　B. 自动操纵　　C. 手动操纵　　D. 油枪加油

151. 齿轮减速箱宜采用（　　）润滑。

A. 滴油　　B. 油杯加油　　C. 手工加油　　D. 飞溅

152. 对有防火要求的滑动轴承应使用（　　）润滑。

A. 矿物油　B. 合成油　C. 润滑脂　D. 水

153. 采用润滑脂润滑的滑动轴承一般其速度不超过（　）m/s。

A. 1~2　B. 5~8　C. 10~15　D. 20~30

154. 切削液具有冷却、润滑、清洗和（　）作用。

A. 防护　B. 密封　C. 排屑　D. 减振

155. 乳化液的主要成分是（　）。

A. 水+添加剂　B. 矿物油+添加剂

C. 水+乳化剂+添加剂　D. 矿物油+乳化剂+添加剂

156. 钻床一般应安装在场地的（　），以保证安全。

A. 中间　B. 边沿　C. 通道　D. 任意点

157. 常用的工具应放置在（　）。

A. 钳台内　B. 钳台上

C. 机床上　D. 工作位置附近

158. 钳工工具中的样冲、錾子的打击面（　）。

A. 不准淬火　B. 应淬火　C. 应渗碳　D. 应退火

159. 使用电动工具前要带好（　）。

A. 防尘手套　B. 纱手套　C. 绝缘手套　D. 帆布手套

160. 电焊时为避免弧光刺眼应手拿（　）。

A. 防护镜　B. 防尘口罩　C. 防护面罩　D. 绝缘手套

161. 防护镜的主要作用是（　）。

A. 遮光　B. 防油　C. 防水　D. 防毒气

162. 对不熟悉的机床和工具（　）。

A. 不直接使用　B. 可直接使用

C. 单独调试　D. 单独操作

163. 毛坯应按规定（　）。

A. 放在通道中　B. 摆放整齐

C. 放在机床上　D. 放在钳工台上

164. （　）不属于文明生产的纪律要求。

A. 劳动纪律　B. 工艺纪律　C. 会议纪律　D. 生产纪律

165. （　）不属于文明生产的纪律要求。

A. 劳动纪律　B. 培训纪律　C. 工艺纪律　D. 生产纪律

166. （　）不属于现场生产管理。

A. 工艺管理　　B. 质量管理　　C. 设备管理　　D. 技术管理

167. 使设备在生产中始终保持完好状态的管理是（　）。

A. 定置管理　　B. 工具管理　　C. 设备管理　　D. 工艺管理

168. 质量是产品、体系或过程的一组（　　）特性满足顾客和其他相关方要求的能力。

A. 固有　　B. 赋予　　C. 相同　　D. 通用

169. 全面质量管理阶段出现始于二十世纪（　　）年代。

A. 三四十　　B. 五六十　　C. 七八十　　D. 八九十

170. 操作者组模前要了解此模的工艺，按图样要求（　）。

A. 合模　　B. 配模　　C. 试模　　D. 修模

171. 操作者对试好的产品要（　　），合格后交给下一工序。

A. 自检　　B. 润滑　　C. 包装　　D. 防护

172. 操作者应树立“（　　）第一”的观点，加强责任意识。

A. 质量　　B. 安全　　C. 效率　　D. 成本

173. 操作者严格按照工艺要求进行操作，在保证（　）的前提下提高生产效率。

A. 质量　　B. 安全　　C. 产品　　D. 成本

174. 钳工操作中锤击时应尽量将锤头和锤把上的油擦干净，（　）戴手套操作。

A. 不能　　B. 可以　　C. 没规定　　D. 必须

175. 锯切工件一定要夹紧，锯切（　　）时要润滑。

A. 木头　　B. 钢件　　C. 塑料　　D. 铸铁

176. 划线是机械加工的重要工序之一，广泛应用于（　　）。

A. 单件小批生产　　B. 中批生产

C. 大批大量生产　　D. 以上都对

177. 下面选项中属于平面划线的是（　　）。

A. 划出矩形块各表面的加工线　　B. 划出机床床身表面的加工线

C. 在板料、条料上划线　　D. 划出箱体表面的加工线

178. 钢板尺尺面上最小刻线距离为（　　）mm。

A. 0.1　　B. 0.2　　C. 0.5　　D. 1.0

179. 划针尖端磨成15°~20°的尖角，并经热处理（　）后使用。

A. 退火　　B. 正火　　C. 调质　　D. 淬火

180. 划针划线时，划针向划线方向倾斜（　　）夹角。

A. 45°~75°　　B. 30°~45°　　C. 15°~30°　　D. 5°~15°

181. 用划线盘划线时，划针与工件划线表面的划线方向保持（ ）的夹角。

A. 5°～10° B. 10°～30° C. 30°～40° D. 40°～60°

182. 按同一弦长等分圆周，假设把圆周作 n 等分，每一弧长所对应的圆心角为 α，则 $\alpha=$（ ）。

A. $90°/n$ B. $180°/n$ C. $270°/n$ D. $360°/n$

183. 按不等弦长等分圆周，当圆周需做奇数等分时，可先设法在圆周上划出（ ）个等分段，再按偶数等分法划线。

A. 三 B. 两 C. 一 D. 五

184. 错误的平行线划法是（ ）。

A. 用角度规划平行线 B. 用作图法划平行线

C. 用角尺推平行线 D. 用平台和划针盘划平行线

185. 在工件的划线部位涂色，要求（ ）。

A. 线条多，涂得厚 B. 涂得厚而均匀

C. 涂得薄而均匀 D. 线条多，涂得薄

186. 分度头的主要规格是以（ ）表示的。

A. 分度头直径 B. 夹持工件尺寸

C. 主轴中心线到底面的距离 D. 分度精度

187. 分度头手把摇（ ）圈，主轴才转一圈。

A. 10 B. 20 C. 30 D. 40

188. 在选用划线基准时，应尽可能使划线基准和（ ）一致。

A. 测量基准 B. 装配基准

C. 设计基准 D. 工序基准

189. 平面划线时的常用基准形式错误的是（ ）。

A. 两个相互垂直的平面或直线 B. 两个互相垂直的中心线

C. 一个平面和一条中心线 D. 两个相互平行的直线

190. 石灰水涂料是在石灰水中加适量（ ）。

A. 碱液 B. 猪皮胶 C. 牛皮胶 D. 润滑油

191. 不属于常用划线涂料的是（ ）。

A. 石灰水 B. 龙胆紫 C. 硫酸铜溶液 D. 粉笔灰

192. 对质地黑褐的铸铁、铸钢件划线时，一般涂（ ）。

A. 石灰水 B. 龙胆紫

C. 硫酸铜溶液 D. 以上都可以

193. 形状复杂的工件划线涂料常用（　　）。

A. 龙胆紫　　B. 石灰水

C. 硫酸铜溶液　　D. 以上都可以

194. 砂轮机待砂轮正常运转后，一般空运行（　　）min 以上，才进行磨削。

A. 3　　B. 1.5　　C. 1　　D. 0.5

195. 砂轮机托刀架与砂轮之间的间隙距离应控制在（　　）mm 之内。

A. 1　　B. 2　　C. 3　　D. 4

196. 在台虎钳上进行强力作业时，应尽量使力量（　　）。

A. 朝向固定钳身　　B. 垂直固定钳身

C. 朝向活动钳身　　D. 垂直活动钳身

197. 台虎钳的规格是以其钳口的宽度来表示的，（　　）mm 不是常用的规格。

A. 80　　B. 100　　C. 125　　D. 150

198. 钻床的钻头上严禁缠绕长铁屑，故需经常停车用（　　）进行清除。

A. 木棒　　B. 刷子或铁钩　　C. 擦布　　D. 手

199. 在钻床上钻通孔，当孔将钻透时应（　　），防止损伤平台。

A. 加压慢速　　B. 加压快速　　C. 减压慢速　　D. 加速

200.（　　）是一种常用的孔加工机床。

A. 钻床　　B. 刨床　　C. 车床　　D. 插床

201. 摇臂钻床适用于加工（　　）大中型工件。

A. 复杂的　　B. 精密的　　C. 有多个孔的　　D. 难加工的

202. 钻床的日常维护保养不包括（　　）。

A. 清洁　　B. 润滑　　C. 合理的操作　　D. 违规操作

203. 立式钻床的进给箱升降是通过（　　）来实现的。

A. 螺旋机构　　B. 齿轮与齿条机构

C. 凸轮机构　　D. 链传动

204. 剪板机主要用于剪裁各种尺寸金属板材的（　　）。

A. 圆弧边缘　　B. 直线边缘

C. 曲线边缘　　D. 直线和圆弧边缘

205. 在同一台机械上可完成剪切和折弯两种工艺的剪板机是（　　）。

A. 平刃剪板机　　B. 板料折弯剪切机

C. 斜刃剪板机　　D. 联合冲剪机

206. 换用新锯条时，应采用（　　）的带速。

A. 高一挡　B. 不变　C. 低一挡　D. 高两挡

207. (　　) 主要用于各种金属材料和非金属材料的管材、型材及异型材料的锯削。

A. 带锯机　B. 砂轮机　C. 钻刀　D. 电磨头

208. 用带锯条修磨焊缝前，应在砂轮空转（　　）后修磨一下砂轮，然后进行带锯条的修磨。

A. 6 ~ 10 min　B. 3 ~ 5 min　C. 6 ~ 10 s　D. 3 ~ 5 s

209. 用锤子打击錾子对金属工件进行切削的加工方法称为（　　）。

A. 车削　B. 锉削　C. 錾削　D. 锯削

210. 錾削是一种（　　），一般按所划线进行加工。

A. 半精加工　B. 精加工　C. 粗加工　D. 超精加工

211. 尖錾主要用来錾削沟槽及（　　）。

A. 去毛刺　B. 錾平面

C. 錾油槽　D. 分割曲线形板料

212. 錾子切削部分刃磨成楔形，经热处理后硬度达到（　　）HRC。

A. 20 ~ 40　B. 56 ~ 62　C. 30 ~ 40　D. 80 ~ 90

213. 錾削时前面与基面之间的夹角称为（　　）。

A. 前角　B. 后角　C. 主偏角　D. 副后角

214. 錾削平面用扁錾进行，每次錾削余量为（　　）mm，工件夹持一般要高出钳口 10 ~ 15 mm，工件下要加垫木。

A. 0.1 ~ 0.5　B. 0.5 ~ 1　C. 0.5 ~ 1.5　D. 0.5 ~ 2

215. 錾削直槽一般采用（　　），用力大小要适当，防止刃端崩裂。

A. 腕挥法　B. 臂挥法　C. 手挥法　D. 以上都可以

216. 錾削时，錾屑要用（　　）刷掉。

A. 刷子　B. 手指　C. 衣服　D. 锉刀

217. 锤子的锤柄必须用（　　）做成。

A. 软质木料　B. 硬而不脆的木料

C. 弹性木料　D. 优质木料

218. 錾切厚材料时，可先钻出密集的排孔，再放在铁砧上錾切。当錾切曲线时，应采用（　　）。

A. 狭錾　B. 阔錾　C. 油槽錾　D. 以上都可以

219. 錾子的前面与后面之间的夹角称为（　　）。

A. 楔角　B. 切削角　C. 前角　D. 后刀角

220. 工具钳工常用的手用锯条，其长度为（　　）mm。

A. 250　　B. 300　　C. 400　　D. 200

221. 锯路有（　　）和波浪形两种。

A. 凹凸形　　B. 交叉形　　C. 直形　　D. 三角形

222. 锯削板料、薄壁管子、电缆及硬性金属，应选用（　　）齿手用锯条。

A. 粗　　B. 中　　C. 细　　D. 较粗

223. 锯削软钢、铝、纯铜，应选用（　　）齿手用锯条。

A. 粗　　B. 中　　C. 细　　D. 较粗

224. 一般锯削速度为（　　）次/min。

A. 5　　B. 10　　C. 20~40　　D. 80

225.（　　）时右手握柄，左手扶弓。

A. 锉削　　B. 刮削　　C. 锯削　　D. 磨削

226. 当锯削板料厚度小于锯齿间隙时，应附一块（　　）软质板材。

A. 较厚的　　B. 厚的　　C. 较薄的　　D. 薄的

227. 如果锯割的断面要求平整，则应从开始（　　）锯到结束。

A. 连续　　B. 间断　　C. 连续或间断　　D. 先间断后连续

228. 粗齿锉刀的加工精度在（　　）mm 内。

A. 0.01~0.05　　B. 0.05~0.2　　C. 0.2~0.5　　D. 0.005~0.01

229. 钳工所用的锉刀按用途不同，可分为（　　）、整形锉和异型锉三种。

A. 圆锉　　B. 特种锉　　C. 方锉　　D. 普通钳工锉

230. 锉刀编号 Q-02-200-3，其中 3 表示的含义是（　　）。

A. 锉纹编号　　B. 锉刀尺寸　　C. 锉刀厚度　　D. 锉刀规格

231. 锉削（　　）时，要用单齿纹锉刀或粗齿锉刀。

A. 硬材料　　B. 普通材料　　C. 精加工材料　　D. 软材料

232. 锉刀的主要工作面指的是（　　）。

A. 制有锉纹的上、下两面　　B. 两个侧面

C. 全部表面　　D. 粗加工面

233. 锉削内圆弧面的锉刀可选用圆锉、（　　）、方锉。

A. 交叉锉　　B. 半圆锉　　C. 推锉法　　D. 顺向锉

234.（　　）的锉纹整齐一致，比较美观，是最基本的锉法。

A. 顺向锉　　B. 逆向锉　　C. 推锉法　　D. 交叉锉

235. 适用于锉削余量较小或修整时精锉圆弧面的锉削方法是（　　）。

A. 顺着圆弧面锉削　　B. 对着圆弧面锉削

C. 逆向锉削　　D. 交叉锉

236. 不要用新锉刀锉削（　　）表面。

A. 有色金属　B. 金属　C. 硬金属　D. 铸件

237. 装夹时，台虎钳口没有垫衬 V 形块或弧形木块会出现（　　）。

A. 工件被锉歪　　B. 空心工件被夹扁

C. 工件尺寸变小　　D. 工件尺寸变大

238. 钻孔加工一般精度等级为（　　）。

A. IT6 ~ IT7　B. IT7 ~ IT8　C. IT8 ~ IT9　D. IT10 ~ IT11

239. 麻花钻是最常用的一种钻头，一般用（　　）制成，硬度为 62 ~ 68HRC。

A. 硬质合金　B. 高速钢　C. 金刚石　D. 工具钢

240. 麻花钻将棱边转角处副后面磨出副后角主要用于钻削（　　）。

A. 铸铁　B. 碳钢　C. 合金钢　D. 铜

241. 标准麻花钻外缘处的后角 α_0 为（　　）。

A. 5° ~ 6°　B. 6° ~ 8°　C. 10° ~ 14°　D. 14° ~ 16°

242. 钻头刃磨，横刃斜角为（　　）。

A. 118° ± 2°　B. 10° ~ 14°　C. 35° ~ 45°　D. 50° ~ 55°

243. 在钻削加工中，一般将加工直径在（　　）mm 以下的孔称为小孔。

A. 1 ~ 2　B. 2 ~ 3　C. 3 ~ 4　D. 4 ~ 5

244. 若所钻半圆孔在工件的边缘，可把两工件合起来夹持在（　　）内钻孔。

A. 机用平口虎钳　　B. 三爪卡盘

C. 四爪卡盘　　D. 角铁

245. 底面不平或加工基准在侧面的工件，可用（　　）进行装夹。

A. 虎钳　B. 三爪卡盘　C. 角铁　D. 压板

246. 圆柱形的工件可用（　　）对工件进行装夹。

A. V 形铁　B. 虎钳　C. 三爪卡盘　D. 角铁

247. 钻孔时孔径大于规定尺寸，下列选项中（　　）不是产生的原因。

A. 钻头两切削刃长度不等，高低不一致

B. 钻床主轴径向偏摆或工作台未锁紧

C. 钻头本身弯曲或装夹不好

D. 进给量太大

248. 钻孔呈多角形是因为（　　）。

A. 工件划线不正确 B. 钻头后角太大

C. 钻头用钝后仍继续钻孔 D. 钻头过短，排屑槽堵塞

249. 扩孔前钻削的底孔直径为扩孔后直径的（ ）倍。

A. 5～7 B. 3～5 C. 0.5～0.7 D. 0.3～0.5

250. 扩孔时的切削速度约为钻孔的（ ）倍。

A. 2 B. 3 C. 0.2 D. 0.5

251. 下列选项中（ ）不是锪孔的形式。

A. 锪柱形埋头孔 B. 锪锥形埋头孔

C. 锪通孔 D. 锪孔端平面

252. 锪孔时切削速度为钻孔时的（ ）比较适宜，应尽量减小振动，以获得较优的表面结构。

A. 1/3～2/3 B. 1/3～1 C. 1/3～1/2 D. 2

253. 锥铰刀铰削时，全齿切削较（ ）。

A. 费时 B. 省时 C. 费力 D. 省力

254. 铰刀一般分为手用铰刀及（ ）两种。

A. 公用铰刀 B. 机用铰刀 C. 大直径铰刀 D. 小直径铰刀

255. 精铰余量取为（ ）mm。

A. 0.05～0.15 B. 0.5～1.5 C. 0.03～0.05 D. 0.15～0.35

256. 铰刀是精加工工具，要保护好刃口，避免碰撞，刀刃上如有毛刺或切屑黏附，可用（ ）小心磨去。

A. 油石 B. 锉刀 C. 錾子 D. 砂轮

257. 铰定位圆锥孔时，因锥度小易被锁住，其进给量（ ），以免铰刀被卡死或折断。

A. 不能较小 B. 可以很大 C. 不能太大 D. 不能太小

258.（ ）是传动螺纹的主要形式，常用于丝杠等。

A. 普通螺纹 B. 细牙普通螺纹 C. 梯形螺纹 D. 密封管螺纹

259.（ ）强度较高，用于承受单向力，如压力机、起重机吊钩等。

A. 普通螺纹 B. 锯齿形螺纹 C. 梯形螺纹 D. 密封管螺纹

260. 外螺纹的公称直径指螺纹的（ ）。

A. 牙底直径 B. 牙顶直径 C. 有效直径 D. 最小直径

261. 双头螺纹的导程是螺距的（ ）倍。

A. 1 B. 2 C. 3 D. 1/2

262. 攻灰铸铁材料的螺纹时，可采用（ ）作切削液。

A. 煤油　　B. 机油　　C. 松节油　　D. 硫化油

263. 加工铸铁材料时，丝锥的前角可用（　　）。

A. 10°　　B. 5°　　C. 13°　　D. 15°

264. 攻螺纹时，螺纹底孔直径与内螺纹的小径相比要（　）。

A. 大　　B. 小　　C. 一样大　　D. 略小

265. 钻 M16×1.5 的细牙普通螺纹底孔，可选钻头直径为（　　）mm。

A. 10　　B. 13.9　　C. 14.5　　D. 15.6

266. 攻螺纹时出现螺纹烂牙（乱扣）的原因是（　　）。

A. 初锥攻螺纹位置不正，中锥、底锥强行纠正

B. 丝锥磨损

C. 丝锥前、后角太小

D. 切屑拉伤螺纹表面

267. 攻螺纹时，螺纹产生歪斜，这是由于（　　）引起的。

A. 丝锥前、后面粗糙　　B. 丝锥与螺纹底孔不同轴

C. 切屑堵塞　　D. 丝锥磨损

268.（　）使用时配用六角板牙架，手动套螺纹。

A. 钳工板牙　　B. 管形板牙　　C. 圆板牙　　D. 六角板牙

269. 为便于板牙切入工件并作正确的引导，在工件圆杆端部应有（　　）倒角。

A. 15°~20°　　B. 5°~8°　　C. 8°~10°　　D. 10°~14°

270. 套螺纹的工件圆杆直径小于（　　）。

A. 螺纹小径　　B. 螺纹公称直径　　C. 螺纹中径　　D. 分度圆直径

271. 套 M14×2 的粗牙普通螺纹时，所允许圆杆直径的范围是（　　）mm。

A. 5.8~5.9　　B. 13~13.2

C. 13.7~13.85　　D. 11.75~11.9

272. 套螺纹时出现螺纹烂牙（乱扣）的原因是（　　）。

A. 铰杠歪斜　　B. 圆杆直径太小

C. 板牙歪斜太多，强行借正　　D. 刀刃上粘有积屑瘤

273. 套螺纹时牙深不够，这是由于（　　）引起的。

A. 铰杠歪斜　　B. 圆杆直径太小

C. 圆杆直径太大　　D. 刀刃上粘有积屑瘤

274. 以下丝锥中不属于同一类的是（　　）。

A. 长柄机用丝锥　　B. 短柄螺母丝锥

C. 长柄螺母丝锥　　　　　　　　　　D. 粗牙丝锥

275. (　　) 是指碳素工具钢的滚牙丝锥，其螺纹公差带为 H4。

A. 圆柱管螺纹丝锥　　　　　　　　B. 圆锥管螺纹丝锥

C. 手用丝锥　　　　　　　　　　　D. 机用丝锥

276. 刮刀是刮削工作中的主要工具，一般是采用（　　）锻制而成。

A. T10A　　B. Q235　　C. 45 钢　　D. HT200

277. 平面刮刀不可用于刮削（　　）。

A. 滑板　　B. 机床导轨　　C. 内曲面　　D. 外曲面

278. 弯头粗刮刀长度，L 的取值范围是（　　）mm。

A. 100 ~ 200　　B. 200 ~ 300　　C. 300 ~ 400　　D. 500 ~ 600

279. 不可用来刮削平面的刮刀是（　　）。

A. 普通手推平刮刀　　　　　　　　B. 弯头刮刀

C. 挺括式双头平刮刀　　　　　　　D. 蛇头刮刀

280. 细刮刀的刀刃略带圆弧，其楔角 β 约为（　　）。

A. 90° ~ 92. 5°　　B. 95°　　C. 97. 5°　　D. 90. 5°

281. 热处理后的平面刮刀细磨时，必须经常蘸水冷却，避免刀口部分（　　）。

A. 淬火　　B. 回火　　C. 退火　　D. 表面硬化

282. (　　) 是为了取得工件初步的形位精度，所以刮削要有力，每刀的刮削量要大。

A. 细刮　　B. 粗刮　　C. 精刮　　D. 刮花

283. 在原始平板研刮中，每 3 块刮削后应该（　　）。

A. 调换一次研点方法　　　　　　　B. 调换刮刀

C. 调换显示剂　　　　　　　　　　D. 调换磨料

284. 精刮时，涂抹显示剂时，应该涂得（　　），以使显示出的研点细小清晰。

A. 薄而均匀　　B. 厚而均匀　　C. 不均匀　　D. 厚而不均匀

285. 酒精是适用于（　　）刮削的显示剂。

A. 精　　B. 粗　　C. 细　　D. 极精密

286. (　　) 用于对平板的精刮，接触点白色发光，但对工件有磨蚀性。

A. 红丹粉　　B. 松节油　　C. 蓝油　　D. 烟墨油

287. (　　) 是由烟墨加机油调和而成。

A. 蓝油　　B. 烟墨油　　C. 铅丹粉　　D. 印红油

288. 手刮法一般不宜用于（　　）。

A. 精刮　　B. 挑花　　C. 粗刮　　D. 细刮

289. 在整个刮削面上，每 25 mm×25 mm 内出现（　　）个研点即可进行精刮。

A. 3　　B. 12~15　　C. 6~8　　D. 18

290. 粗刮时用力不均、局部落刀太重或多次刀迹重叠，会出现（　　）。

A. 振痕　　B. 深凹痕　　C. 撕纹　　D. 划道

291. 刮削时，多次同向刮削，刀迹没有交叉，会出现（　　）。

A. 振痕　　B. 深凹痕　　C. 撕纹　　D. 划道

292. 压嵌研磨法适用于表面粗糙度值在（　　）以上的工件。

A. *Ra*12.8　　B. *Ra*6.3　　C. *Ra*1.6　　D. *Ra*3.2

293. 采用涂敷研磨法时，（　　）在研具和工件表面间处于浮动的半运动状态。

A. 磨粒　　B. 研磨棒　　C. 研具平板　　D. 研磨环

294. 研磨过程中，（　　）迅速形成而又不断地被磨掉，从而提高了研磨的效率。

A. 积屑瘤　　B. 渗碳层　　C. 氧化膜　　D. 淬火层

295. 研磨精度要求高或易受热变形的工件时，其研磨速度不得超过（　　）m/min。

A. 5　　B. 10　　C. 15　　D. 30

296. 研磨平板的形状仅有（　　）形。

A. 半圆　　B. 矩　　C. 三角　　D. 圆

297. （　　）用来研磨轴类零件的外圆表面。

A. 研磨棒　　B. 研磨平板　　C. 研磨环　　D. 研磨球

298. 当研磨高速钢件时可选用（　　）。

A. 棕刚玉　　B. 白刚玉　　C. 绿色碳化硅　　D. 金刚石

299. 研磨硬质合金、陶瓷类的高硬度工件，可采用（　　）磨料。

A. 金刚石　　B. 碳化物　　C. 氧化铝　　D. 氧化物

300. 在研磨中起调和磨料、冷却和润滑作用的是（　　）。

A. 研磨液　　B. 研磨剂　　C. 磨料　　D. 工件

301. 精研磨钢材料，可用含有（　　）的研磨液。

A. 煤油　　B. 10 号机油　　C. 动物油　　D. 矿物油

302. 狭窄平面研磨，应采用（　　）研磨的运动轨迹。

A. 8 字形　　B. 直线　　C. 螺旋形　　D. 仿 8 字形

303. 手工研磨圆柱面时，一般工件的旋转速度在直径小于 80 mm 时为（　　）r/min。

A. 30　　B. 50　　C. 70　　D. 100

304. 研磨面出现表面不光洁，是（　　）的缘故。

A. 研磨时压力过大　　B. 研磨时没掉头

C. 研磨平板选用不当　　D. 磨料太粗

305. 研磨内孔，发生孔口扩大是由于（　　）。

A. 研磨棒伸出太长　　B. 研磨时没有更换方向

C. 研磨时没有及时掉头　　D. 磨料太细

306. 对于各种形状复杂、批量大、精度要求一般的零件可选用（　　）来进行划线。

A. 几何划线法　　B. 平面样板划线法

C. 直接翻转零件法　　D. 目测法

307. 制作划线样板过程中，不需要进行的热处理是（　　）。

A. 淬火　　B. 回火　　C. 渗碳　　D. 时效处理

308. 矫正的实质就是让金属材料产生新的（　　）。

A. 拉伸变形　　B. 弯曲变形　　C. 塑性变形　　D. 弹性变形

309. 冷作硬化后的材料给进一步矫正带来困难，可进行（　　）处理。

A. 退火　　B. 回火　　C. 调质　　D. 淬火

310. 弯形后，中性层的长度（　　）。

A. 变长　　B. 变短

C. 不变　　D. 可能变长，也可能变短

311. 热弯是指材料在（　　）后进行的弯形。

A. 渗碳　　B. 回火　　C. 淬火　　D. 预热

312. 计算弯形前的毛坯长度时，应该按（　　）的长度计算。

A. 外层　　B. 内层　　C. 中性层　　D. 内侧层

313. 工件弯形时，中性层的展开长度计算公式中，α 表示（　　）。

A. 材料厚度　　B. 弯形角

C. 圆弧部分的长度　　D. 内弯曲半径

314. 圆柱形弹簧不具有的承载方式是（　　）。

A. 压缩　　B. 拉伸　　C. 扭转　　D. 弯曲

315.（　　）缓冲吸振能力强，适用于载荷很大而弹簧的轴向尺寸受限制的场合。

A. 环形弹簧　　B. 盘簧　　C. 碟形弹簧　　D. 圆锥形弹簧

316. 绕圆柱拉伸弹簧时，心轴直径 D_0 是弹簧内径 D_1 的（　　）倍。

A. 0.3　　B. 0.5　　C. 0.75 ~ 0.8　　D. 1.3

317. 绕圆柱拉伸弹簧时，当盘绕到总圈数后再加 2 ~ 3 圈，然后将弹簧从（　　）上取下。

A. 手柄　　B. 心轴　　C. 砂轮　　D. 台虎钳

318. 用螺纹量规的通端检测螺纹属于（　　）。

A. 直接测量　B. 间接测量　C. 综合测量　D. 单项测量

319. 用内径百分表测量孔径，这种测量方法为（　　）。

A. 综合测量　B. 间接测量　C. 绝对测量　D. 相对测量

320. 下列量具中（　）属于通用量具。

A. 量规　B. 样板　C. 千分尺　D. 标准量块

321. 下列量具中（　　）属于标准量具。

A. 角度尺　B. 游标高度卡尺　C. 量块　D. 量规

322. 游标卡尺的（　　）上装有活动量爪，并装有游标和紧固螺钉。

A. 尺框　B. 尺身　C. 尺头　D. 微动装置

323. （　）的长度决定游标卡尺的测量范围。

A. 主尺　B. 深度尺　C. 游标　D. 活动量爪

324. 读数值为 0.05 mm 的游标卡尺，当两测量爪并拢时，尺身上 19 mm 对正游标上的（　　）格。

A. 19　B. 20　C. 40　D. 50

325. 游标卡尺的读数机构由主尺和（　　）两部分组成。

A. 游标　B. 微动装置　C. 深度尺　D. 量爪

326. 游标卡尺适用于（　　）尺寸的测量和检验。

A. 低精度　B. 中等精度　C. 高精度　D. 超高精度

327. （　）属于专用量具。

A. 卡规　B. 游标卡尺　C. 卡钳　D. 千分尺

328. （　　）可测量内径。

A. 卡规　B. 杠杆百分表　C. 游标卡尺　D. 高度尺

329. （　　）由百分表和专用表架组成，用于测量孔的直径和孔的形状误差。

A. 外径百分表　B. 杠杆百分表　C. 内径百分表　D. 杠杆千分尺

330. 游标高度卡尺可用来（　　）。

A. 测量外径　B. 测量角度　C. 测量内径　D. 精密划线

331. 游标高度卡尺的测量工作应在（　　）上进行。

A. 平板　B. 地面　C. 桌面　D. 机床导轨

332. 千分尺主要由尺架、（　　）、测力装置和制动器等组成。

A. 隔热板　B. 测微头　C. 锁紧螺钉　D. 垫片

333. 使用千分尺时，手拿在（　　）上，防止人体的热量影响千分尺的测量精度。

A. 尺身　　　B. 微分筒　　　C. 螺纹轴套　　　D. 隔热板

334. 千分尺的工作原理就是应用螺旋读数机构，它包括一对精密的（　）配合——测微螺杆与螺纹轴套。

A. 螺纹　　　B. 蜗轮蜗杆　　　C. 齿轮　　　D. 齿轮齿条

335. 下列千分尺中不存在的是（　）。

A. 深度千分尺　　　B. 螺纹千分尺

C. 蜗杆千分尺　　　D. 公法线千分尺

336. 使用千分尺测量时要使（　）与零件被测量的尺寸方向一致。

A. 微分筒　　　B. 测微螺杆　　　C. 尺身　　　D. 锁紧装置

337. 使用千分尺测量前，应把零件的（　）表面揩干净，以免有脏物存在而影响测量精度。

A. 加工　　　B. 被测量　　　C. 基准　　　D. 毛坯

338. 深度千分尺校对零位可在（　）上进行。

A. 精密平面　　　B. 一般平板　　　C. 机床导轨　　　D. 桌面

339. 深度千分尺校对零位，即当基座端面与（　）端面位于同一平面时，微分筒的零线正好对准。

A. 基面　　　B. 尺身　　　C. 测量杆　　　D. 滚筒

340. 千分尺在使用过程中，由于磨损等原因，会使精密螺纹的配合间隙增大，从而使（　）超差，必须及时进行调整，以便保持千分尺的精度。

A. 示值误差　　　B. 系统误差　　　C. 综合误差　　　D. 一般误差

341. 指示式量具是以（　）指示出测量结果的量具。车间常用的指示式量具有百分表、千分表、杠杆百分表和内径百分表等。

A. 指针　　　B. 齿轮　　　C. 螺旋　　　D. 微动装置

342. 用百分表校正或测量零件时应当使测量杆有一定的（　）。

A. 初始位置　　　B. 初始测力　　　C. 初始状态　　　D. 初始方向

343. 使用百分表或千分表时，必须把它固定在（　）或磁性表座上。

A. 万能表架　　　B. 导轨　　　C. 床身　　　D. 平板

344. 用夹持百分表的表架套筒来固定百分表时，（　）不要过大，以免因套筒变形而使测量杆活动不灵活。

A. 切削力　　　B. 支持力　　　C. 夹紧力　　　D. 固定力

345. 杠杆千分表的分度值为（　）mm。

A. 0.001　　　B. 0.002　　　C. 0.01　　　D. 0.02

346. 杠杆千分表测量杆上不要加油，以免油污进入表内，影响千分表的（　　）。

A. 美观　B. 灵敏性　C. 重复性　D. 系统性

347. 用游标万能角度尺测量工件时，当测量角度大于90°小于180°时，就加上（　　）。

A. 90°　B. 180°　C. 360°　D. 60°

348. 用游标万能角度尺测量零件角度时，应使（　　）与零件角度的母线方向一致，且零件应与量角尺的两个测量面的全长上接触良好，以免产生测量误差。

A. 基尺　B. 扇形板　C. 游标　D. 制动器

349. 刀口尺的精度一般都比较高，直线度误差控制在（　　）μm左右。

A. 1　B. 0.1　C. 0.01　D. 0.001

350. 选用刀口尺时，要使其长度（　　）被检验截面的长度。

A. 大于　B. 等于　C. 小于　D. 大于或等于

351. 90°角尺主要用于对有关平面间（　　）误差的检验。

A. 垂直度　B. 平面度　C. 平行度　D. 直线度

352. 90°角尺的使用精度与检测时所用的（　　）精度有关，使用时应注意合理选用。

A. 塞尺　B. 平板　C. 工具　D. 量块

353. 用百分表测量时，当大指针转过1格刻度时，表示零件尺寸变化（　　）mm。

A. 0.1　B. 0.01　C. 0.02　D. 0.001

354. 百分表中带有齿条的测量杆的（　　）移动，通过齿轮传动，转变为指针的回转运动。

A. 回转　B. 曲线　C. 椭圆　D. 直线

355. 每把塞尺中的每片具有两个平行的测量平面，且都有厚度标记，以供（　　）使用。

A. 单独　B. 组合　C. 间隙　D. 多少

356. 螺纹环规止端具有（　　）。

A. 完整的螺纹牙型　B. 截短的内螺纹牙型

C. 完整的内螺纹牙型　D. 截短的外螺纹牙型

357. 用螺纹量规检验螺纹属于（　　）测量。

A. 单项　B. 相对　C. 综合　D. 绝对

358. 用符合标准的量规检验工件，如（　　），则该工件应为合格品。

A. 通端止，止端通　B. 通端通，止端止

C. 通端止，止端止　D. 通端通，止端通

359. 量规使用完毕后，应及时清理干净测量部位附着物，存放在规定的（　　）内。

A. 工具柜　　B. 量具盒　　C. 玻璃皿　　D. 航空汽油

360. 每块量块都有（　）个表面非常光洁、平面度精度很高的平行平面，称为量块的测量面（或称工作面）。

A. 2　　B. 3　　C. 4　　D. 6

361. 通常，组成所需尺寸的量块总数不应超过（　）块。

A. 3　　B. 4　　C. 5　　D. 6

362. 量块必须在使用（　）内，否则应及时送专业部门检定。

A. 有效期　　B. 保质期　　C. 生产期　　D. 以上都是

363. 游标卡尺使用完毕应先用（　）清洗，并擦干后涂上防锈脂放入专用盒内妥善保管。

A. 航空汽油　　B. 煤油　　C. 柴油　　D. 液压油

364. 计量器具的（　）是选用计量器具的主要依据。

A. 应用范围　　B. 加工方法　　C. 性能指标　　D. 外观

365. 零件的最终验收按（　）的规定选择计量器具。

A. 国家标准　　B. 国际标准　　C. 行业标准　　D. 部颁标准

366. 在大批大量生产中，若采用量规、卡板等专用量具能减少（　）。

A. 基本时间　　B. 辅助时间

C. 准备与终结时间　　D. 切削时间

367. 通规的测量面应是与孔或轴形状相对应的完整表面（通常称为全形量规），其尺寸等于工件的（　），且长度等于配合长度。

A. 最大实体尺寸　　B. 最小实体尺寸

C. 中间尺寸　　D. 设计尺寸

368. 进行直线度检测时可将直尺平行地放于测定面上，用（　）测定直尺与被测定物的空隙。

A. 游标卡尺　　B. 千分尺　　C. 塞尺　　D. 塞规

369. 进行平面度测量是将直尺放在（　），用塞尺测定（数值与平面度相符）。

A. 纵向　　B. 横向　　C. 对角线方向　　D. 整个表面上

370. 检测面与面的平行度时，先在平台上用 V 形块全面保持基准平面水平，用杠杆百分表测量测量面的全表面，平行度检测值为表针计数的（　）。

A. 最小变化值　B. 最大变化值　　C. 平均值　　D. 最终值

371. 检测面与面的垂直度时，先将基准面用磁铁与平台平行地支撑，然后将百分表从工件根部起移动至前端，将读数的（　）作为垂直度。

A. 最小变化值　B. 最大变化值　　　C. 平均值　　　D. 最终值

372. 测量以公共轴线为基准的同轴度误差时，首先将被测零件固定在平台上，用百分表分别在 A、B 两孔被测轴线全长进行测量。被测轴线到公共轴线的（　　）读数差就是同轴度误差。

A. 最大　　　B. 最小　　　C. 平均　　　D. 任一

373. 在斜向圆跳动的检测中，指示表测头的测量方向要（　　）于被测表面（即圆锥面）。

A. 平行　　　B. 斜交　　　C. 垂直　　　D. 重合

374. 工厂中常用的表面结构检测方法是（　　）。

A. 目测感觉法　B. 水平仪法　　　C. 针描法　　　D. 量针法

375. 评定表面结构时一般在横向上评定，其理由是（　　）。

A. 横向轮廓比纵向轮廓的可观察性好

B. 横向轮廓上表面结构比较均匀

C. 在横向轮廓上可得到高度参数的最小值

D. 在横向轮廓上可得到高度参数的最大值

376. 装配工艺过程是规定产品及部件的（　　）、装配方法、装配技术要求和检验方法的技术文件。

A. 装配质量　　B. 装配顺序　　　C. 装配效率　　　D. 装配时间

377. 所选择的装配基准件应有（　　）的体积和自重。

A. 最小　　　B. 最大　　　C. 较小　　　D. 较大

378. 影响某一装配精度的各有关装配尺寸所组成的尺寸链称为（　　）。

A. 装配尺寸链　B. 测量尺寸链　　　C. 工艺尺寸链　　　D. 平面尺寸链

379. 在其他组成环不变的条件下，当某组成环增大时，封闭环随之增大，那么该组成环称为（　　）。

A. 封闭环　　　B. 组成环　　　C. 减环　　　D. 增环

380. 倒链由链轮、手拉链、（　　）、起重链和上下吊钩等组成。

A. 起重机械　　B. 载重机械　　　C. 传动机械　　　D. 坚固零件

381. 倒链按传动方式可分为（　　）传动和齿轮式传动。

A. 皮带轮式　　B. 链轮式　　　C. 蜗轮式　　　D. 螺旋式

382. 使用电葫芦时，拉链的（　　）应根据葫芦起重能力来决定。

A. 大小　　　B. 重量　　　C. 人数　　　D. 数量

383. 吊链在任何方向使用时，拉链方向应与链轮方向（　　）。

A. 相反　　B. 交叉　　C. 垂直　　D. 相同

384. 活扳手的（　　）可以在一定范围内进行调节。

A. 长度　　B. 开口宽度　　C. 尺寸　　D. 大小

385. 钳子用来夹持（　　）、折断金属薄板及切断金属丝。

A. 产品　　B. 螺母　　C. 工件　　D. 螺钉头

386. 电钻是一种（　）电动工具。

A. 落地式的　　B. 大型的　　C. 机械式的　　D. 手提式的

387. 电动曲线锯可用来锯削各种不同（　　）的金属薄板和塑料板。

A. 长度　　B. 宽度　　C. 厚度　　D. 大小

388. 机用平口钳常用在（　　）、牛头刨床、铣床等机床上夹持工件。

A. 车床　　B. 钻床　　C. 镗床　　D. 磨床

389. 钻夹头用来夹持直径（　）、具有圆柱柄的钻头。

A. 很大　　B. 较大　　C. 很小　　D. 较小

390. 零件上残存的型砂、锈蚀、切屑、油漆、研磨剂、灰砂等都必须在（　　）清理干净。

A. 装配中　　B. 装配后　　C. 装配前　　D. 装配时

391. 煤油的清洗能力比汽油低，清洗后挥发（　　），但比汽油安全。

A. 太慢　　B. 太快　　C. 较快　　D. 较慢

392. 常用的清洗液有（　　）、煤油、柴油和化学清洗剂。

A. 汽油　　B. 机油　　C. 肥皂水　　D. 酸洗液

393. 常用的清洗液有汽油、煤油、（　　）和化学清洗剂。

A. 水　　B. 柴油　　C. 酸洗液　　D. 机油

394. 螺纹连接的基本类型有螺栓连接、螺钉连接、双头螺柱连接和（　　）连接。

A. 紧定螺钉　　B. 螺母　　C. 垫圈　　D. 串联钢丝

395. 螺栓杆与孔之间紧密配合，有良好的承受横向载荷的能力和定位作用的连接属于（　　）连接。

A. 配合螺栓　　B. 螺栓　　C. 紧定螺钉　　D. 螺钉

396. 大多数螺纹连接在装配时就已经拧紧，使连接在承受工作载荷之前，预先受到力的作用，称之为（　　）。

A. 放松　　B. 预紧　　C. 拧紧　　D. 扭紧

397. 防松的实质就是防止螺纹副的相对（　　）。

A. 移动　　B. 转动　　C. 运动　　D. 滑移

398. 螺纹连接是一种可拆卸的（　　）连接。

A. 不固定　　B. 配对　　C. 固定　　D. 相对

399. 螺纹连接的装配技术要求不包括（　　）。

A. 保证一定的拧紧力矩　　B. 有足够的长度

C. 有可靠的防松装置　　D. 保证螺纹连接的配合精度

400. 双头螺柱的装配可采用（　　）配合或采用台阶形式紧固在机体上。

A. 拧紧　　B. 紧密　　C. 过紧　　D. 过盈

401. 拧紧成组螺母或螺钉时，应根据被连接件形状和螺母或螺钉的分布情况，按照（　　）的原则分层次、对称、逐步拧紧。

A. 先外后内　　B. 先左后右

C. 先两边后中间　　D. 先中间后两边

402. 当螺孔螺纹部分损坏时，可以将螺孔加深，配换（　　）的螺栓。

A. 稍长　　B. 稍短　　C. 稍大　　D. 稍小

403. 螺纹连接的损坏形式有（　　）损坏使配合过松，螺钉、螺柱的螺纹损坏，螺栓头拧断，螺钉、螺柱因锈蚀难以拆卸。

A. 螺纹　　B. 螺母　　C. 螺柱　　D. 螺孔

404. 键的主要类型有平键、半圆键、（　　）和切向键。

A. 楔键　　B. 导向平键　　C. 松键　　D. 花键

405. 键在轴上和轮毂中固定，用于载荷不大的场合的是平键（　　）。

A. 较松连接　　B. 一般连接　　C. 紧密连接　　D. 较紧连接

406. 较松连接装配时要检查键的直线度和键槽对轴线的（　　）。

A. 对称度　　B. 同轴度　　C. 平行度　　D. 垂直度

407. 楔键的斜度一定要和配合键槽的斜度（　　）。

A. 垂直　　B. 呈 30°夹角　　C. 一致　　D. 不一致

408. 销的种类较多，应用广泛，其中最多的是圆柱销和（　　）。

A. 开口销　　B. 圆锥销　　C. 铆钉　　D. 紧固螺钉

409. 销连接的主要作用是定位、（　　）或锁定零件，有时还可以作为安全装置中的过载剪断元件。

A. 固定　　B. 连接　　C. 参照　　D. 基准

410. 圆柱销装配时被连接件的两孔应同时钻、铰，并使孔的表面粗糙度值 *Ra* 小于（　　）μm，保证配合精度。

A. 2.5　　B. 1.6　　C. 3.2　　D. 6.3

411. 拆卸带内螺纹的圆柱销和圆锥销时，可用（　　）取出。

A. 螺母　　B. 拔销器　　C. 螺钉　　D. 锤子

412. 圆柱面过盈连接装配分为（　　）、热胀法和冷缩法。

A. 击打法　　B. 有机粘接法　　C. 压入法　　D. 无机粘接法

413. 适用于过盈量小的小型连接件和薄壁衬套的是（　　）冷缩。

A. 低温箱　　B. 干冰　　C. 固定液氮　　D. 移动液氮

414. 滚动轴承内径代号为00的，表示轴承内径为（　　）mm。

A. 12　　B. 10　　C. 15　　D. 17

415. 只能承受轴向载荷而不能承受径向载荷的滚动轴承是（　　）。

A. 深沟球轴承　　B. 推力球轴承

C. 圆锥滚子轴承　　D. 圆柱滚子轴承

416. 滚动轴承的装配方法应视轴承尺寸和（　　）来选择。

A. 过盈量　　B. 精度　　C. 质量　　D. 形状

417. 下列不属于一般滚动轴承装配方法的是（　　）。

A. 粘接法　　B. 锤击法　　C. 压入法　　D. 热装法

418. 滚动轴承的游隙分为径向游隙和（　　）游隙两类。

A. 轴向　　B. 纵向　　C. 横向　　D. 切向

419. 安装轴承时一般（　　）的轴承采用较大工作游隙。

A. 高速运转　　B. 低速运转　　C. 重载荷　　D. 轻载荷

420. 预紧后的轴承能控制正确的（　　），从而提高轴的旋转精度和轴承在工作状态下的刚度。

A. 偏差　　B. 游隙　　C. 公差　　D. 松动

421. 预紧是给轴承内圈或外圈以一定的（　　）预负荷，使内、外圈发生相对位移，以消除内、外圈与滚动体的游隙，并产生初始的接触弹性变形。

A. 轴向　　B. 径向　　C. 横向　　D. 切向

422. 润滑脂常用于速度不高的场合，一般以填满轴承自由空间的（　　）为宜。

A. 1/4 ~ 1/2　　B. 1/3 ~ 1/2　　C. 1/4 ~ 1/3　　D. 1/5 ~ 1/4

423. 下列（　　）属于非接触式密封。

A. 毡封圈密封　　B. 径向密封圈密封

C. 弹簧密封圈密封　　D. 迷宫式密封

424. 在轴承两端支点处，用轴承盖固定，分别限制两个方向的轴向移动叫作（　　）。

A. 轴承两端单向固定法　　B. 轴承一端双向固定法

C. 轴承双向固定法　　D. 轴承两端双向固定法

425. 轴承单向固定法是为避免轴承受热伸长将轴卡死，在右端轴承外圈与端盖间留有（　）mm 的间隙，以便游动。

A. 0.1~0.3　B. 0.3~0.5　C. 0.5~1　D. 1~1.5

426.（　）常用于一般无特殊要求的铆接中，如铁皮箱盒、防护罩壳及其他结合件中。

A. 管状空心铆钉　B. 沉头铆钉

C. 半圆头铆钉　D. 平头铆钉

427. 铆接时铆钉直径大小与被连接板的厚度 t 有关，一般取板厚的（　）倍。

A. 1　B. 1.8　C. 2　D. 1.5

428. 按（　），铆接可分为活动铆接和固定铆接。

A. 铆接使用要求　B. 铆接技术要求

C. 铆钉形状　D. 铆钉大小

429.（　）应用于低压容器装置，这种铆接只能承受很小的均匀压力，但对接缝处要求非常严密，以防止渗漏。

A. 紧密铆接　B. 坚固紧密铆接

C. 强密铆接　D. 强固铆接

430. 无机粘接的黏结剂有磷酸盐型和（　）型两类。

A. 碳酸盐　B. 硝酸盐　C. 硅酸盐　D. 硫酸盐

431. 粘接的缺点是粘接强度低，仅为母材的（　）。

A. 10%~40%　B. 10%~50%　C. 20%~50%　D. 20%~40%

432. 光学镜片、微小零件在特种加工中的固定一般用（　）。

A. 销链接　B. 焊接　C. 粘接　D. 铆接

433. 粘接最适合的接头结构是（　）。

A. V 形槽结构　B. 燕尾槽结构　C. T 形槽结构　D. 轴套类结构

434. 一个自由的物体，它对三个相互垂直的坐标系来说，有六个活动可能性，习惯上把这种活动的可能性称为（　）。

A. 自由度　B. 限定度　C. 移动　D. 转动

435. 若使物体在某个方向有确定的（　），就必须限制该方向的自由度。

A. 方向　B. 自由度　C. 位置　D. 位移

436. 平面定位的定位元件中，用于较小精基准平面定位的是（　）。

A. 平头支承钉　B. 支承板　C. 圆头支承钉　D. 定位销

437. 定位心轴属于（　）的定位元件。

A. 平面定位　B. 内孔定位　C. 外圆定位　D. 端面定位

438. 工件的安装可分为（　）和夹紧两个过程。

A. 直接找正　B. 划线找正　C. 定位　D. 用夹具找正

439. 基准可分为设计基准和（　）两大类。

A. 工艺基准　B. 测量基准　C. 定位基准　D. 装配基准

440. 下面选项中（　）不是钻床夹具。

A. 固定式钻模　B. 回转式钻模　C. 盖板式钻模　D. 心轴式钻模

441. （　）适合在大型工件上加工小孔，也可用在中小型工件上的钻孔。

A. 固定式钻模　B. 回转式钻模　C. 盖板式钻模　D. 滑柱式钻模

442. （　）结构简单，制造方便，定位精度高，但有时装卸工件不便。

A. 固定式钻模　B. 回转式钻模　C. 盖板式钻模　D. 翻盖式钻模

443. （　）钻模每次需从工件上装卸，比较费时。

A. 固定式　B. 回转式　C. 盖板式　D. 翻盖式

444. 不属于加工质量检查内容的是（　）。

A. 加工精度　B. 主要尺寸

C. 基准面的几何形状　D. 表面质量

445. 在夹具的最后装配中应进行（　）。

A. 去除零件上遗留的毛刺

B. 倒钝棱边

C. 修研和检验夹具的基准尺寸和精度

D. 研磨（或刮削）夹具体的基准面

446. 下列选项中不属于固定式钻模装配前准备工作的是（　）。

A. 装定位键　B. 清点和清洗待装配的各种零件

C. 去毛刺，倒钝边　D. 检验各主要零件的质量

447. 钻模必须经过检验符合钻模设计的精度要求后，才能进行最后的紧固，并打入（　）定位。

A. 螺钉　B. 螺母　C. 圆柱销　D. 螺杆

448. 当凸模施加给材料的作用力没有超过材料的屈服极限时，此阶段叫作（　）。

A. 弹性变形　B. 塑性变形　C. 断裂分离　D. 变形分离

449. （　）不是冲裁变形的变形阶段。

A. 弹性变形　B. 塑性变形　C. 断裂分离　D. 变形分离

450. 冲压时由于模具间隙的存在，材料进入凹模时产生弯曲力矩，从而在制件上产生

的弯曲圆角区叫作（　　）。

A. 塌角　　B. 光面　　C. 毛面　　D. 毛刺

451. 冲裁时由于裂纹扩展而使材料撕裂产生分离，从而形成表面粗糙并带有一定锥度的断裂区叫作（　　）。

A. 塌角　　B. 光面　　C. 毛面　　D. 毛刺

452. 冲裁（　　）的大小对冲裁时上下裂纹的重合与否有直接的影响。

A. 断面质量　　B. 间隙　　C. 尺寸精度　　D. 条件

453. 冲裁模间隙过大时会出现（　　）。

A. 材料受挤压的成分增大　　B. 毛面减少

C. 毛刺减少　　D. 塌角增大

454. 冲裁力随着间隙的增大虽然有一定程度的降低，但当单边间隙在料厚的（　　）时，冲裁力降低并不明显。

A. 5% ~10%　　B. 5% ~15%　　C. 1% ~10%　　D. 10% ~15%

455. 选择合理间隙值的总原则是在满足冲裁件质量的前提下，间隙值一般取（　　），这样可以降低冲裁力和提高模具寿命。

A. 大值　　B. 小值　　C. 偏大值　　D. 偏小值

456. 冲裁模按（　　）可分为落料模、冲孔模、切断模、切边模、切舌模、剖切模、整形模、精冲模等。

A. 工序性质　　B. 工序的组合程度

C. 导向方式　　D. 自动化程度

457. 冲裁模按（　　）可分为无导向的开式模和有导向的导板模、导柱模。

A. 工序性质　　B. 工序的组合程度

C. 有导向方式　　D. 自动化程度

458. 某些形状简单的非圆凸模可采用（　　）结构，但固定部分必须采用防转结构。

A. 阶梯式　　B. 直通式　　C. 装配式　　D. 粘接式

459. 适用于大尺寸凸模直接用螺钉、销钉固定的是（　　）结构。

A. 阶梯式　　B. 直通式　　C. 装配式　　D. 粘接式

460.（　　）凹模结构，其俯视外形按毛坯和工件形状可做成矩形或圆形，用螺钉和销钉直接固定在模板上。

A. 整体式　　B. 组合式　　C. 阶梯式　　D. 直通式

461.（　　）凹模适用于冲制大、中型工件上的孔。

A. 整体式　　B. 组合式　　C. 阶梯式　　D. 直通式

462. 保证条料正确送料方向的定位零件是（　　）。

A. 导料板　　B. 挡料销　　C. 导正销　　D. 定位销

463. 结构简单，制造容易，多用于简单模和复合模的定位零件是（　）。

A. 导料板　　B. 挡料销　　C. 导正销　　D. 定位销

464.（　）常在冲制材料厚度大于 0.8 mm 时采用。

A. 固定卸料装置　　B. 弹压卸料装置

C. 废料切刀　　D. 推件

465. 把工件或废料从凹模内从下往上顶出的装置称为（　）。

A. 卸料装置　　B. 推件装置　　C. 顶件装置　　D. 废料切刀

466.（　）用于精密冲裁模、硬质合金模、高速冲模及其他精密模具上。

A. 滚珠导向　　B. 滑动导向　　C. 固定导板　　D. 弹压导板

467. 导柱导向分为（　）和滚珠导向两种形式。

A. 滚珠导向　　B. 弹压导板　　C. 滑动导向　　D. 导柱导向

468.（　　）的直径、长度与冲床的滑块孔有关。

A. 模柄　　B. 固定板　　C. 垫板　　D. 螺钉

469.（　　）主要用来承受工作零件传来的压力，防止模座受过大的压力而损坏。

A. 模柄　　B. 固定板　　C. 垫板　　D. 螺钉

470. 冲裁模装配后的导柱，其固定端面与下模座下平面应保留（　　）mm 距离。

A. 1 ~ 2　　B. 2 ~ 3　　C. 3 ~ 4　　D. 4 ~ 5

471. 导柱和导套装配后，其轴线应分别（　　）于下模座的底平面和上模座的上平面。

A. 平行　　B. 水平　　C. 垂直　　D. 等高

472. 压入式凸模的装配中，当凸模压入固定板壁孔装合部分（　　）时，应利用角度尺进行垂直度检查，校正垂直度后，再将其全部压入。

A. 1/3　　B. 1/2　　C. 1/5　　D. 1/4

473. 对形状复杂的零件和多凸模冲裁模，广泛采用（　　）的方法，使模具结构和装配大为简化。

A. 螺钉紧固凸模　　B. 止口紧固凸模

C. 低熔点合金或环氧树脂粘接　　D. 压入式凸模

474. 用低熔点合金装配时将凸模与凹模的间隙调整好，然后在空槽内侧浇上低熔点合金，当合金冷却后，（　　）即把凸模紧固。

A. 体积膨胀　　B. 熔点低　　C. 遇热膨胀　　D. 冷凝收缩

475. 凸模浇注低熔点合金固定，凸模与固定板的间隙最小为（　　）mm。

A. 2 ~ 3　　B. 2 ~ 4　　C. 3 ~ 5　　D. 4 ~ 5

476. 环氧树脂粘接属于凸模固定方法中的（　　）固定法。

A. 化学　　B. 物理　　C. 机械　　D. 结合

477. 凸模浇注环氧树脂固定，凸模与固定板的间隙最小为（　　）mm。

A. 0.2 ~ 0.3　　B. 0.2 ~ 0.4　　C. 0.3 ~ 0.5　　D. 0.4 ~ 0.5

478. 在冲裁模制造过程中，装配工艺主要根据冲裁模的（　　）来确定。

A. 类型和结构　　B. 精度要求　　C. 质量要求　　D. 装配要求

479. 冲裁模的装配，主要有（　　）装配法和配作装配法两种。

A. 间接　　B. 配合　　C. 直接　　D. 配对

480. 对于（　　），其上、下模的装配顺序没有严格要求，一般分别进行装配。

A. 无导向装置的单工序冲裁模　　B. 有导向装置的单工序冲裁模

C. 压入式凸模　　D. 螺钉紧固凸模

481.（　　）冲裁模的凸凹模间隙是在冲模使用时安装到压机上以后进行调整的。

A. 压入式　　B. 有导向装置的单工序

C. 无导向装置的单工序　　D. 螺钉紧固

482. 确定单工序冲裁模装配顺序时，通常是先装（　　）。

A. 基准件　　B. 关联件　　C. 凸模　　D. 其他辅件

483. 单工序模装配时，模具固定部分的相关零件有：与下模座相连的（　　），凹模固定板、定位板等。

A. 卸料板　　B. 凸模　　C. 凹模　　D. 凸模固定板

484. 钻床夹具与机床的连接，可在夹具体的底边上，按机床工作台 T 形槽的尺寸设计带（　　）槽的耳座。

A. V 形　　B. U 形　　C. T 形　　D. W 形

485. 钻模在工作台上的正确位置，以安装在机床主轴上的相应的（　　）能在钻套内孔中自由插入、抽出为准。

A. 定位孔　　B. 钻套　　C. 钻夹头　　D. 刀具

486. 曲柄压力机按（　　）可分为通用压力机和专用压力机两大类。

A. 使用用途　　B. 工艺用途

C. 生产用途　　D. 机身的结构形式

487. 开式压力机可分为单柱压力机和（　　）压力机两种。

A. 多柱　　B. 三柱　　C. 双柱　　D. 四柱

488. 曲柄压力机工作机构一般为曲柄滑块机构，由曲柄、连杆、（　　）、导轨等零件组成。

A. 过载保护块　B. 平衡块　C. 机架　D. 滑块

489. 模具安装在曲柄压力机的（　）上。

A. 导轨　B. 曲柄　C. 滑块　D. 连杆

490. 在压力机曲柄（　）中，有调节压力机装模高度的装置。

A. 导轨　B. 滑块　C. 机架　D. 平衡块

491. 曲柄压力机的工作负荷超过（　）称之为过载。

A. 许用负荷　B. 最大压力　C. 最小压力　D. 极限压力

492. 曲柄压力机的公称压力，是指滑块离（　）前某一特定距离时，滑块上所允许的最大工作压力。

A. 上止点　B. 下止点　C. 最高点　D. 最低点

493. 封闭高度是指滑块在（　）时，滑块下表面到工作台上表面的距离。

A. 上止点　B. 最低点　C. 下止点　D. 最高点

494. 操作冲床前，要穿戴好规定的劳动护具，如穿好（　）、工作鞋，戴上工作帽和手套。

A. 工作服　B. 西服　C. 夹克　D. 便服

495. 操作冲床前，不准把杂物放在机床电器、（　）及模具上。

A. 工具柜　B. 杂物柜　C. 课桌椅　D. 工作台面

496. 操作冲床时，在滑块运行中，手不准扶在打料杆、导柱及（　）危险区域上。

A. 操作台　B. 工具柜　C. 冲模　D. 杂物柜

497. 每加工一个零件，（　）要离开操纵机构，以免在取送料时因误动作而发生事故。

A. 工件　B. 产品　C. 工具　D. 脚或手

498. 安装冲模时，要检查模具的（　）是否与冲床的装模高度相适应。

A. 闭合高度　B. 模具总高度

C. 上、下模板厚度　D. 工作台垫板厚度

499. 安装冲模时，要查明各部分配合面的（　）以及有无变形和裂纹等缺陷。

A. 变形　B. 间隙　C. 过盈量　D. 条件

500. 冲模安装后，凸模的中心线应与凹模工作平面（　）。

A. 平行　B. 垂直　C. 成45°角　D. 成60°角

501. 用压板将下模紧固在工作台面上时，其紧固用的螺栓拧入螺孔中的长度应大于螺栓直径的（　）倍。

A. 0.1~0.5　B. 0.5~1　C. 1~1.5　D. 1.5~2

502. 无导向冲模安装时，先将冲模放在压力机平台（　）处。

A. 左侧　B. 中心　C. 前面　D. 右侧

503. 有导向冲模安装时，把（　）分开后，要用木块或垫铁支撑上、下模。

A. 上模与下模　B. 凸模　C. 凹模　D. 凸凹模

504. 冲模拆卸顺序是（　），先上后下，而装入时则相反。

A. 先左后右　B. 先内后外　C. 先外后内　D. 先右后左

505. 冲裁模具在使用完之后，要从压力机上（　）。

A. 装上　B. 卸下　C. 安装　D. 装配

506. 冲压安全技术包括（　）技术和装备安全技术两个方面。

A. 设备安全　B. 人身安全　C. 生产安全　D. 运输安全

507. 人身安全技术包括以工具代替（　）进入危险区域。

A. 脚　B. 手　C. 头　D. 身体

508. 冲裁模在冲床上安装后，要通过试冲对（　）的质量和模具的性能进行综合考察和检测。

A. 模具　B. 工具　C. 制件　D. 工装

509. 冲裁模的调试，可以验证（　）质量和精度，作为交付生产的依据。

A. 产品　B. 模具　C. 制件　D. 零件

510. 在冲裁模调试中，若发现成品零件存有缺陷，应分析原因，设法对冷冲模进行（　），直到生产出一批完全符合图样要求的零件为止。

A. 维护　B. 修理　C. 保养　D. 修整

511. 冲裁模调试时，试冲（　）必须经过质量部门检验，并符合技术协议的规定要求，尽量不采用代用材料。

A. 产品　B. 制件　C. 材料　D. 工件

512. 冲裁模试冲时，根据使用部门要求定试冲数量。一般情况下，硅钢片不少于（　）件。

A. 50　B. 100　C. 150　D. 200

513. 冲裁模试冲所使用的材料性质、牌号及厚度，要符合图样要求，并且冲裁模试冲（　）要符合工艺图样的规定。

A. 条料长度　B. 条料尺寸　C. 条料大小　D. 条料宽度

514. 冲裁模试冲提取检验用的试件，应在（　）稳定后进行。

A. 产品质量　B. 制件质量　C. 工艺参数　D. 工件质量

515. 冲裁模调整时，应保证凸模与凹模相互咬合，深度要（　　），不能太深与太浅，以冲下合适的零件为准。

A. 相同　　B. 相等　　C. 适中　　D. 不同

516. 冲裁模调整时，应保证凸、凹模（　　）要均匀。

A. 尺寸　　B. 位置　　C. 大小　　D. 间隙

517. （　　）不是调整冲裁模间隙的方法。

A. 垫片法　　B. 测量法　　C. 涂层法　　D. 加工保证法

518. （　　）不是调整冲裁模间隙的方法。

A. 涂层法　　B. 垫片法

C. 测量凸、凹模尺寸保证法　　D. 透光法

519. 下列选项是冲裁时制件毛刺大的调整方法的是（　　）。

A. 重新调整模具间隙　　B. 加大凸模尺寸

C. 减小凸模尺寸　　D. 加大凹模尺寸

520. 下列选项是冲裁时制件毛刺大的调整方法的是（　　）。

A. 使凹模洞口成倒锥　　B. 修整凹模洞口

C. 使凹模洞口成一定角度　　D. 使凹模洞口成直边

521. 下列选项是冲裁时凸凹模啃刀的调整方法的是（　　）。

A. 减小导柱尺寸　　B. 调整导向件间隙

C. 加大导套尺寸　　D. 减小凸模尺寸

522. 下列选项是冲裁时凸凹模啃刀的调整方法的是（　　）。

A. 重装导柱　　B. 减小导柱尺寸

C. 加大导套尺寸　　D. 加大导柱导套间隙

523. 下列选项是冲裁时卸料不正常的调整方法的是（　　）。

A. 修整凹模洞　　B. 修整凸模

C. 加大凸模尺寸　　D. 减小凸模尺寸

524. 下列选项是冲裁时卸料不正常的调整方法的是（　　）。

A. 修整凸模　　B. 修整卸料件

C. 修整凹模外形　　D. 减小凸模尺寸

525. 钻孔时工件轴线不垂直是由于（　　）。

A. 钻套装配不垂直　　B. 钻套与钻模板间隙太大

C. 钻套与钻模板间隙太小　　D. 钻套与钻头间隙太大

526. 钻孔时工件孔不在同一轴线上是由于（　　）。

A. 夹紧力过小　　B. 夹紧力不平行
C. 钻套与钻模板间隙太大　　D. 夹紧力过大，工件产生变形

527. 冲裁时毛刺大是由于（　）。
A. 凸、凹模尺寸超差　　B. 模具间隙过大
C. 凸、凹模形状误差超差　　D. 模具间隙过小

528. 冲裁时，（　）造成毛刺大。
A. 凸模与卸料板的间隙过大　　B. 导向机构精度高
C. 模具间隙过小　　D. 导向机构精度低

529. 下列选项是造成冲裁时凸凹模啃刀原因的是（　）。
A. 凸、凹模尺寸超差　　B. 导向件导向精度高
C. 导向件配合间隙过大，导向精度差　　D. 模具间隙过大

530. 下列选项是造成冲裁时凸凹模啃刀原因的是（　）。
A. 导柱长度过长　　B. 推件块上的孔与凹模间隙太大
C. 推件块上的孔不垂直　　D. 模具间隙过大

531. 下列选项是造成冲裁时卸料不正常原因的是（　）。
A. 弹簧或橡胶弹力不够　　B. 弹簧或橡胶行程过大
C. 推料板与凹模的间隙过小　　D. 导柱与导套间隙过小

532. 下列选项是造成冲裁时卸料不正常原因的是（　）。
A. 凸、凹模错位　　B. 卸料板与凸模配合过紧
C. 卸料板与凸模配合过松　　D. 推料板与凹模的间隙过小

533. 下列选项是造成冲裁模冲头断裂原因的是（　）。
A. 冲裁间隙偏大　　B. 凸模、凹模转角位置圆滑过渡
C. 凹模强度不够　　D. 凸模强度不足

534. 下列选项是造成冲裁模冲头断裂原因的是（　）。
A. 冲裁间隙偏大　　B. 凸模及凹模局部过于尖角
C. 凹模强度不够　　D. 凸模、凹模转角位置圆滑过渡

535. 下列选项是造成冲裁模凹模胀裂原因的是（　）。
A. 凹模孔口上大、下小，有倒锥现象
B. 凹模洞口尺寸过大
C. 凹模洞口有正锥
D. 冲裁模间隙过大

536. 下列选项是造成冲裁模凹模胀裂原因的是（　）。

A. 凹模内卡住工件，废料太多　　B. 冲裁间隙过大

C. 凹模洞口有正锥　　D. 凸模的强度不够

537. 下列选项是造成冲裁模工作零件严重磨损原因的是（　　）。

A. 凸、凹模工作部分润滑不良　　B. 导柱导套润滑不良

C. 卸料板与凸模间隙太大　　D. 凸、凹模间隙太大

538. 下列选项是造成冲裁模工作零件严重磨损原因的是（　　）。

A. 凸、凹模间隙太大　　B. 压力机设备精度较差

C. 导柱导套的间隙太大　　D. 卸料板与凸模间隙太大

539. 下列选项是造成冲裁模上、下模模板在使用过程中发生裂纹及碎裂原因的是（　　）。

A. 上下模板厚度太大　　B. 凸、凹模间隙太小

C. 上下模板与压力机固定太紧　　D. 异物在工作部分或导向部分

540. 下列选项是造成冲裁模上、下模模板在使用过程中发生裂纹及碎裂原因的是（　　）。

A. 压板螺钉紧固不良，生产时模具松动

B. 上下模板与压力机固定太紧

C. 凸、凹模间隙过小

D. 凸、凹模强度过高

541. 下列选项是造成冲裁时冲件压伤、刮伤原因的是（　　）。

A. 条料或模具表面光洁　　B. 冲裁时有压料装置

C. 条料或模具上有油污、废屑　　D. 模具表面硬度太高

542. 下列选项是造成冲裁时冲件压伤、刮伤原因的是（　　）。

A. 条料或模具表面光洁　　B. 模具表面硬度太高

C. 材料太硬　　D. 模具表面硬度低

543. 下列选项是造成冲裁时跳废料原因的是（　　）。

A. 卸料板与凸模周边的间隙太大　　B. 凸模与凹模之间的间隙过小

C. 凸模与凹模之间的间隙过大　　D. 凹模直壁部分太粗糙

544. 下列选项是造成冲裁时跳废料原因的是（　　）。

A. 凹模直壁部分太粗糙　　B. 凸模进入凹模的深度太小

C. 卸料板与凸模周边的间隙太大　　D. 卸料板与凸模周边的间隙不均匀

545. 下列选项是造成冲裁时废料阻塞原因的是（　　）。

A. 凸、凹模间隙太小　　B. 凹模尺寸太大

C. 凹模刃口直壁部分表面太光滑　　D. 漏料孔尺寸偏小

546. 下列选项是造成冲裁时废料阻塞原因的是（　　）。

A. 凸、凹模间隙太小　　B. 凹模刃口直壁部分表面粗糙

C. 凹模尺寸太大　　D. 凹模刃口直壁部分表面光滑

547. 下列选项是造成冲裁时送料不畅与卡料原因的是（　　）。

A. 材料较厚

B. 两导料板之间的尺寸过小或有斜度

C. 凸模与卸料板间隙过小

D. 两导料板之间的尺寸过大

548. 下列选项是造成冲裁时送料不畅与卡料原因的是（　　）。

A. 两导料板之间的尺寸过大　　B. 材料较厚

C. 凸模与卸料板间隙过小　　D. 材料较薄

549. 下列选项是造成冲裁时制件不平原因的是（　　）。

A. 刃口锋利，产生毛刺　　B. 刃口磨损，使下料尺寸变化

C. 模具定位准确　　D. 凹模孔尺寸过大

550. 下列选项是造成冲裁时制件不平原因的是（　　）。

A. 压料力太大　　B. 凹模孔尺寸过大

C. 刃口锋利，产生毛刺　　D. 模具让位孔过小，顶出不佳

551. 下列选项是造成冲裁时断面质量差原因的是（　　）。

A. 凸模、凹模的尺寸精度太低　　B. 冲裁间隙太大

C. 凸模、凹模的形状误差超差　　D. 冲裁间隙太小

552. 下列选项是造成冲裁时断面质量差原因的是（　　）。

A. 凸模、凹模的尺寸精度太低　　B. 冲裁间隙太小

C. 冲裁间隙不均匀　　D. 凸模、凹模的形状误差超差

553. 下列选项是造成冲裁时运动部位磨损原因的是（　　）。

A. 运动零件的配合精度超差

B. 运动零件材料硬度太大

C. 运动零件润滑良好

D. 零件之间相互摩擦而磨损，定位不准确

554. 下列选项是造成冲裁时运动部位磨损原因的是（　　）。

A. 运动零件润滑良好

B. 运动零件的配合精度超差

C. 导柱和导套间的长期相对运动而产生磨损

D. 运动零件材料硬度太大

555. 机械拆卸前要根据机械设备的拆卸顺序选择拆卸步骤，一般由整机到部件，由部件到零件，（ ）。

A. 由内部到外部　　B. 由左部到右部

C. 由外部到内部　　D. 由右部到左部

556. 拆卸时用力应（　　），特别要注意对主要部件的拆卸，不能使其发生任何程度的损坏。

A. 大　　B. 适当　　C. 小　　D. 较大

557. 工艺装备的拆卸方法有击卸法、拉卸法、压卸法和（　　）。

A. 敲打法　　B. 强拆法　　C. 冷缩法　　D. 温差法

558. 用拉卸法拆卸时工件不承受冲击力，适用于（　　）、不许敲击的零件和无法敲击的零件，以及尺寸较大或过盈较大的部件。

A. 精度较高　　B. 精度最高　　C. 精度较低　　D. 精度最低

559. 滑动轴承一般使用普通矿物润滑油和润滑脂作为润滑剂，在特殊情况下（如高温系统），可选用合成油、（　　）和其他液体。

A. 水　　B. 酸　　C. 碱　　D. 盐水

560. 选择滑动轴承润滑油时应考虑载荷、速度、主轴与轴承间隙，以及（　　）。

A. 轴承尺寸　　B. 轴承类别　　C. 轴承材料　　D. 轴承温度

561. 滚动轴承的润滑主要是为了（　　）摩擦阻力和减轻磨损，同时也有吸振、冷却、防锈和密封等作用。

A. 降低　　B. 增加　　C. 消除　　D. 改变

562. 选择滚动轴承润滑油时，一般情况下，采用的润滑油黏度应不低于（　　）mm^2/s。

A. 10~22　　B. 13~32　　C. 15~40　　D. 18~45

563. 夹具使用前要对夹具的安装面和（　　）检查是否有碰伤或异物附着。

A. 装配基准面　　B. 夹紧面　　C. 测量基准面　　D. 定位面

564. 夹具使用过程中，如果气动元件出现问题时，必须先（　　）气源，并排空余气，直至夹具没有动作方可处理。

A. 切断　　B. 接通　　C. 切换　　D. 移动

565. 冲模在使用过程中应当（　　）进行检查，并做好原始记录，使模具在完好的状态下工作。

A. 随时　　B. 不定期　　C. 每小时　　D. 定期

566. 冲模在使用过程中，应随时对制件进行质量检查，以便及时掌握模具的（　　）和使用性能。

A. 变形情况　　B. 使用情况　　C. 磨损状况　　D. 卸料情况

567. 冲模随机维护修理包括利用（　　）刃磨被磨损而变钝了的凸、凹模刃口，使其变得锋利。

A. 锉刀　　B. 錾子　　C. 油石　　D. 研磨板

568. 冲模随机维护修理包括调整冲模因磨损而变大了的（　　）以及定位装置。

A. 定位零件　　B. 卸料零件

C. 导向零件　　D. 凸、凹模间隙

569. 通用标准件损坏后，一般采用的修理方法是（　　）。

A. 焊补　　B. 修复　　C. 更换零件　　D. 修磨

570. 当冲裁模刃口出现崩刃或出现裂纹，且崩刃及裂纹不严重、冲模精度要求不高时，一般采用的修理方法是（　　）。

A. 焊补受损伤的刃口　　B. 更换零件

C. 修复受损伤的刃口　　D. 修磨受损伤的刃口

571. 在保管冲模时，对卸下的模具应擦拭干净并涂上（　　），及时、完整地交回模具库或于指定的地点存放。

A. 机油　　B. 防腐剂　　C. 防锈油　　D. 柴油

572. 模具在使用过程中，严禁敲、砸、磕、碰，尤其是在调整过程中，应防止硬物损伤模具的（　　）。

A. 导向部位　　B. 卸料部位　　C. 工作部位　　D. 定位部位

573. 在冲裁模工作中或工作后，检查冲模的（　　）动作是否灵敏可靠，顶件杆有没有弯曲、折断，脱料弹簧弹力大小，工作起来是否平稳，有无严重磨损及变形。

A. 定位装置　　B. 导向装置

C. 工作零件　　D. 推件及卸料装置

574. 冲裁模修理前，要制定模具修理工艺方案，实施模具的（　　）和拆卸修理，以保证生产的正常进行。

A. 修理工艺　　B. 修理方法　　C. 随机修理　　D. 修理步骤

575. 冲裁模修理的准备包括修理工作的组织、选择修理装备、制作冲模备件和（　　）。

A. 确定修理的工艺过程　　B. 选择修理工具

C. 确定修理设备　　D. 确定修模零件的工艺

576. 冲模在检修前要用（　　）清洗干净，去除油污及杂物。

A. 煤油　　B. 柴油　　C. 汽油　　D. 水

577. 冲模检修时，一定要适应生产要求，尽可能利用（　　）的间隔期。

A. 两次生产　B. 三次生产　C. 四次生产　D. 每周生产

578. 冲裁模修理时，首先要熟悉所修理的冲裁模（　　），了解冲模修理前所冲工件的质量情况，分析造成冲模故障的原因。

A. 所有零件　B. 工作零件

C. 结构　D. 结构及设计图样

579. 冲裁模修理时，要根据修理工艺要求准备好所必需的（　　）及备件。

A. 修理方案　B. 修理方法

C. 修理工具/修理设备　D. 修理配件

580. 凸、凹模刃口的修磨方法有两种：一是直接用油石加煤油在刃口面上顺着一个方向来回研磨；二是拆卸凸、凹模，用（　　）。

A. 车床修磨　B. 平面磨床磨削　C. 镗床修磨　D. 铣床修磨

581. 由于导向装置磨损，精度降低，起不到导向作用，使凸凹模相对偏位，将引起（　　）。

A. 凸、凹模刃口磨损　B. 凸、凹模间隙变大

C. 凸、凹模间隙不均匀　D. 凸、凹模间隙变小

582. 冲裁模零件修复的基本原则是当主要零件与次要零件配合使用时，要（　　）。

A. 更换主要零件，修复次要零件

B. 更换次要零件，修复主要零件

C. 更换次要零件和主要零件

D. 修复主要零件和次要零件

583. 下列方法中（　　）不能作为工作零件的修复方法。

A. 挤捻法修整刃口　B. 修磨法修整刃口

C. 粘补法修整刃口　D. 镶嵌法修整刃口

二、判断题

1. 当代社会，新经济带来了许多新的职业，同时一些传统职业也不会被更新或淘汰。（　　）

2. 道德对推动物质文明、精神文明建设和科技发展、社会生产力发展不具有促进作用。（　　）

3. 职业道德是社会道德在职业行为和职业关系中的具体表现。（　　）

4. 良好的职业道德，有助于维护党的形象，提高政府的威信。（　　）

5. “为人民服务”是社会主义职业道德区别于其他社会职业道德的本质特征。（　　）

6. “干一行，爱一行”与“爱一行，干一行”没有什么不同。（ ）

7. 在市场经济条件下，诚实守信是每个经济主体得以在市场竞争中立足的基本条件。（ ）

8. 奉献社会要求不仅有明确的信念，而且有崇高的行动。（ ）

9. 道德修养靠实践，职业道德修养同样靠实践。（ ）

10. 职业道德修养，自律与他律的作用都重要，但是他律的作用更重要。（ ）

11. 国家实行每日工作时间不超过 8 小时，平均每周工作时间不超过 48 小时的工作制度。（ ）

12. 在试用期被证明不符合录用条件的，用人单位可以随时解除劳动合同。（ ）

13. 质量是企业永恒的主题，是企业的第一生命。（ ）

14. 科学技术越发展，对从业人员的要求也越低。（ ）

15. 遵规守纪、安全生产是生产企业及每位员工必须遵守的职业道德。（ ）

16. 零件图是加工检验零件所依据的图样。（ ）

17. 图样上标注的尺寸均为机件的实际尺寸，而与图形所采用的比例无关。（ ）

18. 中心投影法对物体投影大小有影响，度量性较差。（ ）

19. 主视图反映的是上下、前后的位置关系。（ ）

20. 能唯一确定物体形状通常需要两个视图。（ ）

21. 半个视图与半个剖视图的分界线应是点画线。（ ）

22. 螺纹按中等旋合长度考虑时，可不加标注。（ ）

23. 轴承一般由外圈、内圈、滚动体和保持架组成。（ ）

24. 分析装配图上所标注的尺寸和视图是识读装配图的重要环节。（ ）

25. 零件的实际尺寸应在极限尺寸的两个界限值之间，否则为不合格零件。（ ）

26. 国标中规定了基孔制和基轴制两种基准制度。（ ）

27. H8 代表孔的公差等级为 8 级。（ ）

28. 几何公差是指实际要素对图样上给定的理想形状、理想方位的允许变动全量。（ ）

29. 当基准为轮廓面时基准符号的三角形应与相应轮廓的尺寸线对齐。（ ）

30. 在满足使用要求的前提下，应尽量选较小的表面结构参数值。（ ）

31. 牌号为 Q235AF 中的“Q”代表该材料的屈服强度。（ ）

32. 铸钢一般用于制造形状复杂、力学性能要求较高的机械零件。（ ）

33. 工具钢可分为碳素工具钢和合金工具钢两种。（ ）

34. 铸铁是含碳量≤2.11%的铁碳合金。（ ）

35. 一般来说可锻铸铁是可以锻造的。 ( )
36. 牌号为"LD"的铝合金属于超硬铝合金。 ( )
37. 特殊黄铜比普通黄铜有更高的强度和硬度。 ( )
38. 钢的退火可以提高钢的硬度，降低塑性。 ( )
39. 正火的目的是细化晶粒、均匀组织、提高机械性能。 ( )
40. 淬火钢经回火后，其硬度随回火温度的升高而升高。 ( )
41. 淬火后中温回火相结合的热处理工艺称为调质。 ( )
42. 感应加热表面淬火适用于大批量生产。 ( )
43. 由于带传动摩擦损失较小，所以效率较高。 ( )
44. 平带的工作面为外表面。 ( )
45. 链条磨损后，链节变长，容易产生脱链现象。 ( )
46. 齿轮传动是近代机器中最常见的一种机械传动。 ( )
47. 齿轮传动的优点是制造和装配要求不高。 ( )
48. 螺旋传动中主动件的直线往复运动转换为从动件的回转运动。 ( )
49. 通用机床一般适用于大批量生产。 ( )
50. 我国机床型号由英文字母和阿拉伯数字按一定规律组合而成。 ( )
51. 插床实质上是立式刨床。 ( )
52. 无论哪种切削加工，主运动往往不止一个。 ( )
53. 切削速度是指主运动的线速度。 ( )
54. 高速工具钢又称为锋钢、白钢。 ( )
55. 从结构上看，任何车刀切削部分的组成可概括为三面、两刃、一刀尖。 ( )
56. 刀具磨损到一定限度就不能继续使用，这个磨损限度称为磨钝标准。 ( )
57. 车刀结构复杂，不容易制造。 ( )
58. 工艺规程一定是最合适的工艺过程，不能更改。 ( )
59. 小批生产的特点接近于单件生产。 ( )
60. 一般心轴的定心精度高。 ( )
61. 辅助支承也能起定位作用。 ( )
62. 精基准是以已加工过的表面作定位基准。 ( )
63. 工件从一个车间转到另一个车间，一般要安排中间检验工序。 ( )
64. 按结构形状的不同，轴类零件一般可分为简单轴、阶梯轴和异形轴三类。 ( )
65. 轴类与套类零件的加工工艺路线大致相同。 ( )
66. 法兰盘与套类零件的加工工艺路线大致相同。 ( )

67. 液压传动能保证严格的传动比。 ( )

68. 液压传动系统由动力元件、执行元件和控制元件组成。 ( )

69. 液压元件的图形符号只表示元件的职能，不代表元件的结构和参数。 ( )

70. 为保证液压泵正常吸油，油箱应与大气相通或采用密闭的充压油箱。 ( )

71. 液压马达按其结构类型可分为齿轮式、叶片式和柱塞式三大类。 ( )

72. 气压传动的工作压力和输出压力较大。 ( )

73. 机床电气电路中的常用熔断器有插入式和螺旋式两种。 ( )

74. 按钮是一种具有自动复位功能的控制开关。 ( )

75. 电工仪表中的符号“kV”说明是千伏电压表。 ( )

76. 开始工作前，必须按规定穿戴好防护用品。 ( )

77. 严格执行操作规程是保证产品质量的重要前提。 ( )

78. 现场生产管理是生产第一线的综合管理。 ( )

79. 85% 以上的触电死亡事故都是由电伤造成的。 ( )

80. 人工呼吸法适用于有心跳但无呼吸的触电者。 ( )

81. 保护接地适用于 1 000 V 以上的电气设备。 ( )

82. 运动速度大时，宜选用黏度高的润滑油润滑。 ( )

83. 手工润滑方式适用于轻载、低速、间歇工作的润滑点。 ( )

84. 滚动轴承采用的润滑剂主要是润滑脂和润滑油。 ( )

85. 粗加工以润滑为主、精加工以冷却为主是切削液的选择原则之一。 ( )

86. 工具钳工工作场地要经常保持整齐清洁。 ( )

87. 为了安全，禁止在被吊起的工件下面进行任何操作。 ( )

88. 在砂轮房磨刀时应带好防尘口罩。 ( )

89. 质量管理不包括产品设计。 ( )

90. 操作者应对调试产品的质量负责，调试后的产品必须符合图样、技术要求、工艺规程和检验标准等。 ( )

91. 操作前要对设备、工具和坯料进行检查，排除影响质量的隐患。 ( )

92. 锯割工件用虎钳夹持时，锯切位置尽量伸出长些。 ( )

93. 划线能及时发现和处理不合格的毛坯，避免造成损失。 ( )

94. 划规用来划圆弧、等分线段、等分角度和量取尺寸等。 ( )

95. 按不等弦长等分圆周的关键是确定各不等分段的不等弦长。 ( )

96. 用划规和直尺不能作线段的垂直平分线。 ( )

97. 分度头蜗轮的齿数为 30。 ( )

98. 划线基准的确定要综合考虑工件的整个加工过程及各工序间所使用的检测手段。 ( )

99. 硫酸铜溶液含有少许硫酸。 ( )

100. 龙胆紫一般用于已加工表面划线。 ( )

101. 可以在砂轮机上磨铝、铜等有色金属和木料。 ( )

102. 在钳台桌上安装台虎钳时，必须使固定钳身的钳口工作面处于钳台桌边缘之外。 ( )

103. 使用摇臂钻时，横臂回转范围内不准站人，不准有障碍物。 ( )

104. 台式钻床适用于在小型工件上钻、扩直径为 12 mm 以下的孔。 ( )

105. 使用钻床时，若不需要自动进给，必须脱开自动进给手柄。 ( )

106. 斜刃剪板机的上下两刀片成一个角度，一般上刀片是倾斜的。 ( )

107. 安装锯条时，锯齿应朝向前推的方向。 ( )

108. 锯削前应检查工件探测杆的上、下运动是否灵活，切记不可拆去此杆进行锯削。 ( )

109. 钳工常用的錾削工具有錾子和锤子。 ( )

110. 尖錾的切削部分扁平，刃口略带弧形，主要用来錾削平面、去毛刺和分割板料等。 ( )

111. 錾子切削部分包括前、后两个刀面和一条切削刃。 ( )

112. 后角过大，錾子易向工件深处扎入；后角过小，錾子易从錾削部位滑出。 ( )

113. 錾子头部、锤子头部和柄部都不应沾油，以防滑出。 ( )

114. 錾削时形成的切削角度有前角、后角和楔角，三角之和为 90°。 ( )

115. 锯齿时碰到工件内的缩孔或杂质，会引起锯条崩裂。 ( )

116. 安装锯条不仅要注意齿尖方向，还要注意锯条的松紧程度。 ( )

117. 起锯有远起锯和近起锯两种。 ( )

118. 锯削硬材料或切面较小的工件应该用细齿锯条。 ( )

119. 锉刀应先用一面，用钝后再用另一面。 ( )

120. 粗锉刀适用于锉削加工余量大、加工精度低和表面质量差的工件。 ( )

121. 锉削圆柱形工件端部的球面时，锉刀要以纵向和横向两种锉削运动结合进行，才能获得要求的球面。 ( )

122. 推锉时锉刀的平衡易于掌握，切削量大。 ( )

123. 划线不准确会使工件尺寸变小。 ( )

124. 当钻头直径大于 13 mm 时，做成莫氏锥柄，可以传递较大的转矩。 ( )

125. 钻头轴线与砂轮圆柱母线在水平面内的夹角等于顶角的一半，被刃磨部分的主切削刃处于水平位置。（　）

126. 直柄麻花钻比锥柄麻花钻传递的转矩大。（　）

127. 钻小孔时应选择较大的进给量和较低的转速。（　）

128. 对较大的工件且钻孔直径在 5 mm 以上时，可用压板夹持的方法进行钻孔。（　）

129. 操作钻床时要戴手套，袖口必须扎紧。女士必须带工作帽。（　）

130. 为了避免孔歪斜应将工件装夹牢固，检查工件的砂眼。（　）

131. 常用的扩孔方法有用麻花钻扩孔和用扩孔钻扩孔两种。（　）

132. 锥形锪钻有 30°、75°、90°及 120° 四种。（　）

133. 机用铰刀可分为带柄的和圆饼式的。（　）

134. 铰刀的切削厚度较小，磨损主要发生在后刀面上，所以重磨沿后刀面进行。（　）

135. 铰刀铰孔或退出铰刀时，铰刀均不能反转，以防止刃口磨钝以及切屑嵌入刀具后面与孔壁间，将孔壁划伤。（　）

136. 铰定位圆锥孔时，会因锥度小而被锁住，故其进给量不能太大，以免铰刀被卡死或折断。（　）

137. 普通螺纹广泛用于各种工件的连接。（　）

138. 螺纹的螺距是相邻两牙对应点之间的轴向距离。（　）

139. 丝锥容屑槽数，取决于丝锥的类型、直径尺寸及加工条件等。（　）

140. 钻不通孔的螺纹底孔时，钻孔深度至少应等于螺纹深度加上丝锥切削部分的长度。（　）

141. 机攻螺纹时，丝锥的校准部分不能全部出头，否则退出时会造成螺纹烂牙。（　）

142. 圆板牙可用于加工普通螺纹和锥形螺纹，有固定式和可调式。（　）

143. 套 M10×1.5 的粗牙普通螺纹时，其圆杆直径可取 9.8 mm。（　）

144. 套螺纹时，铰杠经常摆动，多次借正会造成螺纹中径变小。（　）

145. 修磨丝锥时，要经常用冷水冷却，避免丝锥退火。（　）

146. 根据刮削表面精度不同，平面刮刀可分为粗刮刀、细刮刀和精刮刀。（　）

147. 平面刮刀只能用来刮削平面，不可用于刮削外曲面。（　）

148. 平面粗刮时，刮刀刃必须带圆弧，楔角 β 为 97.5°左右。（　）

149. 正确刃磨粗、细、精刮刀，是提高刮削速度和保证精度的基本条件。（　）

150. 精刮时，显示剂可调得稀些，便于涂抹，显示的研点也大，也便于刮削。（　）

151. 用于刮削的显示剂中，印红油和铅丹粉都是无毒的。（　）

152. 粗刮平面时，采用连续推铲方法，刮削的刀痕连成长片。（　）

153. 刮削时，刀刃磨得过于弧形，会出现深凹痕。（ ）

154. 压嵌研磨法适用于尺寸精度在 0.1 μm 左右的工件。（ ）

155. 用研磨工具和研磨剂从工件上研去一层极薄表面层的精加工方法，称为研磨。（ ）

156. 研磨棒主要用来研磨套类零件的内孔。（ ）

157. 磨料的粒度越粗，研磨精度越低。（ ）

158. 研磨剂是由磨料和研磨液调和而成的混合剂。（ ）

159. 研磨狭窄平面时，为防止研磨平面产生倾斜和圆角，不可用专用“靠铁”。（ ）

160. 研磨圆柱孔时，研磨棒本身的制造精度低，会使孔成椭圆形。（ ）

161. 制作划线样板时，剪切板料的长、宽、厚尺寸不需要留加工余量。（ ）

162. 消除材料或零件不平、不直或翘曲等缺陷的加工方法，称为弯曲。（ ）

163. 工件弯形后，中性层在材料的正中间。（ ）

164. 弯形时，当弯曲半径 $r \geq 16$ 倍材料厚度时，中性层在材料厚度的中间。（ ）

165. 螺旋弹簧可分为圆柱形、圆锥形和环形弹簧三种。（ ）

166. 绕圆柱拉伸弹簧前，应先做好一根绕弹簧的心轴。（ ）

167. 将被测量值与一个标准量值进行比较得到两者差值的测量为间接测量。（ ）

168. 外径千分尺、螺纹千分尺等属于螺旋测微量具。（ ）

169. 应用游标读数原理制成的量具有游标卡尺、游标高度卡尺、游标深度卡尺、游标量角尺（如万能量角尺）和齿厚游标卡尺等。（ ）

170. 游标卡尺检查零值误差时，应用力推动尺框使两个测量爪合拢。（ ）

171. 千分尺的测量精度比游标卡尺高，并且测量比较灵活，因此，当加工精度要求较高时多被应用。（ ）

172. 内径千分尺的测量精度比游标卡尺高。（ ）

173. 应用游标高度卡尺划线时，调好划线高度，用紧固螺钉将尺框锁紧后，应在平台上先调整再划线。（ ）

174. 千分尺的种类很多，常用的有外径千分尺、内径千分尺、深度千分尺以及螺纹千分尺和公法线千分尺等。（ ）

175. 读取杠杆千分尺的示值时，应先读取表盘示值，而后加上微分头示值，即为杠杆千分尺读数。（ ）

176. 用千分尺测量工件时，不允许用力旋转微分筒来增加测量压力，使测微螺杆过分压紧零件表面，致使精密螺纹因受力过大而发生变形，损坏千分尺的精度。（ ）

177. 深度千分尺用以测量孔深、槽深和台阶高度等。（ ）

178. 千分尺在使用过程中，由于磨损，特别是使用不当时，会使千分尺的示值误差超差，所以应定期进行检查，进行必要的拆洗或调整，以保持千分尺的测量精度。（　）

179. 由于千分表的读数精度比百分表高，所以百分表适用于尺寸精度为 IT6 ~ IT8 级零件的校正和检验；千分表则适用于尺寸精度为 IT5 ~ IT7 级零件的校正和检验。（　）

180. 使用百分表或千分表时，必须把它固定在可靠的夹持架上。（　）

181. 使用杠杆千分表检测时，如果由于测量需要，α 角无法调小时（当 $\alpha > 15°$），其测量结果应进行修正。（　）

182. 测量时，应使万能角度尺的两个测量面与被测件表面在全长上保持良好接触，然后拧紧制动器上的螺母进行读数。（　）

183. 用刀口尺检验时，被检验表面不能太粗糙。如果被检验表面太粗糙，不仅会磨损刀口尺的测量面，而且不容易准确判定光隙的大小。（　）

184. 使用 90°角尺时应注意长边测量面和短边测量面是工作面，所以只能用这两个面去测量，而不允许用长边和短边的侧面以及侧棱去测量。（　）

185. 内径百分表的指示表指针顺时针转动为“负”，逆时针转动为“正”。（　）

186. 塞尺又称厚薄规或间隙片，主要用来检验两个结合面之间的间隙。（　）

187. 塞规有通规和止规两部分，应成对使用。（　）

188. 严禁将量规作为切削工具强制旋入螺纹，避免造成早期磨损。（　）

189. 为了使量块组的块数为最小值，在组合时就要根据一定的原则来选取块规尺寸，即首先选择能去除最小位数的尺寸的量块。（　）

190. 使用完毕，应先用航空汽油清洗量块，并擦干后涂上防锈脂放入专用盒内妥善保管。（　）

191. 为保证测量的准确性，计量器具的性能指标是选用计量器具的主要依据。（　）

192. 检验工件最大实体尺寸的量规称为止规，检验工件最小实体尺寸的量规称为通规。（　）

193. 用塞尺与平台检测平面度时，塞尺与平台要保持水平状态进行测量。（　）

194. 在面与线的平行度检测中，在平台上使用磁铁支撑基准面整体，测定两个孔到基准面的尺寸，将该尺寸差作平行度。（　）

195. 公共轴线为基准的同轴度误差测量时，首先将被测零件固定在平台上，用百分表分别在 A、B 两孔被测轴线全长进行测量。被测轴线到公共轴线的最大读数差，就是同轴度误差。（　）

196. 用样板比较法测量零件表面结构时，为了得到比较准确的测量结果，所用的样板在形状、加工方法和使用的材料上，都应尽可能与被测件相同。（　）

197．装配工艺规程是组织装配生产的重要依据。（ ）

198．每个尺寸链至少应有 3 个环。（ ）

199．电葫芦的起吊质量可以比电葫芦的额定起重量大一些。（ ）

200．电葫芦在水平或倾斜方向使用时，拉链方向不应与其中链条方向一致，防止卡链和掉链。（ ）

201．扳手是装拆各种形式的螺栓、螺母和管件的工具。（ ）

202．电钻未完全停止转动时，可以卸、换钻头。（ ）

203．C 形夹头常与其他工具（如角铁等）配合使用。（ ）

204．用汽油清洗零件时，要特别注意防止火源或电源开关产生的火花引起失火，酿成事故。（ ）

205．清洗后的零件，应待零件上的油滴干后再进行装配，以防油垢影响装配质量。（ ）

206．螺钉连接多用于轴与轴上零件的连接。（ ）

207．自锁螺母是将螺母一端制成非圆形收口或开缝后径向收口。拧紧后，收口胀开，径向压紧螺纹。（ ）

208．螺纹连接分普通螺纹连接和特殊螺纹连接两大类。（ ）

209．双头螺柱的轴线不必与机体表面垂直。（ ）

210．螺孔损坏使配合过松，可以将螺孔钻大，攻制大直径的新螺纹，配换新螺钉。（ ）

211．半圆键连接一般多用于轻载，尤其是锥形轴端与轮毂的连接。（ ）

212．平键连接装配时，为使键容易装入，可去除键槽的锐边及毛刺。（ ）

213．销是一种标准件，形状和尺寸已标准化。（ ）

214．拆卸普通圆柱销和圆锥销时，可从小头向外敲出。（ ）

215．对于细长件或薄壁件必须注意检查过盈量和形位公差，装配时最好垂直压入，以防变形。（ ）

216．滚动轴承内径代号为 05，则表示内径为 50 mm。（ ）

217．滚动轴承装配时，如果轴颈尺寸较大、过盈量也较大时，为方便装配可用热装法。（ ）

218．安装轴承时，低速重载荷的轴承采用较大工作游隙。（ ）

219．单个轴承预紧是利用在轴承外圈上的弹簧，调整螺母使弹簧产生不同的预紧力。（ ）

220．迷宫式密封属于非接触式密封。（ ）

221. 轴、轴上零件与两端轴承支座的组合，称为轴组。 ( )

222. 关于铆接时铆钉所需长度的确定，除了考虑铆接件的总厚度外，不需要为铆合头留出足够的长度。 ( )

223. 活动铆接的铆接部位可以转动。 ( )

224. 粘接能够将不同的金属或金属与非金属粘接在一起。 ( )

225. 无论是有机黏结剂还是无机黏结剂，大多需要现场调制。 ( )

226. 使用合理设置的六个支承点，与工件的定位基准相接触，以限制工件的六个自由度，使工件在夹具中的位置完全被确定的方法，称为六点定位法则。 ( )

227. 短圆柱心轴限制零件 2 个自由度，长圆柱心轴限制零件 4 个自由度。 ( )

228. 最常用的工艺基准有工序基准、定位基准、测量基准和装配基准。 ( )

229. 钻床夹具又称钻模。 ( )

230. 固定式钻模的钻模板和夹具体可以采用焊接结构或直接铸造成一体。 ( )

231. 机床夹具装配前，必须认真清理零件上的油污和积灰，以保证零件整洁干净。 ( )

232. 钻模装配前，必须要对各种零件进行清洗。 ( )

233. 所有的冲裁工序都属于分离工序。 ( )

234. 冲裁除剪切变形外，还有拉伸、弯曲、横向挤压等变形。 ( )

235. 冲裁模间隙都是指的单面间隙。 ( )

236. 一般来说，在正常冲裁情况下，间隙对冲裁力的影响并不大，但间隙对卸料力、推件力的影响却较大。 ( )

237. 在压力机滑块每次行程中只能完成同一种冲裁工序叫作单工序模。 ( )

238. 阶梯式凸模固定部分用过渡配合 H7/m6、H7/n6。 ( )

239. 凹模一般采用螺钉和销钉固定在下模座上，钉孔至刃口边及钉孔之间要有足够的距离以保证强度。 ( )

240. 挡料销是控制条料送进距离的零件，根据其工作特点及作用分为固定挡料销、活动挡料销及始用挡料销。 ( )

241. 对于落料或切边后的废料，如果尺寸大或板料厚时，可用废料切刀将废料切开，然后卸料。 ( )

242. 常用导向装置有导板式和导柱式。 ( )

243. 凸缘模柄用螺钉、销钉与模座定位固定，适用于中小型模具。 ( )

244. 上模座的上平面应和下模座的底平面平行。 ( )

245. 凸模与固定板的配合一般采用 H7/n6 或 H7/m6。 ( )

246. 利用低熔点合金冷凝时体积膨胀的特性来紧固零件，可以减轻凸凹模装配工作的

困难程度。（ ）

247. 凸模浇注环氧树脂固定，不能承受较大的卸料力，冲裁板厚 $t \leqslant 2$ mm。（ ）

248. 冲裁模的装配，最主要的是应保证凸、凹模的间隙均匀。（ ）

249. 单工序冲裁模的主要零部件组装后，可以进行总装配。（ ）

250. 单工序冲裁模确定装配顺序时，通常是先装基准件，再装关联件，然后调整凸模、凹模间隙，最后装其他辅件。（ ）

251. 为提高钻模的加工精度，钻模使用前要进行检测、调整。（ ）

252. 拉深压力机、精压机、热模锻压力机等，都属于通用压力机。（ ）

253. 曲柄压力机工作机构的作用是承受和传递工作压力。（ ）

254. 压力机曲柄滑块上有模柄锁模装置。（ ）

255. 曲柄压力机滑块行程是曲柄偏心量的1倍。（ ）

256. 操作冲床前，要清理压力机工作台台面及工作场地周围的废料及杂物，将模具、工作台擦干净。（ ）

257. 在生产中发现机床运行不正常时，应立即停车，检查原因并进行修理。（ ）

258. 冷冲模安装前的准备工作包括布置好装配工作场地。（ ）

259. 冲模安装后，凸模与凹模间隙应均匀。（ ）

260. 无导向冲模安装时，在凹模的刃口上，垫以相当于凸、凹模单面间隙的硬纸板或钢皮，并使之间隙均匀。（ ）

261. 在整个模具拆卸过程中，应尽量避免电机的转动，以免发生事故。（ ）

262. 冲压时，只有双手都离开危险区，压力机才能启动。（ ）

263. 模具按图样技术要求加工与装配后，不需要经过试冲与调整工序就可使用。（ ）

264. 在试冲时，应排除影响生产、安全、质量和操作等的各种不利因素，使冷冲模达到稳定、批量生产的目的。（ ）

265. 冲裁模试冲时，对其试冲的设备没有要求。（ ）

266. 模具的各活动配合部位在开始试冲前要进行润滑。（ ）

267. 在调整卸料装置时，应保证卸（顶）料弹簧及橡皮弹力足够大。（ ）

268. 采用镀铜法或涂漆法调整冷冲模间隙时，间隙调整后应去除镀铜层或涂漆层，以免影响冲压精度。（ ）

269. 冲裁时制件毛刺大的调整方法之一是增大凸、凹模的间隙。（ ）

270. 冲裁时凸凹模啃刀的调整方法之一是重新修配，使上、下模达到平行度精度要求。（ ）

271. 冲裁时卸料不正常的调整方法之一是增加凸、凹模间隙。（ ）

272. 钻孔时工件孔不在同一轴线内是由于夹紧力过小。（ ）

273. 冲裁间隙过大、过小或不均匀均会产生大的毛刺。（ ）

274. 冲裁间隙过大会造成凸、凹模啃刀。（ ）

275. 冲裁时卸料不正常会影响模具正常工作。（ ）

276. 凸模的材料不当不是造成凸模断裂的原因。（ ）

277. 冲裁模凹模胀裂会导致模具报废。（ ）

278. 冲裁模结构设计不合理，会导致冲裁模工作零件的磨损。（ ）

279. 冲裁时放双料或多料，不会导致上、下模模板发生裂纹及碎裂。（ ）

280. 冲压作业时由于产品刮到模具定位面会造成冲压件刮伤。（ ）

281. 冲裁时跳废料是指凹模内的材料随着凸模的上升一起被带出。（ ）

282. 冲裁时发生废料阻塞不会影响模具使用。（ ）

283. 冲裁时送料不畅与卡料会影响冲压生产率。（ ）

284. 当制件形状复杂时，制件周围的剪切力就不均匀，而会使制件翘曲不平。（ ）

285. 冲裁间隙影响冲裁时的断面质量。（ ）

286. 冲裁时运动部位的磨损会影响冲裁件的精度。（ ）

287. 在拆卸旋转部件时，应注意尽量不破坏原来的平衡状态。（ ）

288. 用击卸法拆卸零件时，可以用锤子直接敲击零件。（ ）

289. 静压轴承对润滑油的要求是不易挥发，使油在长时间运转过程中保持稳定的黏度。（ ）

290. 滚动轴承在普通载荷（3 MPa）下使用润滑油润滑时，不应考虑轴承工作温度和速度系数。（ ）

291. 夹具使用前应进行外观检测。（ ）

292. 冲模使用后，要按操作规程正确地将冲模从压力机上卸下，绝对不能乱拆、乱卸，以使冲模损坏。（ ）

293. 冲模随机维护修理不包括更换弹簧或橡胶垫等弹性元件。（ ）

294. 在生产现场环境下，对冲模临时发生的故障进行维护性修整，临时更换一些比较简单的易损零件或进行临时的调整，这就是冲模的随机维护性修理。（ ）

295. 在保管冲模时，对暂时不用的模具，可以直接放在模具架上。（ ）

296. 冲模在使用过程中，应隔天对制件进行质量检查，以及时掌握、了解冲模在使用中的工作状态。（ ）

297. 冲裁修理所用设备，主要是试冲及调整使用的压力机、螺旋式手动压力机、锉锯机、钻床、手推起重小车等。（ ）

298. 冲模检修后，可以直接交付车间使用。 ( )

299. 冲模修理的工艺过程包括分析冲模的修理原因，做好修理前的准备工作，然后进行修理。 ( )

300. 当冲裁模凸、凹模定位销松动后，失去定位作用，使凸、凹模不同心而造成间隙不均匀，一般修理方法是更换定位销。 ( )

301. 当螺钉或螺栓由于弯曲变形或纹齿磨钝时，一般可以校正修复。 ( )

➤ 理论知识考试试题参考答案

一、单项选择题

1. B	2. D	3. B	4. B	5. A	6. B	7. B	8. D	9. B
10. B	11. C	12. D	13. B	14. A	15. B	16. C	17. C	18. B
19. D	20. A	21. B	22. C	23. B	24. C	25. C	26. A	27. C
28. A	29. B	30. B	31. D	32. B	33. A	34. B	35. C	36. D
37. C	38. C	39. C	40. C	41. C	42. B	43. A	44. A	45. C
46. B	47. B	48. C	49. A	50. C	51. A	52. A	53. B	54. B
55. D	56. A	57. C	58. C	59. A	60. A	61. C	62. D	63. D
64. A	65. D	66. A	67. C	68. C	69. D	70. C	71. B	72. C
73. B	74. D	75. D	76. C	77. A	78. A	79. D	80. C	81. D
82. C	83. A	84. C	85. C	86. D	87. B	88. B	89. A	90. B
91. B	92. A	93. A	94. A	95. A	96. A	97. C	98. B	99. C
100. A	101. B	102. A	103. C	104. A	105. D	106. A	107. D	108. A
109. C	110. B	111. D	112. D	113. C	114. A	115. A	116. A	117. C
118. A	119. A	120. A	121. D	122. D	123. D	124. A	125. B	126. A
127. C	128. A	129. D	130. A	131. C	132. A	133. C	134. A	135. D
136. A	137. C	138. D	139. D	140. A	141. B	142. A	143. C	144. D
145. A	146. C	147. D	148. C	149. B	150. D	151. D	152. B	153. A
154. C	155. D	156. B	157. D	158. A	159. C	160. C	161. A	162. A
163. B	164. C	165. B	166. D	167. C	168. A	169. B	170. B	171. A
172. A	173. A	174. A	175. B	176. A	177. C	178. C	179. D	180. A
181. D	182. D	183. C	184. A	185. C	186. C	187. D	188. C	189. D
190. C	191. D	192. A	193. C	194. A	195. C	196. A	197. A	198. B

199. C 200. A 201. C 202. D 203. B 204. B 205. B 206. C 207. A
208. B 209. C 210. C 211. D 212. B 213. A 214. D 215. A 216. A
217. B 218. A 219. A 220. B 221. B 222. C 223. A 224. C 225. C
226. C 227. A 228. C 229. D 230. A 231. D 232. A 233. B 234. A
235. A 236. C 237. B 238. D 239. B 240. A 241. C 242. D 243. C
244. A 245. C 246. A 247. D 248. B 249. C 250. D 251. C 252. C
253. C 254. B 255. A 256. A 257. C 258. C 259. B 260. B 261. B
262. A 263. B 264. A 265. C 266. A 267. B 268. D 269. A 270. B
271. C 272. C 273. B 274. D 275. C 276. A 277. C 278. D 279. D
280. B 281. C 282. B 283. A 284. A 285. D 286. B 287. B 288. C
289. B 290. B 291. A 292. C 293. A 294. C 295. D 296. B 297. C
298. B 299. B 300. A 301. B 302. B 303. D 304. D 305. A 306. B
307. C 308. C 309. A 310. C 311. D 312. C 313. B 314. D 315. C
316. C 317. B 318. C 319. D 320. C 321. C 322. B 323. A 324. B
325. A 326. B 327. A 328. C 329. C 330. D 331. A 332. B 333. D
334. A 335. C 336. B 337. B 338. A 339. C 340. A 341. A 342. B
343. A 344. C 345. B 346. B 347. A 348. A 349. A 350. D 351. A
352. B 353. B 354. D 355. B 356. B 357. C 358. B 359. B 360. A
361. B 362. A 363. A 364. C 365. A 366. B 367. A 368. C 369. D
370. B 371. B 372. A 373. C 374. A 375. D 376. B 377. D 378. A
379. D 380. C 381. C 382. C 383. D 384. B 385. C 386. D 387. C
388. B 389. D 390. C 391. D 392. A 393. B 394. A 395. A 396. B
397. B 398. C 399. B 400. D 401. D 402. A 403. D 404. A 405. B
406. A 407. C 408. B 409. B 410. B 411. B 412. C 413. B 414. B
415. B 416. A 417. A 418. A 419. A 420. B 421. A 422. B 423. D
424. A 425. C 426. D 427. B 428. A 429. A 430. C 431. B 432. C
433. D 434. A 435. C 436. A 437. B 438. C 439. A 440. D 441. C
442. A 443. C 444. A 445. C 446. A 447. C 448. A 449. D 450. A
451. C 452. B 453. D 454. A 455. C 456. A 457. C 458. A 459. C
460. A 461. B 462. A 463. B 464. A 465. C 466. A 467. C 468. A
469. C 470. A 471. C 472. A 473. C 474. A 475. C 476. A 477. C
478. A 479. C 480. A 481. C 482. A 483. C 484. B 485. D 486. B

487. C 488. D 489. C 490. B 491. A 492. B 493. C 494. A 495. D
496. C 497. D 498. A 499. B 500. B 501. D 502. B 503. A 504. C
505. B 506. B 507. B 508. C 509. B 510. D 511. C 512. D 513. D
514. C 515. C 516. D 517. D 518. C 519. A 520. B 521. B 522. A
523. A 524. B 525. A 526. D 527. B 528. D 529. C 530. C 531. A
532. B 533. D 534. B 535. A 536. A 537. A 538. B 539. D 540. A
541. C 542. D 543. C 544. D 545. C 546. B 547. B 548. D 549. B
550. D 551. B 552. C 553. D 554. C 555. C 556. B 557. D 558. A
559. A 560. D 561. A 562. B 563. D 564. A 565. D 566. C 567. C
568. D 569. C 570. D 571. C 572. C 573. D 574. C 575. A 576. C
577. A 578. D 579. C 580. B 581. C 582. B 583. C

二、判断题

1. × 2. × 3. √ 4. √ 5. √ 6. × 7. √ 8. √
9. √ 10. × 11. × 12. √ 13. √ 14. × 15. √ 16. √
17. √ 18. √ 19. × 20. × 21. √ 22. √ 23. √ 24. √
25. √ 26. √ 27. √ 28. √ 29. × 30. × 31. √ 32. √
33. √ 34. × 35. × 36. √ 37. √ 38. × 39. √ 40. ×
41. × 42. √ 43. × 44. × 45. √ 46. √ 47. × 48. ×
49. × 50. × 51. √ 52. × 53. √ 54. √ 55. × 56. √
57. × 58. × 59. √ 60. √ 61. × 62. √ 63. √ 64. √
65. × 66. √ 67. × 68. × 69. √ 70. √ 71. √ 72. ×
73. √ 74. √ 75. √ 76. √ 77. √ 78. √ 79. × 80. √
81. √ 82. × 83. √ 84. √ 85. × 86. √ 87. √ 88. √
89. × 90. √ 91. √ 92. × 93. √ 94. √ 95. × 96. ×
97. × 98. √ 99. √ 100. √ 101. × 102. √ 103. √ 104. √
105. √ 106. √ 107. √ 108. √ 109. √ 110. × 111. √ 112. √
113. √ 114. √ 115. √ 116. √ 117. √ 118. √ 119. √ 120. √
121. √ 122. × 123. √ 124. √ 125. √ 126. × 127. × 128. ×
129. × 130. √ 131. √ 132. × 133. × 134. √ 135. √ 136. √
137. √ 138. √ 139. √ 140. √ 141. √ 142. √ 143. √ 144. √
145. √ 146. √ 147. × 148. × 149. √ 150. × 151. × 152. √
153. √ 154. × 155. √ 156. √ 157. √ 158. √ 159. × 160. √

161. ×	162. ×	163. ×	164. √	165. ×	166. √	167. ×	168. √
169. √	170. ×	171. √	172. √	173. √	174. √	175. √	176. √
177. √	178. √	179. √	180. √	181. √	182. √	183. √	184. √
185. √	186. √	187. √	188. √	189. √	190. √	191. √	192. ×
193. √	194. √	195. √	196. ×	197. √	198. √	199. ×	200. ×
201. √	202. ×	203. √	204. √	205. √	206. ×	207. √	208. √
209. ×	210. √	211. √	212. √	213. √	214. √	215. √	216. ×
217. √	218. ×	219. √	220. √	221. √	222. ×	223. √	224. √
225. √	226. √	227. √	228. √	229. √	230. √	231. √	232. √
233. √	234. √	235. ×	236. √	237. √	238. √	239. √	240. √
241. √	242. √	243. ×	244. √	245. √	246. √	247. √	248. √
249. √	250. √	251. √	252. ×	253. √	254. √	255. ×	256. √
257. √	258. √	259. √	260. √	261. √	262. √	263. ×	264. √
265. ×	266. √	267. √	268. ×	269. ×	270. √	271. √	272. ×
273. ×	274. ×	275. √	276. ×	277. √	278. √	279. ×	280. √
281. √	282. ×	283. √	284. √	285. √	286. √	287. √	288. ×
289. √	290. ×	291. √	292. √	293. ×	294. √	295. ×	296. ×
297. √	298. ×	299. √	300. ×	301. ×			

➢ 理论知识考试模拟试卷

理论知识考试模拟试卷（一）

一、单项选择题（下列每题的选项中，只有一个是正确的，请将其代号填在括号内。每题1分，共80分）

1. 工业革命使劳动分工更加细致，职业种类（　　），职业分工和职业内容也在不断发生变化。

A. 不断增加　　B. 基本不变　　C. 不断减少　　D. 有增有减

2. 爱岗敬业是最基本的职业行为规范，是社会主义职业道德的（　　）。

A. 基础和核心　　B. 主要内容　　C. 基本内容　　D. 辅助内容

3. 通常说的“三金”是指（　　）。

A. 养老保险金、失业保险金和医疗保险金

B. 养老保险金、工伤保险金和医疗保险金

C. 生育保险金、失业保险金和医疗保险金

D. 养老保险金、失业保险金和工伤保险金

4. 从业者要适应社会人才竞争的需要，就必须（　　）。

A. 树立“质量第一”的观念　　B. 钻研技术、提高技能

C. 服从领导工作安排　　D. 努力完成工作任务

5. 投射中心、物体、投影面三者之间的相对距离对投影的大小有影响的是（　　）。

A. 中心投影法　　B. 斜投影法　　C. 正投影法　　D. 侧投影法

6. 在螺纹标注中（　　）不需要标注。

A. 左旋螺纹　　B. 长旋合长度　　C. 粗牙螺距　　D. 细牙螺距

7. 轴的下极限偏差用（　　）表示。

A. EI　　B. ei　　C. ES　　D. es

8. 形位公差的数值应标注在公差框格的第（　　）格。

A. 一　　B. 二　　C. 三　　D. 四

9. 用于制造各种弹簧的材料是（　　）。

A. 低合金结构钢　　B. 合金弹簧钢　　C. 合金调质钢　　D. 滚动轴承钢

10. 应用最广的铜合金材料是（　　）。

A. 青铜　　B. 白铜　　C. 黄铜　　D. 纯铜

11. 调质处理广泛用于重要的结构零件处理，如（　　）。

A. 齿轮　　B. 铝合金制品　　C. 青铜制品　　D. 黄铜制品

12. 按结构方式不同，链可分为齿形链和（　　）。

A. 滚子链　　B. 传动链　　C. 输送链　　D. 起重链

13. 万能外圆磨床属于（　　）机床。

A. 专用　　B. 单用　　C. 专业化　　D. 通用

14. （　　）不是切削过程中工件上形成的表面。

A. 待加工表面　　B. 已加工表面　　C. 过渡表面　　D. 端面

15. 车削加工后的表面粗糙度值 Ra 范围一般为（　　）μm。

A. 12.5 ~ 1.6　　B. 12.5 ~ 0.8　　C. 12.5 ~ 0.4　　D. 25 ~ 3.2

16. 三爪自定心卡盘属于（　　）定位。

A. 外圆柱面　　B. 半圆孔　　C. 外圆锥　　D. 内圆锥

17. 支承轴颈一般是轴的（　　）基准。

A. 辅助　　B. 测量　　C. 装配　　D. 粗

18. 液压传动是依靠（　　）来传递运动的。

A. 油液内部压力　B. 密封容积的变化　　C. 油液的流动　　D. 活塞的运动

19. 将液压能转换成往复直线运动的机械能的液压元件是（　　）。

A. 液压泵　　B. 液压缸　　C. 液压马达　　D. 换向阀

20. 电工仪表中的符号“∽”代表（　　）。

A. 交流表　　B. 直流表　　C. 交直流两用表　D. 电压表

21. 将机械摩擦产生的热量带走是润滑油的（　　）作用。

A. 清洗　　B. 润滑　　C. 冷却　　D. 防护

22. 砂轮机应安装在（　　）的房间内。

A. 独立　　B. 机床旁　　C. 维修点　　D. 整个车间

23. 职工对所使用的设备不要经常（　　）。

A. 清洁　　B. 润滑　　C. 保养　　D. 拆装

24. 模具制造企业要减少模具（　　），必须提高模具制造各个环节的加工质量。

A. 维修率　　B. 返修率　　C. 效率　　D. 合格率

25. 划针划线时，划针上部向外侧倾斜（　　）夹角。

A. 25° ~ 30°　　B. 15° ~ 20°　　C. 10° ~ 15°　　D. 5° ~ 10°

26. 立体划线时通常要确定（　　）个互相垂直的划线基准。

A. 四　　B. 三　　C. 两　　D. 一

27. 砂轮机按功能不同可分为带吸尘器和（　　）两种。

A. 台式　　B. 立式　　C. 不带吸尘器　　D. 卧式

28. 摇臂钻床的摇臂回转角度为（　　）。

A. ±45°　　B. ±90°　　C. ±120°　　D. ±180°

29. 錾削工具主要是（　　）和锤子。

A. 手锯　　B. 錾子　　C. 锉刀　　D. 刮刀

30. 錾子的柄上、顶端切勿（　　），以免打滑。

A. 沾水　　B. 沾油　　C. 磨光　　D. 淬硬

31. 制造锯条的材料一般采用（　　）。

A. 45 钢　　B. 不锈钢

C. T8 或 Tl2 A 碳素工具钢　　D. 铸件

32. 锉刀由锉身和（　　）两部分组成。

A. 锉尾　　B. 锉柄　　C. 锉尖　　D. 锉体

33. 交叉锉锉刀运动方向与工件夹持方向成（　　）角，且锉纹交叉。

A. 10°~20°　　B. 30°~40°　　C. 20°~30°　　D. 5°~10°

34. 一般标准麻花钻的顶角 $2\varphi=$（　　），这时两主切削刃呈直线形。

A. 118°　　B. 90°　　C. 120°　　D. 128°

35. 钻孔时工件必须夹紧，特别是在小工件上钻（　　）直径的孔时，装夹必须牢固并尽量减小进给力。

A. 较大　　B. 较小　　C. 一般　　D. 细微

36. 铰刀不仅可加工圆形孔，也可用锥度铰刀铰（　　）。

A. 小孔　　B. 锥孔　　C. 沉孔　　D. 大孔

37. 用于高温、高压系统和润滑系统，不用填料而保证连接不渗漏的螺纹是（　　）。

A. 密封管螺纹　　B. 普通螺纹　　C. 梯形螺纹　　D. 细牙普通螺纹

38. 攻螺纹时，为减少丝锥刀齿上黏附的积屑瘤，可采用（　　）的方法。

A. 用油石进行修磨　　B. 把底孔扩大

C. 用铰杠带着退出丝锥　　D. 采用机攻

39. 丝锥的校准部分磨损时，应刃磨丝锥的（　　），使其锋利。

A. 前刀面　　B. 顶刃后角　　C. 侧刃后面　　D. 切削部分后角

40. 细刮、精刮主要是提高刮削表面的光整度和接触点数，所以必须（　　）。

A. 增大每刀的刮削量　　B. 挑点准确，刀迹细小光整

C. 擦去显示剂　　D. 使刀迹粗糙

41. 刮削平面出现（　　）是由于刀刃有缺口或裂纹。

A. 撕痕　　B. 深凹痕　　C. 梗痕　　D. 划道

42. 氧化铁用于（　　）材料的研磨。

A. 黄铜　　B. 铝　　C. 陶瓷　　D. 玻璃

43. 制作划线样板时，应该在（　　）上将板料矫正。

A. 平口钳　　B. 工作台　　C. 矫正平板　　D. 地面

44. 在各种装置中用于压紧、储能或传递转矩的弹簧，是（　　）弹簧。

A. 圆柱形扭转　　B. 圆锥形　　C. 碟形　　D. 板

45. 测量范围大于 300 mm 的游标卡尺，只制成仅带有（　　）的形式。

A. 深度尺　　B. 上量爪　　C. 下量爪　　D. 微动装置

46. 在游标高度卡尺上，测量高度和划线用的量爪的测量面上镶有（　　），可提高量爪使用寿命。

A. 紧固螺钉　　B. 硬质合金　　C. 弹簧　　D. 合金钢

47. 测量时，深度千分尺的测量杆应与被测孔的中心线（　　），以保证测量精度。

A. 垂直　　B. 平行　　C. 倾斜　　D. 无所谓

48. 杠杆千分表的测量杆轴线与被测工件表面的（　　）越小，误差就越小。

A. 夹角　　B. 距离　　C. 位置　　D. 关系

49. 用百分表测量时，当指针转一圈时，小指针即转动一小格，转数指示盘的刻度值为（　　）mm。

A. 0.01　　B. 0.1　　C. 1　　D. 10

50. 量块按其制造精度分为五个等级：00、0、1、2 和 3 级，（　　）级精度最高。

A. 00　　B. 0　　C. 1　　D. 3

51. 进行直线度检测时，可将（　　）置于测定面，直线度测定值为表针读数的最大变化值。

A. 杠杆百分表　　B. 内径百分表　　C. 平板　　D. 卡规

52. 检测径向圆跳动时，先将被测零件装夹在两顶尖之间，在被测零件回转一周过程中，指示表读数最大差值即为单个测量平面上的径向圆跳动；测量若干个截面，取各截面上测得的（　　）值，作为该零件的径向圆跳动。

A. 最大　　B. 最小　　C. 平均　　D. 都行

53. 电葫芦用于小型设备和重物的（　　）吊装。

A. 短距离　　B. 长距离　　C. 长时间　　D. 短时间

54. 打压板时垫铁的支撑面比工件被压表面（　　）。

A. 低　　B. 略高或等高　　C. 略低　　D. 高很多

55．（　　）连接用于不能用螺栓连接且需经常拆卸的场合。

A．普通螺栓　　B．紧定螺钉　　C．双头螺柱　　D．螺钉

56．若螺栓断在（　　），可以在螺栓上锯槽、锉方或换上一个螺母后再拧出。

A．孔内　　B．孔外　　C．孔外或孔内　　D．孔外和孔内

57．圆锥销装配时，被连接的两孔也同时钻、铰出来，孔径以销子自由插入孔中长度约（　）为宜，然后用锤子打入即可。

A．50%　　B．60%　　C．80%　　D．90%

58．用螺钉调整法调整滚动轴承游隙时应先（　　）。

A．拧紧螺母　　B．调整游隙　　C．松开锁紧螺母　　D．调整螺钉

59．（　　）用于表面粗糙、不容易滑跌的地方，如脚踏板和走路梯板等。

A．半圆沉头铆钉　　B．沉头铆钉

C．半圆头铆钉　　D．平头铆钉

60．用正确分布的六个支承点来限制工件的六个（　　），使工件在夹具中得到正确位置的规律，称为六点定位原理。

A．限定度　　B．自由度　　C．移动　　D．转动

61．用于加工工件上围绕某一轴线分布的轴向或径向孔系的是（　　）。

A．固定式钻模　　B．回转式钻模　　C．盖板式钻模　　D．滑柱式钻模

62．由于冲裁时存在塑性变形，凸模挤压切入材料，在制件断面形成（　　）。

A．塌角　　B．光面　　C．毛面　　D．毛刺

63．固定板上端孔口倒45°，铆接、配磨平，固定部分用过渡配合的是（　　）凸模。

A．阶梯式　　B．直通式　　C．装配式　　D．粘接式

64．主要用于冲制薄料的卸料装置是（　　）。

A．固定卸料装置　　B．弹压卸料装置

C．废料切刀　　D．推件

65．装配好的冲模，其（　　）高度应符合设计要求。

A．模具　　B．闭合　　C．模板　　D．垫板

66．冲裁模的装配，主要有直接装配法和（　　）装配法两种。

A．间接　　B．配作　　C．配合　　D．配对

67．钻床夹具与机床的连接，可在夹具体底座上设计出（　　），分别用T形螺钉或螺钉压板把夹具紧固在机床工作台上。

A．凸缘　　B．固定板　　C．夹具体　　D．定位套

68．曲柄压力机工作机构的作用是将传动系统的旋转运动变成滑块的往复（　　）运动。

A. 加速　　B. 垂直　　C. 水平　　D. 直线

69. 操作冲床时，注意滑块运行方向，以免滑块（　　）时，手误入冲模内。

A. 上行　　B. 下行　　C. 移动　　D. 旋转

70. 拆卸模具时，先取出（　　）。

A. 固定螺钉　　B. 销钉　　C. 螺母　　D. 紧定螺钉

71. 冲裁模试冲时，根据使用部门要求定试冲数量。一般情况下，小型模具不少于（　　）件。

A. 20　　B. 50　　C. 60　　D. 80

72. 冲裁时制件毛刺大的调整方法之一是（　　）。

A. 加大凸模进入凹模深度　　B. 加大凹模尺寸

C. 调整凸模进入凹模深度　　D. 减小凸模尺寸

73. 钻孔时工件轴线不垂直是由于（　　）。

A. 钻套与钻头间隙太大　　B. 夹紧力与主要定位基准不重合

C. 夹紧力过小　　D. 夹紧力不平行

74. 冲裁模冲头断裂的原因是（　　）。

A. 冲裁间隙偏小　B. 冲裁间隙偏大　　C. 冲裁间隙均匀　D. 凹模强度不够

75. 冲裁时冲件压伤、刮伤的原因是（　　）。

A. 模具表面硬度太高　　B. 模具表面不光滑

C. 条料或模具表面光洁　　D. 材料太硬

76. 冲裁时制件不平的原因是（　　）。

A. 模具成形定位尺寸不准、精度较差或磨损

B. 刃口锋利，产生毛刺

C. 压料力太大

D. 模具定位准确

77. 拆卸时尽量采用合适的专用工具，不能乱敲和（　　）。

A. 猛击　　B. 旋转　　C. 用铜棒敲　　D. 用橡胶锤敲

78. 夹具使用过程中，要尽量避免工件等与夹具产生碰撞，以免造成夹具（　　）或定位不准。

A. 位移　　B. 变形　　C. 旋转　　D. 断裂

79. 在保管冲模时，为避免上、下模直接接触而可能压坏刃口部位，可以加装限位块，常用（　　）作为限位块。

A. 木块　　B. 铁块　　C. 制件　　D. 模具零件

80. 冲裁模修理时，要确定模具修理部位，观察其损坏情况，然后制定出（ ）。

A. 修模零件的工艺　　B. 修理方案和修理方法

C. 修理工具　　D. 修理设备

二、判断题（将判断结果填写在括号内，正确的填“√”，错误的填“×”。每题 1 分，共 20 分）

1. 提高职业道德修养的直接目的就是要使从业人员掌握高超的技能水平。（ ）

2. 平行投影法的投影大小与物体和投影面之间的距离无关。（ ）

3. ZG270 – 500 表示屈服强度不小于 270 GPa，抗拉强度不小于 500 GPa。（ ）

4. 齿轮传动的缺点是易冲击振动、有噪声。（ ）

5. 套类零件在加工过程中一般不需要热处理。（ ）

6. 要使设备在生产中始终保持完好的状态就一定要搞好设备管理工作。（ ）

7. 操作者应遵守相关规章制度，掌握设备安全操作规程，不违章作业。（ ）

8. 砂轮机主要由砂轮、电动机、防护罩和机体组成。（ ）

9. 尖錾主要用来錾削沟槽及分割曲线形板料。（ ）

10. 底面不平或加工基准在侧面的工件，可用角铁进行装夹。（ ）

11. 管形板牙常用于六角车床和自动车床上。（ ）

12. 研磨平板中，有槽的研磨平板用于精研。（ ）

13. 游标高度卡尺作为精密划线工具，不得用于粗糙毛坯表面的划线。（ ）

14. 量规长时间不用，可自行妥善保管或交计量部门统一管理。（ ）

15. 紧定螺钉连接方式可传递不大的力或转矩。（ ）

16. 厚度相差较小的钢板铆接时，连接板的厚度为厚钢板的厚度。（ ）

17. 化学固定法是指热套法和用低熔点合金浇注固定。（ ）

18. 将冲裁模顺利地装在指定的压力机上是冲裁模调试的内容之一。（ ）

19. 钻孔时工件轴线不垂直是由于钻套装配不垂直。（ ）

20. 热装配的零件，可以强行拆卸。（ ）

理论知识考试模拟试卷（二）

一、单项选择题（下列每题的选项中，只有一个是正确的，请将其代号填在括号内。每题 1 分，共 80 分）

1. 良好的职业道德，能够协调（ ）中的各种关系，维持良好的社会风气。

A. 社会活动　B. 个人交往　C. 婚姻家庭　D. 求学求职

2. 职业道德修养是爱岗敬业、乐业勤业的基础，也决定着一个人的（　　）。

A. 求职意识　B. 职业态度　C. 职业手段　D. 世界观

3. 任何一个人的（　　），都会不同程度地、直接或间接地影响到产品和服务的质量。

A. 工作地点　B. 工作任务　C. 工作质量　D. 工作时间

4. 按生产部门对图样的要求分为建筑图样和（　　）。

A. 建筑图样　B. 立体图样　C. 机械图样　D. 透视图样

5. 确定一个物体的空间形状一般不用（　　）。

A. 主视图　B. 俯视图　C. 左视图　D. 右视图

6.（　　）不是识读装配图的方法和步骤。

A. 概括了解　B. 分析视图　C. 分析零件　D. 分析零件尺寸

7. $\phi25H7/f6$ 中的 f 代表（　　）代号。

A. 轴的公差带　B. 孔的公差带　C. 轴的基本偏差　D. 孔的基本偏差

8. 用“ZG”为首字母表示的钢的牌号代表的是（　　）。

A. 碳素结构钢　B. 碳素工具钢　C. 铸钢　D. 优质碳素钢

9. 牌号 RUT420 表示最小抗拉强度为（　　）的蠕墨铸铁。

A. 420MPa　B. 420HBS　C. 420GPa　D. 420HRC

10.（　　）组织是淬火后所获得的。

A. 珠光体　B. 奥氏体　C. 马氏体　D. 贝氏体

11. V 带的截面形状为（　　）。

A. 矩形　B. 梯形　C. 圆形　D. 方形

12.（　　）传动不宜用于两轴中心距较大的传动。

A. 平带　B. V 带　C. 齿轮　D. 链条

13. 广泛用于零件的精加工，尤其是淬硬钢加工的机床是（　　）。

A. 铣床　B. 镗床　C. 钻床　D. 磨床

14. 与工件已加工表面相对的刀面称为（　　）。

A. 前刀面　B. 主后刀面　C. 副后刀面　D. 正交平面

15. 大批量生产的生产成本（　　）。

A. 高　B. 较高　C. 中等　D. 低

16. 正火、退火一般安排在（　　）进行。

A. 粗加工后　B. 精加工前　C. 半精加工前　D. 切削加工前

17. 法兰类零件的圆跳动主要是指（　　）的圆跳动。

A. 两端面对外圆　B. 端面对内孔

C. 两端面对内孔轴线　　　　　　D. 外圆对内孔轴线

18. 液压系统图中规定，图中各元件的符号均以（　　）状态来表示。

A. 工作　　B. 静止　　C. 静止或工作　　D. 油液流向

19. 接到信号后能自动延时动作的继电器是（　　）。

A. 交流接触器　　B. 时间继电器　　C. 热继电器　　D. 熔断器

20. 安全用电的原则之一是（　　）低压带电体。

A. 不接触　　B. 可接触　　C. 不靠近　　D. 可靠近

21. （　　）不是滚动轴承润滑应考虑的因素。

A. 机器结构　　B. 轴的位置　　C. 轴的材料　　D. 轴承转速

22. 在铸造、清砂时最好带（　　）。

A. 纱手套　　B. 帆布手套　　C. 绝缘手套　　D. 皮手套

23. 统计质量控制是利用（　　）与数理统计方法，控制生产过程，预防不合格产品的产生。

A. 概率论　　B. 相对论　　C. 原料检验　　D. 成品检验

24. 下列各划线要求中不正确的是（　　）。

A. 尺寸准确　　B. 位置正确　　C. 线条清晰　　D. 冲眼要大

25. 划线前准备时，在工件毛坯孔中填塞（　　），以便划规划圆。

A. 铸铁块　　B. 黄铜块　　C. 铁块　　D. 木块或铅块

26. 龙胆紫中（　　）含量最多。

A. 漆片　　B. 酒精　　C. 品紫　　D. 龙胆

27. 在用钻床钻孔时，要调整转速必须先（　　）。

A. 卸工件　　B. 停车　　C. 装工件　　D. 取下钻头

28. 锯削时，锯刃必须（　　），锯带运行的方向是以操作者的左侧向右侧运动，即由从动轮向主动轮运动。

A. 向左　　B. 向右　　C. 朝下　　D. 朝上

29. 一般錾子后角取（　　）。

A. 1°～6°　　B. 6°～8°　　C. 5°～8°　　D. 3°～6°

30. 锯条一般用（　　）冷轧而成，经热处理淬硬。

A. 不锈钢　　B. 铸铁　　C. 高速钢　　D. 渗碳软钢

31. 锯削时，由于锯缝歪斜，强行纠正时会使锯条折断，可用（　　）的方法预防。

A. 扶正锯弓、按线锯削　　　　B. 选用冷却液

C. 锯削速度放慢　　　　　　　D. 锯削速度加快

32. 用两手对称地横握锉刀，用拇指推动锉刀顺着工件长度方向进行锉削称为（　　）。

A. 交叉锉　B. 推锉法　C. 顺向锉　D. 逆向锉

33. 锉刀面中凹会出现（　　）。

A. 表面夹出痕迹　B. 空心工件被夹扁

C. 平面中凸，塌边或塌角　D. 工件尺寸锉小

34. 钻孔将穿时进给力必须（　　），以防造成钻头折断，或使工件随着钻头转动造成事故。

A. 增大　B. 减小　C. 不变　D. 都可以

35. 用扩孔钻扩孔时，加工质量好，精度可达（　　）。

A. IT6 ~ IT7　B. IT7 ~ IT8　C. IT9 ~ IT10　D. IT10 ~ IT11

36. 铰削过程中要经常用（　　）锥销来检查铰孔尺寸。

A. 较小的　B. 相配的　C. 较大的　D. 任意的

37. 当丝锥攻入（　　）圈时，应检查丝锥与工件表面的垂直度，并不断校正。

A. 10 ~ 13　B. 8 ~ 10　C. 7 ~ 8　D. 1 ~ 2

38. 套 M20 × 2 的粗牙普通螺纹时，不能采用的圆杆直径是（　　）mm。

A. 19.8　B. 19.9　C. 16.2　D. 19.7

39. 平面刮刀中，（　　）具有活头刮刀结构。

A. 普通手推平刮刀　B. 弯头刮刀

C. 拉刮刀　D. 双刃刮花刮刀

40. 铅丹粉油不包含（　　）成分。

A. 氧化铅粉　B. 机油　C. 菜籽油　D. 甘油

41. 研磨外圆柱表面时，研磨套的内径应比工件的外径（　　）。

A. 略大　B. 小　C. 一样大　D. 略小

42. 研磨外圆柱面时，当出现（　　）交叉网纹时，说明研磨环的速度适宜。

A. 15°　B. 25°　C. 45°　D. 55°

43. 冷弯是指材料在（　　）下进行的弯形，它适合于材料厚度小于 5 mm 的钢材。

A. 高温　B. 常温　C. 零摄氏度　D. 沸点温度

44. （　　）可通过其测得值的反馈控制设备的加工过程，预防和杜绝不合格品的产生。

A. 直接测量　B. 绝对测量　C. 动态测量　D. 主动测量

45. 若检测外径 $\phi 4^{0}_{-0.039}$ mm，合适的量具是（　　）。

A. 游标卡尺　B. 千分尺　C. 百分表　D. 卡钳

46. 螺纹千分尺用来测量（   ）。

A. 螺纹大径　　B. 螺纹中径　　C. 螺纹小径　　D. 螺距

47. 百分表和千分表按其制造精度，可分为0级、1级和2级三种，（   ）级精度较高。

A. 0　　B. 1　　C. 2　　D. 没区别

48. 使用刀口尺检验时，要在给定的方向上的若干个截面内进行检验，取其中的（   ）作为该被检验平面的直线度或平面度误差。

A. 最小值　　B. 最大值　　C. 平均值　　D. 都可以

49. 量规是一种无刻度的（   ）检验工具，用它来检验工件时，只能判断工件是否合格，而不能测量出工件的实际尺寸。

A. 通用　　B. 专用　　C. 适用　　D. 精密

50. 现代机器制造业生产自动化，要求测量自动化，故应按零件所处的状态和所处的条件选择（   ）。

A. 生产设备　　B. 计量器具　　C. 静态测量　　D. 生产刀具

51. 在端面圆跳动的检测中，只在被测件上距基准轴线为某一指定位置的一点（未指定时可在距端面边缘1～2 mm处）测量，而相对被测端面无（   ）移动。

A. 轴向　　B. 径向　　C. 斜向　　D. 整个表面

52. （   ）不是确定装配顺序的基本原则。

A. 先下后上　　B. 先内后外　　C. 先上后下　　D. 先难后易

53. 钳子用来夹持（   ）、折断金属薄板及切断金属丝。

A. 产品　　B. 螺母　　C. 螺钉头　　D. 工件

54. 常用的清洗液有汽油、煤油、柴油和（   ）。

A. 肥皂水　　B. 机油　　C. 水　　D. 化学清洗剂

55. 螺纹连接在（   ）或冲击交变载荷下可能会发生连接松动。

A. 强振动　　B. 移动　　C. 静止　　D. 使用

56. 楔键连接装配中，要想使键与键槽之间保持一定的配合间隙，应（   ）。

A. 锉配键宽　　B. 检查键与键槽的配合

C. 装配楔键　　D. 安装相配件

57. 在相同的尺寸下，（   ）能承受的轴向载荷最大。

A. 角接触球轴承　　B. 深沟球轴承

C. 圆锥滚子轴承　　D. 圆柱滚子轴承

58. 下列（   ）属于接触式密封。

A. 油沟式密封　　　　　　　　B. 垫圈式密封

C. 弹簧密封圈密封　　　　　　D. 迷宫式密封

59. 粘接胶层密封性能好，黏结剂可以将两种不同金属隔开，能防止（　　）。

A. 摩擦　　B. 电传导　　C. 脱落　　D. 电化学腐蚀

60. 在加工过程中，用于确定工件在机床或夹具上正确位置的基准称为（　　）。

A. 设计基准　　B. 测量基准　　C. 装配基准　　D. 定位基准

61. 必须检验钻模各部位的精度及性能，达到设计技术要求后，方能对工件进行（　　）。

A. 使用　　B. 试用　　C. 试模　　D. 试钻

62. 间隙是影响模具寿命的主要因素，由于冲裁时，凸模与凹模之间、材料与模具之间都存在（　　）。

A. 间隙　　B. 摩擦　　C. 误差　　D. 公差

63. （　　）主要用于薄料且不能用导正销精确定距或者生产率高且制件有较高的精度要求的级进模中。

A. 导料板　　B. 挡料销　　C. 导正销　　D. 侧刃

64. （　　）主要用于固定小型凸模、凹模等零件，其外形做成和凹模一样大小，厚度取凹模厚度的0.6～0.8。

A. 模柄　　B. 固定板　　C. 垫板　　D. 螺钉

65. 凸模浇注低熔点合金固定，不能承受较大的卸料力，冲裁板厚 t（　　）。

A. 等于2 mm　　　　　　　　B. 大于或等于2 mm

C. 大于2 mm　　　　　　　　D. 小于或等于2 mm

66. 冲模中常用凸、凹模及其组件或导向板、（　　）作为基准件。

A. 卸料板　　B. 固定板　　C. 模柄　　D. 导柱

67. 曲柄压力机工作机构一般为曲柄滑块机构，由（　　）、连杆、滑块、导轨等零件组成。

A. 曲柄　　B. 平衡块　　C. 过载保护块　　D. 机架

68. 操作冲床前，严禁（　　），穿拖鞋、高跟鞋、裙子或赤膊干活。

A. 戴工作帽　　B. 挽袖子　　C. 穿长袖衣　　D. 穿工作服

69. 冲裁厚度小于2 mm时，凸模进入凹模的深度不应超过（　　）mm。

A. 0.1　　B. 0.4　　C. 0.5　　D. 0.8

70. 模具的试冲与（　　）简称为调试。

A. 调节　　B. 调查　　C. 调试　　D. 调整

71. 在调整定位装置时，假如位置不合适及形状不准，在调整时应修正其位置，必要时要（　　）。

A. 更换定位零件 B. 调整尺寸 C. 调整位置 D. 修正定位零件

72. 冲裁时卸料不正常的调整方法之一是（　　）。

A. 修整凸模 B. 重装凸、凹模 C. 减小凸模尺寸 D. 更换弹簧

73. 冲裁时凸凹模啃刀的原因是（　　）。

A. 推件块上的孔与凹模间隙太大 B. 导柱长度过长

C. 模具间隙过大 D. 导柱安装不垂直

74. 冲裁模工作零件严重磨损的原因是（　　）。

A. 凸、凹模间隙太大 B. 导柱、导套润滑不良

C. 卸料板与凸模间隙太大 D. 凸、凹模选材不当或热处理不当

75. 冲裁时废料阻塞的原因是（　　）。

A. 刃口磨损，废料毛刺相互勾挂 B. 凸、凹模间隙太小

C. 凸模进入凹模的深度太小 D. 凹模刃口直壁部分表面光滑

76. 冲裁时运动部位磨损的原因是（　　）。

A. 运动零件润滑良好 B. 运动零件材料硬度不够

C. 运动零件的配合精度超差 D. 运动零件材料硬度太大

77. 滑动轴承在水淋或潮湿环境里工作时，应选择（　　）好的钙基、铝基或锂基润滑脂。

A. 抗氧化性能 B. 抗水性能 C. 耐热性 D. 耐高温性能

78. 冲模随机维护修理包括利用油石刃磨被磨损而变钝了的（　　），使其变得锋利。

A. 定位零件 B. 凸、凹模刃口 C. 卸料零件 D. 导向零件

79. 冲裁模修理常用的手用工具包括撬杠、卡钳、平行夹板、一字和十字旋具、拔销器、螺钉定位器、铜锤、销钉棒、各种尺寸的（　　）、台虎钳等。

A. 套筒扳手 B. 活动扳手

C. 六角螺钉扳手 D. 内六角螺钉扳手

80. 对导向零件的修复，主要是采用镀铬工艺或（　　）。

A. 焊补修复 B. 粘补修复

C. 镶嵌法修复 D. 更换新的导向元件

二、判断题（将判断结果填写在括号内，正确的填“√”，错误的填“×”。每题1分，共20分）

1. 使用丝锥和板牙时，一定要水平加工工件，用力均匀，不要过猛，以防工具及工件损坏。（　　）

2. 表面结构是零件图中必不可少的一项技术要求。 ( )

3. 表面淬火是对工件的整体淬火。 ( )

4. 因为有色金属较软，容易堵塞砂轮，因此其最终工序一般不采用磨削加工。 ( )

5. 气压传动噪声较大，排气时要加消声器。 ( )

6. 要使设备在生产中始终保持完好的状态就一定要搞好设备管理工作。 ( )

7. 分度头的主要工作部分是一对蜗杆蜗轮。 ( )

8. 用锤子打击錾子对金属工件进行切削的加工方法称为锉削。 ( )

9. 锉刀要以纵向和横向两种锉削运动结合进行，才能获得符合要求的球面。 ( )

10. 铰削铸铁件时，加煤油可造成孔径缩小。 ( )

11. 红丹粉常用于钢和铸铁工件的刮削。 ( )

12. 正弦规、自准则测量仪、投影仪、卧式测长仪、光学分度头以及万能工具显微镜都属于通用量仪。 ( )

13. 万能角度尺，可以测量0°～360°的任何角度。 ( )

14. 化学清洗剂稳定耐用、无毒、不易燃烧，使用安全且成本低廉。 ( )

15. 过盈连接，过盈量太大不能满足传递转矩的要求，太小会造成装配困难。 ( )

16. 夹具的预装配应调整并可靠地固定各部分零件，以保证达到夹具的装配技术要求。 ( )

17. 凸模浇注环氧树脂固定，浇注工艺流程较简单。 ( )

18. 冲裁时卸料不正常的调整方法之一是修整凸模。 ( )

19. 冲裁时冲件压伤、刮伤导致产品合格率降低。 ( )

20. 冲模在安装、拆卸及搬运过程中，应慢起、轻放，平稳放置。 ( )

理论知识考试模拟试卷（一）参考答案

一、单项选择题

1. A	2. A	3. A	4. B	5. A	6. C	7. B	8. B	9. B
10. C	11. A	12. A	13. D	14. D	15. A	16. A	17. C	18. B
19. B	20. A	21. C	22. A	23. D	24. B	25. B	26. B	27. C
28. D	29. B	30. B	31. C	32. B	33. B	34. A	35. A	36. B
37. A	38. A	39. A	40. B	41. A	42. D	43. C	44. A	45. C
46. B	47. B	48. A	49. C	50. A	51. A	52. A	53. A	54. B
55. C	56. B	57. C	58. C	59. A	60. B	61. B	62. B	63. B

64. B　65. B　66. B　67. A　68. D　69. B　70. A　71. B　72. C
73. B　74. A　75. B　76. A　77. A　78. B　79. A　80. B

二、判断题

1. ×　2. √　3. ×　4. √　5. ×　6. √　7. √　8. √
9. √　10. √　11. √　12. ×　13. √　14. ×　15. √　16. √
17. ×　18. √　19. √　20. ×

理论知识考试模拟试卷（二）参考答案

一、单项选择题

1. A　2. B　3. C　4. C　5. D　6. D　7. C　8. C　9. A
10. C　11. B　12. C　13. D　14. C　15. D　16. D　17. C　18. B
19. B　20. A　21. C　22. B　23. A　24. D　25. D　26. B　27. B
28. C　29. C　30. D　31. A　32. B　33. C　34. B　35. C　36. B
37. D　38. C　39. A　40. D　41. A　42. C　43. B　44. D　45. B
46. B　47. A　48. B　49. B　50. B　51. B　52. C　53. D　54. D
55. A　56. A　57. C　58. C　59. D　60. D　61. D　62. B　63. D
64. B　65. D　66. B　67. A　68. B　69. D　70. D　71. A　72. D
73. D　74. D　75. A　76. B　77. B　78. B　79. D　80. D

二、判断题

1. ×　2. √　3. ×　4. √　5. √　6. √　7. √　8. ×
9. √　10. ×　11. √　12. √　13. ×　14. √　15. ×　16. ×
17. ×　18. √　19. √　20. √

第二章　操作技能考核指南

➢ 操作技能考核解读

操作技能考核试卷构成[①]

职业资格五级/初级工具钳工操作技能考核采用实际操作方式。操作技能考核试卷一般由以下三部分内容构成：

1. 操作技能考核准备通知单

分为鉴定机构准备通知单和考生准备通知单。在考核前分别发给考核现场和考生。内容为考核所需场地、设备、工具及其他准备要求。

2. 操作技能考核试卷正文

内容为操作技能考核试题，包括试题名称、试题分值、考核时间、考核形式、具体考核要求（如技术标准、图表、图样等考核应达到的结果要求）等。

3. 操作技能考核评分记录表

内容为操作技能考核试题配分与评分标准，用于考评员评分记录。主要包括各项考核内容、考核要点、配分与评分标准、否定项及说明、考核分数加权汇总方法等。必要时包括总分表及记录考生本次操作技能考核所有试题成绩的汇总表。

职业资格五级/初级工具钳工操作技能考核内容结构表

<table>
<tr><th colspan="3">考试内容</th><th>选考方式</th><th>鉴定比重（%）</th><th>考试时间（min）</th><th>考核形式</th></tr>
<tr><td rowspan="4">工艺装备零件的加工（60）</td><td rowspan="2">划线</td><td>零件图识读</td><td rowspan="2">必考</td><td>5</td><td>10</td><td rowspan="4">实操</td></tr>
<tr><td>零件划线</td><td>7</td><td>20</td></tr>
<tr><td rowspan="2">零件加工</td><td>刀具的刃磨</td><td rowspan="2">必考</td><td>5</td><td>15</td></tr>
<tr><td>錾削、锯削、锉削加工</td><td>20</td><td>60</td></tr>
</table>

① 考虑到职业技能鉴定操作技能考核试卷构成基本一致，下文中不再赘述。

续表

考试内容			选考方式	鉴定比重（%）	考试时间（min）	考核形式
工艺装备零件的加工（60）	零件加工	孔加工	必考	8	30	实操
		刮削加工	任选一项	5	15	
		研磨与抛光				
		制作加工				
	零件的精度测量	通用量具测量	必考	10	30	
工艺装备的装配、调试（30）	装配前的准备	识图与装配工具准备	必考	5	15	
	装配	普通机械连接的装配	任选一项	15	45	
		冲裁模具的装配				
	调试	机床夹具的调试	必考	5	15	
		冲裁模具的调试		5	15	
工艺装备的维修（10）	故障的分析和检查	夹具故障检查与分析	任选一项	3	10	
		冲模故障检查与分析				
	修理	夹具的维护与维修	必考	4	10	
		其他工艺装备的维护与维修		3	10	

职业资格五级/初级工具钳工操作技能鉴定要素细目表

鉴定范围：五级							鉴定点	
名称	鉴定比重（%）	名 称	鉴定比重（%）	名 称	鉴定比重（%）	选考方式	代码	名称
工艺装备零件的加工	60	划线	12	零件图识读	5	必考	001	轴类、套类、盘类等简单零件图识读
				零件划线	7		001	平面划线（IT13）
		零件加工	38	刀具的刃磨	5	必考	001	錾子、麻花钻的刃磨
				錾削、锯削、锉削加工	20		001	錾削、锯削加工（IT14）
							002	平面、曲面的锉削加工（IT10，*Ra*3.2）

续表

鉴定范围：五级							鉴定点	
名称	鉴定比重（%）	名 称	鉴定比重（%）	名 称	鉴定比重（%）	选考方式	代码	名称
工艺装备零件的加工	60	零件加工	38	孔加工	8	必考	001	钻孔、扩孔、锪孔加工（IT12）
							002	铰孔加工（IT8，*Ra*1.6）
				刮削加工	5	任选一项	001	平板刮削
				研磨与抛光			001	平面、孔、轴、成型零件的研磨
				制作加工			001	攻螺纹与套螺纹
							002	平面工作样板、卡板制作
							003	矫正与弯曲
		零件的精度测量	10	通用量具测量	10	必考	001	使用通用量具测量零件精度
							002	表面结构值的测量（针描法）
工艺装备的装配、调试	30	装配前的准备	5	识图与装配工具准备	5	必考	001	简单装配图的识读
							002	准备并能使用装配工具
							003	装配零件的清理
		装配	15	普通机械连接的装配	15	任选一项	001	螺纹连接装配
							002	键连接装配
							003	销连接装配
							004	滚动轴承装配
							005	轴组装配
							006	过盈连接装配
							007	铆接、粘接的操作
							008	固定式钻床夹具的装配
				冲裁模具的装配			001	单工序冲裁模的装配
		调试	10	机床夹具的调试	5	必考	001	固定式钻床夹具的安装与调试
				冲裁模具的调试	5		001	单工序冲裁模的安装与调试

续表

鉴定范围：五级							鉴定点	
名称	鉴定比重（%）	名 称	鉴定比重（%）	名 称	鉴定比重（%）	选考方式	代码	名称
工艺装备的维修	10	故障的分析和检查	3	夹具故障检查与分析	3	任选一项	001	钻夹具定位、引导、夹紧元件磨损失效等故障的检查
				冲模故障检查与分析			001	冲裁模工作零件、卸料机构的故障检查
		修理	7	夹具的维护与维修	4	必考	001	简单夹具和模具的维护与检查
				其他工艺装备的维护与维修	3		001	工艺装备的拆卸
							002	工艺装备的标准件和易损件的更换
							003	工艺装备的润滑与防锈

➢ 操作技能考核试题

试题 2—1　制作圆弧、三角配

一、考前准备

1. 设备准备

长度单位：mm

序号	名称	规格	数量	备注
1	钻床	Z4112	1 台/5 人	
2	平口钳		1 台	根据钻床型号和数量制备
3	工作台（含台虎钳）		1 台/人	
4	平板	600 × 450/1 级	4 块	
5	方箱		4 个	
6	机油		若干	
7	砂轮机		1 台/5 人	

说明：a）钳工工作台高度应符合要求，并对特殊情况应备有脚踏板。

b）台钻的配备数量应不低于每 5 人 1 台的要求。

c）提供部分共用平板。

2. 工具准备

长度单位：mm

序号	名称	规格	单位	数量	备注
1	平锉	300（2 号纹）、200（2 号纹）、200（3 号纹）	把	各 1 把	
2	锯弓	300	把	1	
3	锯条		根	自定	
4	划针		支	1	
5	划规		把	1	
6	锤子		把	1	
7	样冲		支	1	
8	麻花钻	$\phi4$、$\phi5.8$、$\phi9.8$	支	各 1 支	
9	丝锥	M5	副	1	
10	铰刀	$\phi6H8$、$\phi10H8$	支	各 1 支	
11	铰杠		把	1	
12	游标深度卡尺	0～150/0.02	把	1	
13	游标卡尺	0～150/0.02	把	1	
14	外径千分尺	0～25/0.01、25～50/0.01	把	各 1 把	
15	游标万能角度尺	0°～320°	把	1	
16	刀口形直角尺	100×63/Ⅰ级	把	1	
17	刀口形直尺	150/Ⅰ级	把	1	
18	R 规	7.5～14.5	套	1	
19	游标高度卡尺	0～350/0.02	把	1	
20	V 形铁	60～100/II 级	块	1	
21	检验棒	$\phi10H8\times30$、$\phi6H8\times30$	个	各 1 个	
22	软钳口		副	1	
23	锉刀刷		把	1	
24	护目镜		副	1	

3. 材料准备

名称	尺寸规格（mm）	材质	数量	备注
圆弧、三角配 毛坯料	71×31×10	45	1件/人	加工成形 （见毛坯料图）

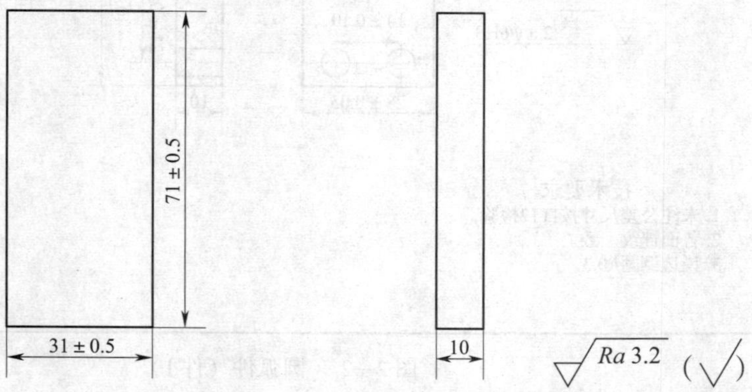

技术要求
未注公差尺寸按IT12检验。

名称	圆弧、三角配毛坯料
材料	45
数量	1件

二、考件图样（见图2—1至图2—3）

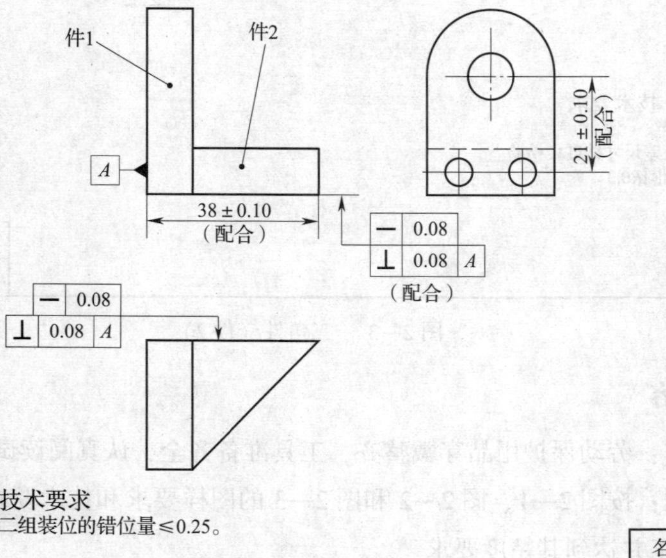

技术要求
第一组装位与第二组装位的错位量≤0.25。

名称	圆弧、三角配
材料	45
工时	5h

图2—1　圆弧、三角配

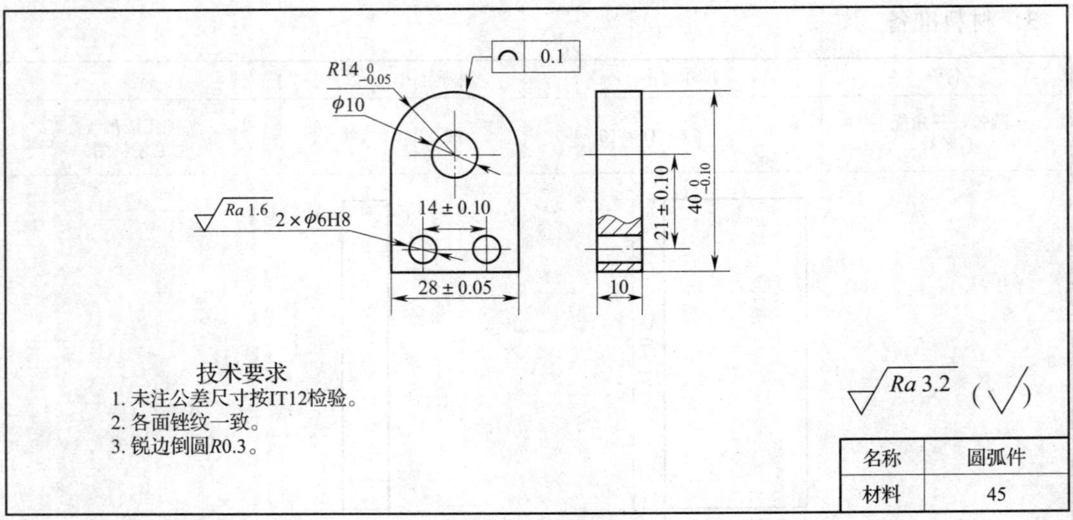

图 2—2　圆弧件（件 1）

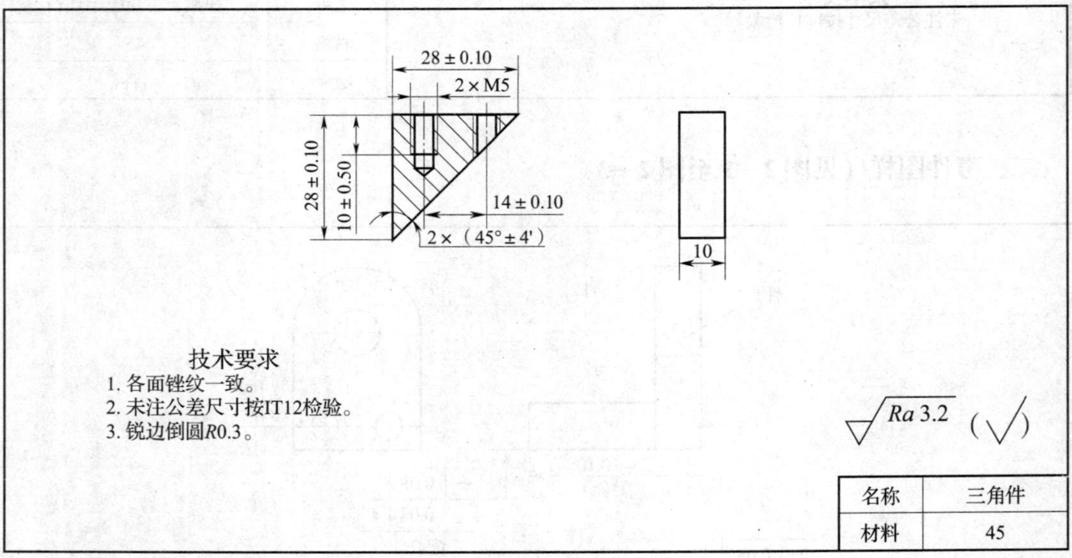

图 2—3　三角件（件 2）

三、考核内容

1. 准备工作：劳动保护用品穿戴整齐，工具准备齐全，认真阅读试题图样和要求。

2. 操作过程：按图 2—1、图 2—2 和图 2—3 的图样要求和技术要求，利用合理的加工工艺进行制作加工并达到其精度要求。

3. 使用工具：正确使用工具，且工具摆放整齐。

4. 安全及其他：严格遵守有关安全操作规程，服从考评工作人员的安排与指挥，工作场地保持清洁、整齐、有序，在规定时间内完成操作，考试结束时清理现场。

四、考核时限

准备工作 15 min，正式操作 5 h。计时从正式操作开始，至操作完毕。操作超时 1 min，从总分中扣 5 分；超时 3 min，停止操作。

五、配分、评分标准

长度单位：mm

序号	考核内容	考核项目		配分	评分标准	检测结果	扣分	得分
1	准备工作	穿戴劳保用品		3	未穿戴整齐扣 3 分			
		工具、用具准备		2	工具选择不正确扣 2 分			
2	加工制作	14 ±0. 10		6				
3		$R14_{-0.05}^{\ 0}$		8	超差不得分			
4		$40_{-0.10}^{\ 0}$		6				
5		28 ±0. 10	2 处	10	超差 1 处扣 5 分			
6		10 ±0. 50		5				
7		21 ±0. 10		8	超差不得分			
8		38 ±0. 10		10				
9		M5	2 处	6	用螺纹塞规检验，1 处不合格扣 3 分			
10		*Ra* 3. 2 μm	10 处	4	超差 1 处扣 1 分，扣完为止			
11		*Ra*1. 6 μm	2 处	4	超差 1 处扣 2 分			
12		45° ±4′	2 处	6	超差 1 处扣 3 分			
13		ϕ6H8	2 处	6				
14		ϕ10		2				
15		⌒ 0.1		3				
16		— 0.08		3	超差不得分			
17		⊥ 0.08 *A*		3				
18	使用工具	正确使用工具		2	工具使用不正确扣 2 分			
		正确维护工具		3	工具乱摆乱放扣 3 分			
19	安全及其他	按国家法规或企业规定			违规一次总分扣 5 分，严重违规停止操作			
		在规定时间内完成操作			超时 1 min 总分扣 5 分，超时 3 min 停止操作			
合计				100	考试得分			
考评员：				核分员：		日期：		

试题 2—2 制作长方形垫板

一、考前准备

1. 设备准备

长度单位：mm

序号	名称	规格	数量	备注
1	钻床	Z4112	1 台/5 人	
2	平口钳		1 台	根据钻床型号和数量制备
3	工作台（含台虎钳）		1 台/人	
4	平板	600×450/1 级	4 块	
5	方箱		4 个	
6	机油		若干	
7	砂轮机		1 台/5 人	

说明：a）钳工工作台高度应符合要求，并对特殊情况应备有脚踏板。

b）台钻的配备数量应不低于每 5 人 1 台的要求。

c）提供部分共用平板。

2. 工具准备

长度单位：mm

序号	名称	规格	单位	数量	备注
1	平锉	300（1 号纹）、300（2 号纹）、250（2 号纹）、150（3 号纹）	把	各 1 把	
2	錾子		把	1	
3	锯弓	300	把	1	
4	锯条		根	自定	
5	划规		把	1	
6	划针		支	1	
7	锤子		把	1	
8	样冲		支	1	
9	麻花钻	$\phi6$、$\phi9.8$	支	各 1 支	
10	铰刀	$\phi10H7$	支	1	

续表

序号	名称	规格	单位	数量	备注
11	铰杠		把	1	
12	软钳口		副	1	
13	锉刀刷		把	1	
14	游标高度卡尺	0 ~ 300/0.02	把	1	
15	游标卡尺	0 ~ 150/0.02	把	1	
16	外径千分尺	25 ~ 50/0.01	把	1	
17	刀口形直角尺	100 × 63/Ⅰ级	把	1	
18	塞规	ϕ10H8 × 30	支	2	
19	护目镜		副	1	
20	钢直尺	0 ~ 150	把	1	

3. 材料准备

名称	尺寸规格（mm）	材质	数量	备注
长方形垫板毛坯料	75×65×20	45	1件/人	加工成形（见毛坯料图）

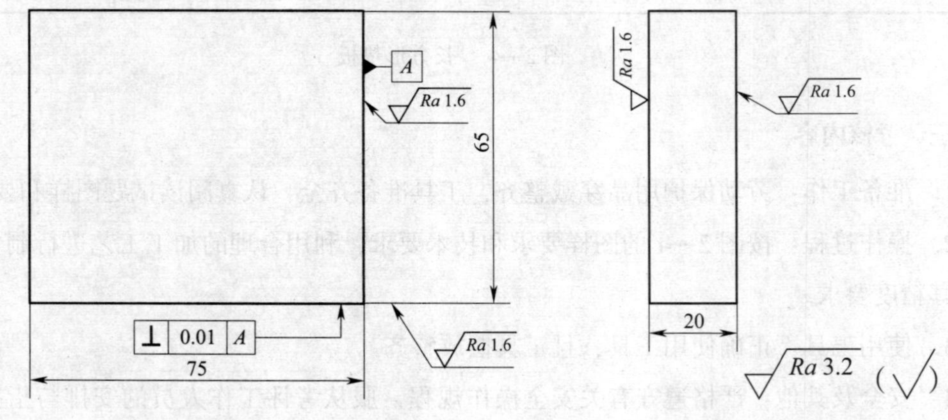

技术要求
未注公差尺寸按IT12检验。

名称	长方形垫板毛坯料
材料	45
数量	1件

二、考件图样（见图 2—4）

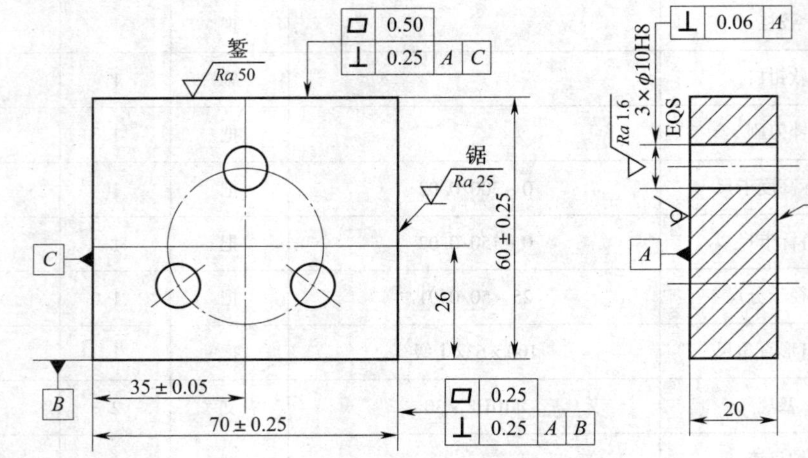

名称	长方形垫板
材料	45
工时	4h

图 2—4　长方形垫板

三、考核内容

1. 准备工作：劳动保护用品穿戴整齐，工具准备齐全，认真阅读试题图样和要求。

2. 操作过程：按图 2—4 的图样要求和技术要求，利用合理的加工工艺进行制作加工并达到其精度要求。

3. 使用工具：正确使用工具，且工具摆放整齐。

4. 安全及其他：严格遵守有关安全操作规程，服从考评工作人员的安排与指挥，工作场地保持清洁、整齐、有序，在规定时间内完成操作，考试结束时清理现场。

四、考核时限

准备工作 15 min，正式操作 4 h。计时从正式操作开始，至操作完毕。操作超时 1 min，从总分中扣 5 分；超时 3 min，停止操作。

五、配分、评分标准

长度单位：mm

序号	考核内容	考核项目	配分	评分标准	检测结果	扣分	得分
1	准备工作	穿戴劳保用品	3	未穿戴整齐扣 3 分			
		工具、用具准备	2	工具选择不正确扣 2 分			
2	加工制作	60 ±0. 25	8	超差不得分			
3		70 ±0. 25	8				
4		35 ±0. 05	8				
5		ϕ10H8　3 处	12	超差 1 处扣 4 分			
6		三孔距之差不大于 0. 20	10	超差不得分			
7		▱ 0.50	8				
8		▱ 0.25	8				
9		⊥ 0.25 *A* *C*	6				
10		⊥ 0.25 *A* *B*	6				
11		⊥ 0.06 *A*	6				
12		*Ra*50 μm、*Ra*25 μm、*Ra*3. 2 μm、*Ra*1. 6 μm	10	超差 1 处扣 1 分，扣完为止			
13	使用工具	正确使用工具	2	工具使用不正确扣 2 分			
		正确维护工具	3	工具乱摆乱放扣 3 分			
14	安全及其他	按国家法规或企业规定		违规一次总分扣 5 分，严重违规停止操作			
		在规定时间内完成操作		超时 1 min 总分扣 5 分，超时 3 min 停止操作			
合计			100	考试得分			
考评员：			核分员：		日期：		

试题 2—3　制作三通板

一、考前准备

1. 设备准备

长度单位：mm

序号	名称	规格	数量	备注
1	钻床	Z4112	1 台/5 人	
2	平口钳		1 台	根据钻床型号和数量制备

续表

序号	名称	规格	数量	备注
3	工作台（含台虎钳）		1 台/人	
4	平板	600×450/1 级	4 块	
5	方箱		4 个	
6	机油		若干	
7	砂轮机		1 台/5 人	

说明：a）钳工工作台高度应符合要求，并对特殊情况应备有脚踏板。

b）台钻的配备数量应不低于每 5 人 1 台的要求。

c）提供部分共用平板。

2. 工具准备

长度单位：mm

序号	名称	规格	单位	数量	备注
1	平锉	300（2 号纹）、150（3 号纹）	把	各 1 把	
2	整形锉		套	1	
3	锯弓	300	把	1	
4	锯条		根	自定	
5	划规		把	1	
6	划针		支	1	
7	锤子		把	1	
8	样冲		支	1	
9	麻花钻	ϕ5、ϕ7.8、ϕ11	支	各 1 支	
10	丝锥	M6	副	1	
11	螺纹塞规	M6	副	1	
12	铰刀	ϕ8H7	支	1	
13	铰杠		把	1	
14	软钳口		副	1	
15	锉刀刷		把	1	
16	游标高度卡尺	0～300/0.02	把	1	

续表

序号	名称	规格	单位	数量	备注
17	游标深度卡尺	0 ~ 150/0.02	把	1	
18	游标卡尺	0 ~ 150/0.02	把	1	
19	外径千分尺	25 ~ 50/0.01	把	1	
20	游标万能角度尺	0° ~ 320°	把	1	
21	刀口形直角尺	100 × 63/ Ⅰ 级	把	1	
22	R 规	7.5 ~ 14.5	套	1	
23	检验棒	ϕ8H7 × 30	个	2	
24	钢直尺	0 ~ 150	把	1	
25	护目镜		副	1	

3. 材料准备

名称	尺寸规格（mm）	材质	数量	备注
三通板毛坯料	52×52×16	45	1件/人	加工成形 （见毛坯料图）

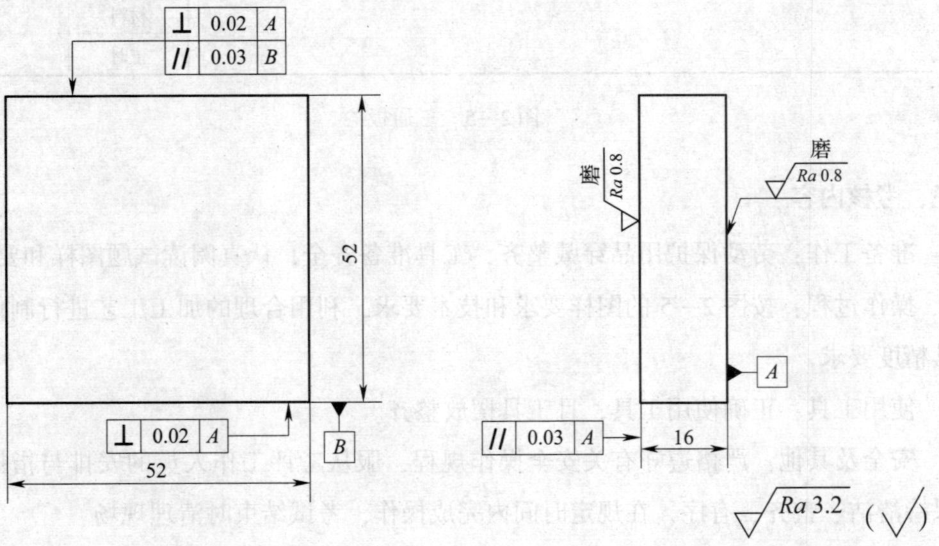

名称	三通板毛坯料
材料	45
数量	1件

二、考件图样（见图 2—5）

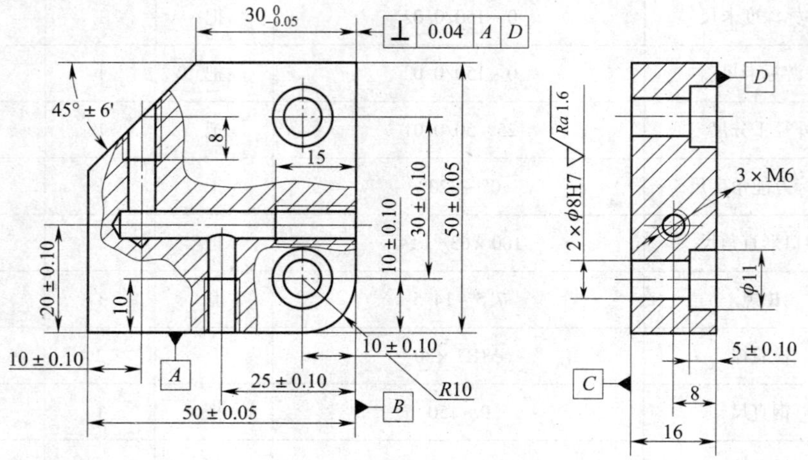

技术要求

1. *A*、*B*为机加工面，可略修磨不再加工。
2. 各锉面平面度0.04，垂直度0.04（相对*C*面）。
3. 锐边倒钝*C*1，螺孔、沉头孔口去毛刺。
4. 未注公差尺寸按IT12检验。

Ra 3.2 （√）

名称	三通板
材料	45
工时	6h

图 2—5　三通板

三、考核内容

1．准备工作：劳动保护用品穿戴整齐，工具准备齐全，认真阅读试题图样和要求。

2．操作过程：按图 2—5 的图样要求和技术要求，利用合理的加工工艺进行制作加工并达到其精度要求。

3．使用工具：正确使用工具，且工具摆放整齐。

4．安全及其他：严格遵守有关安全操作规程，服从考评工作人员的安排与指挥，工作场地保持清洁、整齐、有序，在规定时间内完成操作，考试结束时清理现场。

四、考核时限

准备工作 15 min，正式操作 6 h。计时从正式操作开始，至操作完毕。操作超时 1 min，从总分中扣 5 分；超时 3 min，停止操作。

五、配分、评分标准

长度单位：mm

序号	考核内容	考核项目		配分	评分标准	检测结果	扣分	得分
1	准备工作	穿戴劳保用品		3	未穿戴整齐扣3分			
		工具、用具准备		2	工具选择不正确扣2分			
2	加工制作	50 ±0.05	2处	8	超差1处扣4分			
3		$30^{\ 0}_{-0.05}$		4	超差不得分			
4		30 ±0.10		3				
5		10 ±0.10	3处	3	超差1处扣1分			
6		5 ±0.10		3	超差不得分			
7		20 ±0.10		3				
8		25 ±0.10		3				
9		ϕ8H7	2处	8	超差1处扣4分			
10		ϕ11	2处	4	超差1处扣2分			
11		M6	3处	9	超差1处扣3分			
12		未注公差		3	按IT12检验，超差1处扣1分			
13		⊥ 0.04 *A* *D*		4	超差不得分			
14		技术要求2		12	超差1处扣2分			
15		技术要求3		5	超差1处扣1分，扣完为止			
16		*R*10		5	超差不得分			
17		45° ±6′		5				
18		*Ra*3.2 μm、*Ra*1.6 μm		8	超差1处扣1分，扣完为止			
19	使用工具	正确使用工具		2	工具使用不正确扣2分			
		正确维护工具		3	工具乱摆乱放扣3分			
20	安全及其他	按国家法规或企业规定			违规一次总分扣5分，严重违规停止操作			
		在规定时间内完成操作			超时1 mim总分扣5分，超时3 mim停止操作			
合计				100	考试得分			

考评员：　　　　核分员：　　　　日期：

试题 2—4　制作凸形块

一、考前准备

1. 设备准备

长度单位：mm

序号	名称	规格	数量	备注
1	钻床	Z4112	1 台/5 人	
2	平口钳		1 台	根据钻床型号和数量制备
3	工作台（含台虎钳）		1 台/人	
4	平板	600×450/1 级	4 块	
5	方箱		4 个	
6	机油		若干	
7	砂轮机		1 台/5 人	

说明：a）钳工工作台高度应符合要求，并对特殊情况应备有脚踏板。

b）台钻的配备数量应不低于每 5 人 1 台的要求。

c）提供部分共用平板。

2. 工具准备

长度单位：mm

序号	名称	规格	单位	数量	备注
1	平锉	300（1 号纹）、200（2 号纹）、200（3 号纹）	把	各 1 把	
2	锯弓	300	把	1	
3	锯条		根	自定	
4	划规		把	1	
5	划针		支	1	
6	锤子		把	1	
7	样冲		支	1	
8	麻花钻	ϕ8.5、ϕ9.8	支	各 1 支	
9	丝锥	M10	副	1	
10	螺纹塞规	M10	副	1	
11	铰刀	ϕ10H7	支	1	
12	铰杠		把	1	
13	游标卡尺	0～150/0.02	把	1	
14	外径千分尺	0～25/0.01、25～50/0.01、50～75/0.01	把	各 1 把	

续表

序号	名称	规格	单位	数量	备注
15	游标万能角度尺	0°~320°	把	1	
16	刀口形直角尺	100×63/Ⅰ级	把	1	
17	刀口形直尺	100/Ⅰ级	把	1	
18	R规	14.5~17	套	1	
19	游标高度卡尺	0~350/0.02	把	1	
20	V形铁	60~100/Ⅱ级	块	1	
21	检验棒	ϕ10H7×30	个	2	
22	护目镜		副	1	
23	软钳口		副	1	
24	锉刀刷		把	1	

3. 材料准备

名称	尺寸规格（mm）	材质	数量	备注
凸形块毛坯料	71×71×12	45	1件/人	加工成形 （见毛坯料图）

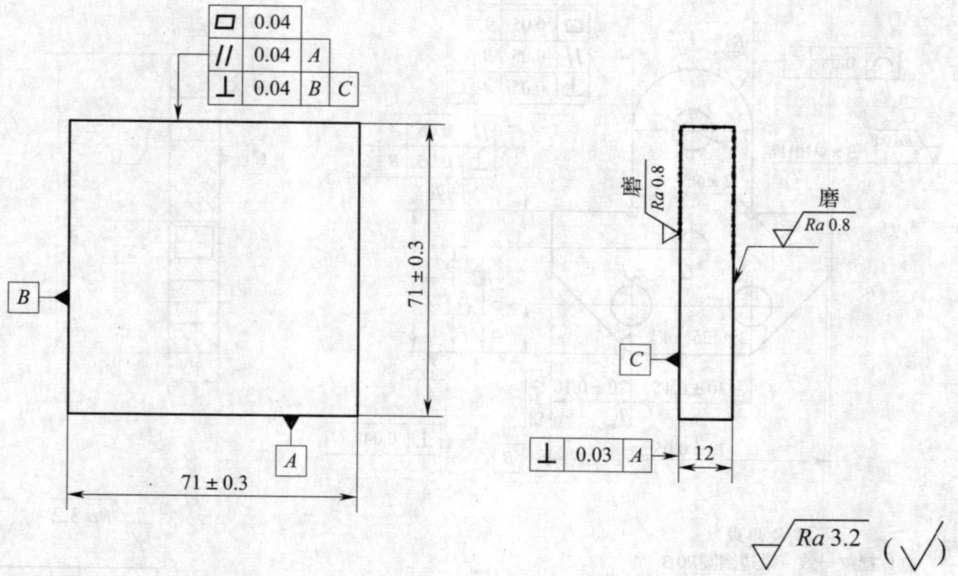

名称	凸形块毛坯料
材料	45
数量	1件

二、考件图样（见图 2—6、图 2—7）

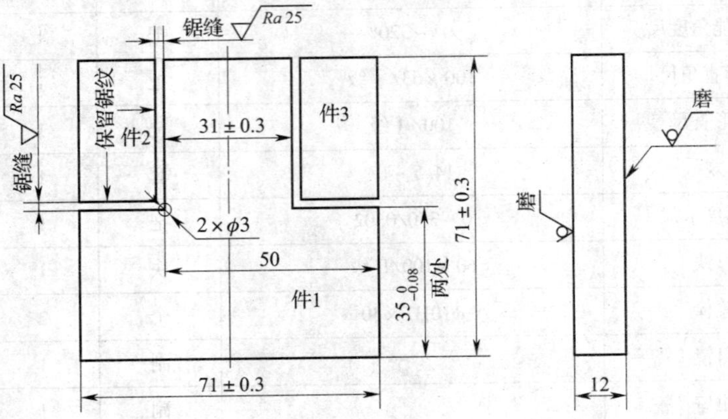

技术要求

1. 件1为下一步凸形体考试坯料，其技术要求按图2—7。
2. 件2、件3必须保留锯纹，不得整修全部锯割面。
3. 件2、件3与凸形体（即件1）一同交卷。

名称	凸形块锯割图
材料	45
数量	1件

图 2—6　凸形块锯割图

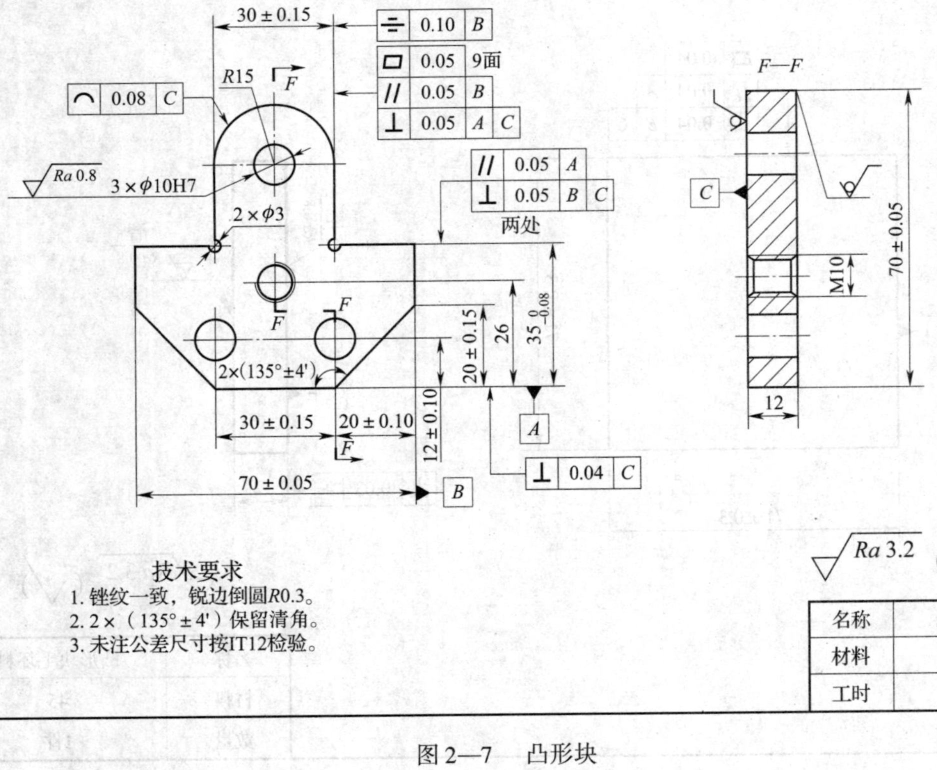

技术要求

1. 锉纹一致，锐边倒圆R0.3。
2. 2 ×（135° ± 4'）保留清角。
3. 未注公差尺寸按IT12检验。

名称	凸形块
材料	45
工时	5h

图 2—7　凸形块

三、考核内容

1. 准备工作：劳动保护用品穿戴整齐，工具准备齐全，认真阅读试题图样和要求。

2. 操作过程：将凸形块毛坯料按图 2—6、图 2—7 的图样要求和技术要求进行制作加工，加工工艺合理，达到加工要求。

3. 使用工具：正确使用工具，且工具摆放整齐。

4. 安全及其他：严格遵守有关安全操作规程，服从考评工作人员的安排与指挥，工作场地保持清洁、整齐、有序，在规定时间内完成操作，考试结束时清理现场。

四、考核时限

准备工作 15 min，正式操作 5 h。计时从正式操作开始，至操作完毕。操作超时 1 min，从总分中扣 5 分；超时 3 min，停止操作。

五、配分、评分标准

长度单位：mm

序号	考核内容	考核项目		配分	评分标准	检测结果	扣分	得分
1	准备工作	穿戴劳保用品		3	未穿戴整齐扣 3 分			
		工具、用具准备		2	工具选择不正确扣 2 分			
2	加工制作	$30^{+0.03}_{0}$		3	超差不得分			
3		70 ± 0.05	2 处	6	超差 1 处扣 3 分			
4		$35^{0}_{-0.08}$	2 处	6				
5		20 ± 0.10		4	超差不得分			
6		12 ± 0.10		4				
7		30 ± 0.15	2 处	4	超差 1 处扣 2 分			
8		20 ± 0.15		4	超差不得分			
9		135° ± 4′	2 处	6	超差 1 处扣 3 分			
10		ϕ10H7	3 处	6	超差 1 处扣 2 分			
11		M10		5	超差不得分			
12		*R*15		3	按 GB/T 6403.4—m 检验，超差不得分			
13		ϕ3	2 处	4	超差 1 处扣 2 分			
14		▱ 0.05	9 处	9	超差 1 处扣 1 分			
15		// 0.05 *B*		2	超差不得分			
16		⊥ 0.05 *A* *C*		3				
17		⊥ 0.05 *B* *C*	2 处	6	超差 1 处扣 3 分			

续表

序号	考核内容	考核项目	配分	评分标准	检测结果	扣分	得分
18	加工制作	// 0.05 A	2	超差1处扣3分			
19		⊥ 0.04 C	2				
20		⌒ 0.08 C	3	超差不得分			
21		≑ 0.10 B	2				
22		Ra0. 8 μm、Ra3. 2 μm	6	超差1处扣1分，扣完为止			
23	使用工具	正确使用工具	2	工具使用不正确扣2分			
		正确维护工具	3	工具乱摆乱放扣3分			
24	安全及其他	按国家法规或企业规定		违规一次总分扣5分，严重违规停止操作			
		在规定时间内完成操作		超时1 min总分扣5分，超时3 min停止操作			
合计			100	考试得分			
考评员：			核分员：		日期：		

试题 2—5　制作角度凹凸锉配

一、考前准备

1. 设备准备

长度单位：mm

序号	名称	规格	数量	备注
1	钻床	Z4112	1台/5人	根据钻床型号和数量制备
2	平口钳		1台	
3	工作台（含台虎钳）		1台/人	
4	平板	600×450/1级	4块	
5	方箱		4个	
6	机油		若干	
7	砂轮机		1台/5人	

说明：a）钳工工作台高度应符合要求，并对特殊情况应备有脚踏板。

b）台钻的配备数量应不低于每5人1台的要求。

c）提供部分共用平板。

2. 工具准备

长度单位：mm

序号	名称	规格	单位	数量	备注
1	平锉	300（1号纹）、200（2号纹）、150（3号纹）	把	各1把	
2	三角锉	200（2号纹）	把	1	
3	方锉	200（2号纹）	把	1	
4	什锦锉		套	1	
5	锯弓	300	把	1	
6	锯条		根	自定	
7	划针		支	1	
8	钢直尺	0 ~ 150	把	1	
9	锤子		把	1	
10	样冲		支	1	
11	扁錾		把	1	
12	麻花钻	ϕ3、ϕ7.8、ϕ10	支	各1支	
13	铰刀	ϕ8H8	支	1	
14	铰杠		把	1	
15	锉刀刷		把	1	
16	软钳口		副	1	
17	游标高度卡尺	0 ~ 300/0.02	把	1	
18	游标卡尺	0 ~ 150/0.02	把	1	
19	外径千分尺	0 ~ 25/0.01、25 ~ 50/0.01、50 ~ 75/0.01	把	各1把	
20	游标万能角度尺	0° ~ 320°	把	1	
21	刀口形直角尺	100 × 63/Ⅰ级	把	1	
22	塞尺	0.01 ~ 2	把	1	
23	检验棒	ϕ8H8 × 20	个	2	
24	护目镜		副	1	

3. 材料准备

名称	尺寸规格（mm）	材质	数量	备注
角度凹凸锉配毛坯料	86×61×8	45	1件/人	加工成形（见毛坯料图）

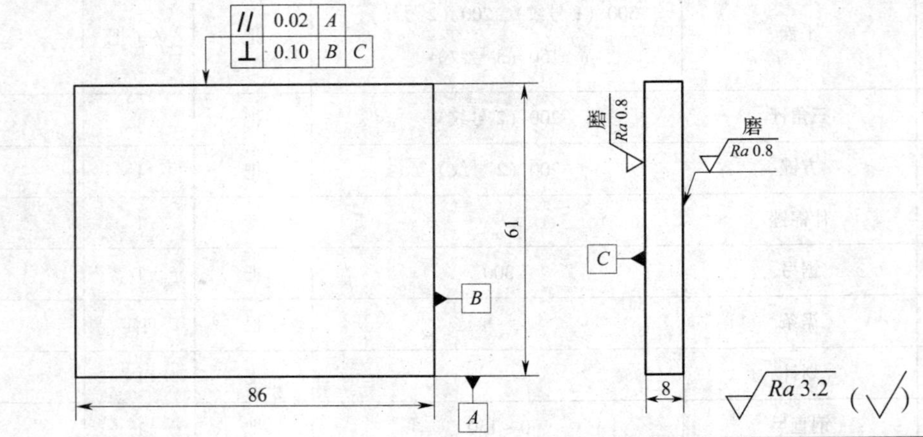

技术要求

未注公差尺寸按IT12检验。

名称	角度凹凸锉配毛坯料
材料	45
数量	1件

二、考件图样（见图 2—8）

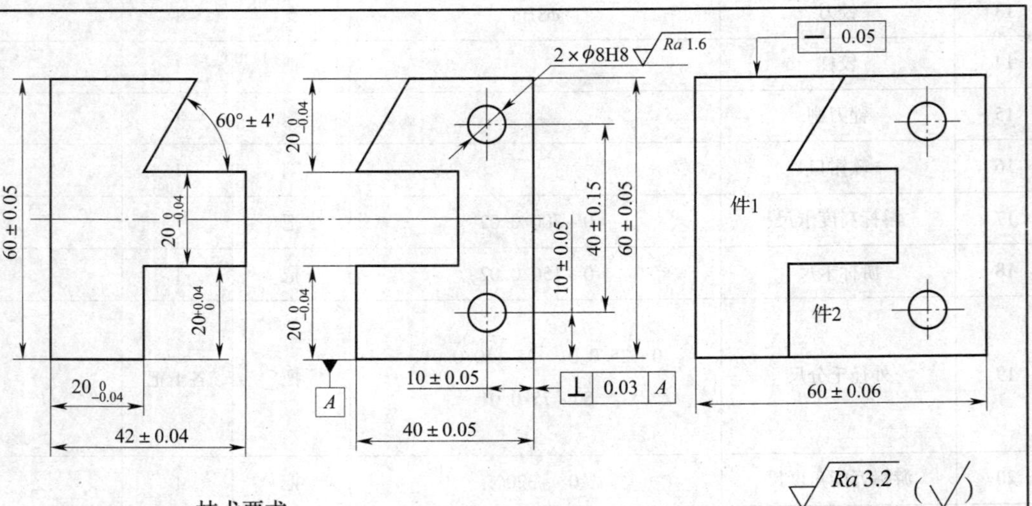

技术要求

1. 件2按件1配作，配合间隙≤0.05。
2. 各锐边去毛刺。
3. 件1和件2板厚均为8。

名称	角度凹凸锉配
材料	45
工时	5h

图 2—8　角度凹凸锉配

三、考核内容

1. 准备工作：劳动保护用品穿戴整齐，工具准备齐全，认真阅读试题图样和要求。

2. 操作过程：按图 2—8 的图样要求和技术要求，利用合理的加工工艺进行制作加工并达到其精度要求。

3. 使用工具：正确使用工具，且工具摆放整齐。

4. 安全及其他：严格遵守有关安全操作规程，服从考评工作人员的安排与指挥，工作场地保持清洁、整齐、有序，在规定时间内完成操作，考试结束时清理现场。

四、考核时限

准备工作 15 min，正式操作 5 h。计时从正式操作开始，至操作完毕。操作超时 1 min，从总分中扣 5 分；超时 3 min，停止操作。

五、配分、评分标准

长度单位：mm

序号	考核内容	考核项目		配分	评分标准	检测结果	扣分	得分
1	准备工作	穿戴劳保用品		3	未穿戴整齐扣 3 分			
		工具、用具准备		2	工具选择不正确扣 2 分			
2	加工制作	42 ± 0.04		4	超差不得分			
3		$20^{+0.04}_{0}$		4				
4		$20^{0}_{-0.04}$	4 处	12	超差 1 处扣 3 分			
5		60 ± 0.05	2 处	8	超差 1 处扣 4 分			
6		40 ± 0.05		4	超差不得分			
7		60 ± 0.06		4				
8		60° ± 4′		4				
9		⏤ 0.05		4				
10		⊥ 0.03 A		4				
11		配合间隙≤0.05	5 处	20	超差 1 处扣 4 分			
12		10 ± 0.05	2 处	6	超差 1 处扣 3 分			
13		40 ± 0.15		4	超差不得分			
14		ϕ8H8	2 处	4	超差 1 处扣 2 分			

续表

序号	考核内容	考核项目	配分	评分标准	检测结果	扣分	得分
15	加工制作	$Ra3.2\ \mu m$、$Ra1.6\ \mu m$	8	超差1处扣1分，扣完为止			
16	使用工具	正确使用工具	2	工具使用不正确扣2分			
		正确维护工具	3	工具乱摆乱放扣3分			
17	安全及其他	按国家法规或企业规定		违规一次总分扣5分，严重违规停止操作			
		在规定时间内完成操作		超时1 min总分扣5分，超时3 min停止操作			
合计			100	考试得分			
考评员：			核分员：		日期：		

试题 2—6　制作圆角方孔件

一、考前准备

1. 设备准备

长度单位：mm

序号	名称	规格	数量	备注
1	钻床	Z4112	1台/5人	
2	平口钳		1台	根据钻床型号和数量制备
3	工作台（含台虎钳）		1台/人	
4	平板	600×450/1级	4块	
5	方箱		4个	
6	机油		若干	
7	砂轮机		1台/5人	

说明：a）钳工工作台高度应符合要求，并对特殊情况应备有脚踏板。

b）台钻的配备数量应不低于每5人1台的要求。

c）提供部分共用平板。

2. 工具准备

长度单位：mm

序号	名称	规格	单位	数量	备注
1	平锉	300（1号纹）、200（2号纹）、200（3号纹）	把	各1把	
2	圆锉	200（2号纹）	把	1	
3	方锉	250（2号纹）	把	1	
4	三角锉	150（3号纹）	把	1	
5	锯弓	300	把	1	
6	锯条		根	自定	
7	划规		把	1	
8	划针		支	1	
9	锤子		把	1	
10	样冲		支	1	
11	錾子		把	1	
12	麻花钻	$\phi3$、$\phi5$、$\phi7$、$\phi8$、$\phi12$	支	各1支	
13	游标卡尺	0 ~ 150/0.02	把	1	
14	外径千分尺	0 ~ 25/0.01、25 ~ 50/0.01、50 ~ 75/0.01	把	各1把	
15	刀口形直角尺	100 × 63/Ⅰ级、100/Ⅰ级	把	各1把	
16	游标高度卡尺	0 ~ 300/0.02	把	1	
17	V形铁	60 ~ 100/Ⅱ级	块	1	
18	锉刀刷		把	1	
19	软钳口		副	1	
20	护目镜		副	1	

3. 材料准备

名　称	尺寸规格（mm）	材质	数量	备　　注
圆角方孔件毛坯料	71×71×12	45	1件/人	加工成形（见毛坯料图）

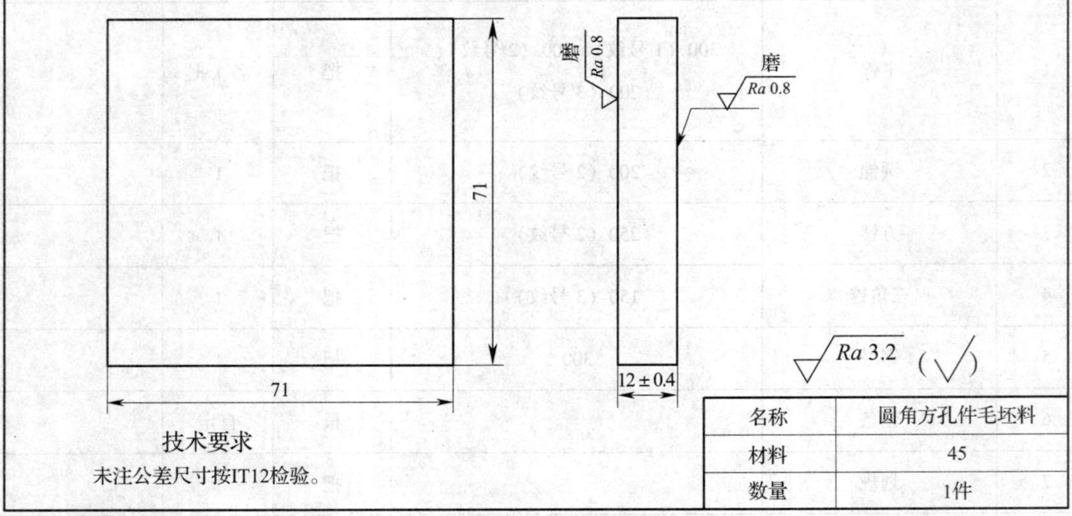

名称	圆角方孔件毛坯料
材料	45
数量	1件

二、考件图样（见图 2—9）

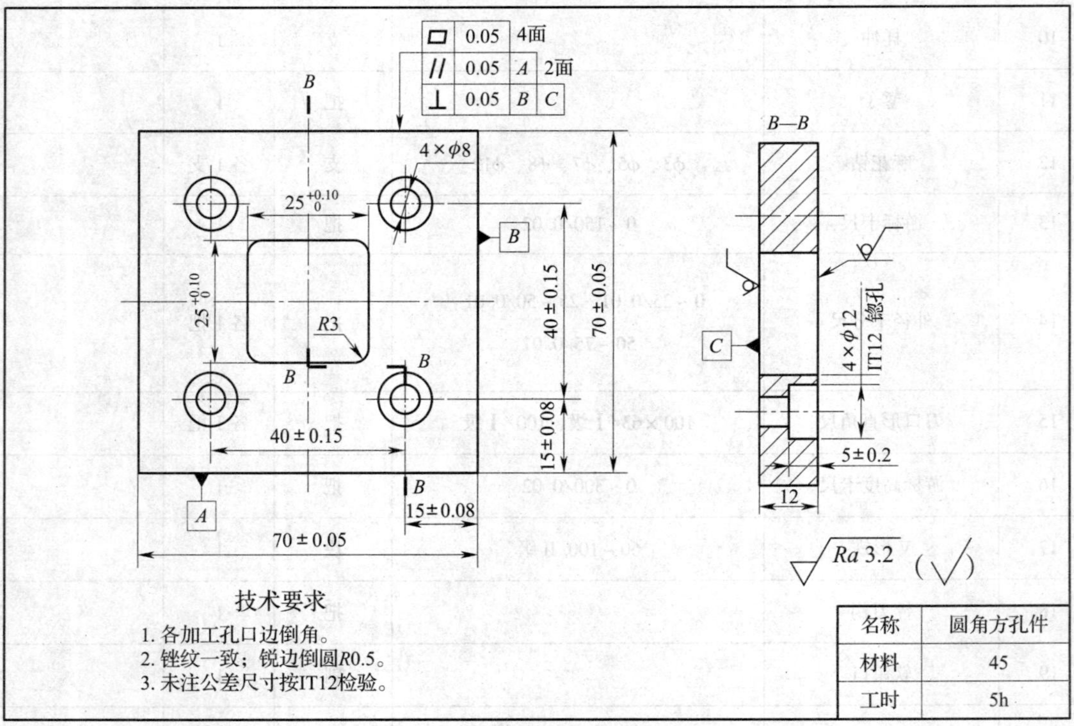

名称	圆角方孔件
材料	45
工时	5h

图 2—9　圆角方孔件

三、考核内容

1．准备工作：劳动保护用品穿戴整齐，工具准备齐全，认真阅读试题图样和要求。

2．操作过程：按图 2—9 的图样要求和技术要求，利用合理的加工工艺进行制作加工并达到其精度要求。

3．使用工具：正确使用工具，且工具摆放整齐。

4．安全及其他：严格遵守有关安全操作规程，服从考评工作人员的安排与指挥，工作场地保持清洁、整齐、有序，在规定时间内完成操作，考试结束时清理现场。

四、考核时限

准备工作 15 min，正式操作 5 h。计时从正式操作开始，至操作完毕。操作超时 1 min，从总分中扣 5 分；超时 3 min，停止操作。

五、配分、评分标准

长度单位：mm

序号	考核内容	考核项目		配分	评分标准	检测结果	扣分	得分
1	准备工作	穿戴劳保用品		3	未穿戴整齐扣 3 分			
		工具、用具准备		2	工具选择不正确扣 2 分			
2	加工制作	70 ±0.05	2 处	10	超差 1 处扣 5 分			
3		$25^{+0.10}_{0}$	2 处	10				
4		15 ±0.08	2 处	10				
5		40 ±0.15	2 处	4	超差 1 处扣 2 分			
6		5 ±0.2	4 处	8				
7		$\phi8$	4 处	8				
8		$\phi12$	4 处	8				
9		*R*3	4 处	4	按 GB/T 6403.4—m 检验，超差 1 处扣 1 分			
10		□ 0.05	4 处	8	超差 1 处扣 2 分			
11		// 0.05 *A*	2 处	4				
12		⊥ 0.05 *B* *C*		6	超差 1 处扣 3 分			
13		*Ra*3.2 μm		10	超差 1 处扣 1 分，扣完为止			

续表

序号	考核内容	考核项目	配分	评分标准	检测结果	扣分	得分
14	使用工具	正确使用工具	2	工具使用不正确扣2分			
		正确维护工具	3	工具乱摆乱放扣3分			
15	安全及其他	按国家法规或企业规定		违规一次总分扣5分，严重违规停止操作			
		在规定时间内完成操作		超时1 min总分扣5分，超时3 min停止操作			
合计			100	考试得分			
考评员：			核分员：		日期：		

试题2—7　制作油槽板

一、考前准备

1. 设备准备

长度单位：mm

序号	名称	规格	数量	备注
1	钻床	Z4112	1台/5人	
2	平口钳		1台	根据钻床型号和数量制备
3	工作台（含台虎钳）		1台/人	
4	平板	600×450/1级	4块	
5	方箱		4个	
6	机油		若干	
7	砂轮机		1台/5人	

说明：a）钳工工作台高度应符合要求，并对特殊情况应备有脚踏板。

b）台钻的配备数量应不低于每5人1台的要求。

c）提供部分共用平板。

2. 工具准备

长度单位：mm

序号	名称	规格	单位	数量	备注
1	平锉	300（1号纹）、300（2号纹）、250（2号纹）、150（3号纹）	把	各1把	
2	整形锉		套	1	
3	锯弓	300	把	1	
4	锯条		根	自定	
5	划针		支	1	
6	锤子		把	1	
7	样冲		支	1	
8	油槽錾	$R5$	把	2	
9	软钳口		副	1	
10	麻花钻	$\phi5$、$\phi7$、$\phi8.5$、$\phi9.8$、$\phi11$	支	各1支	
11	丝锥	M10	副	1	
12	铰刀	$\phi10$H8	支	1	
13	铰杠		把	1	
14	游标高度卡尺	0～300/0.02	把	1	
15	游标卡尺	0～150/0.02	把	1	
16	外径千分尺	0～25/0.01、75～100/0.01	把	各1把	
17	刀口形直角尺	100×63/Ⅰ级	把	1	
18	检验棒	$\phi10$H8	个	2	
19	钢直尺	0～150	把	1	
20	半径规	$R1.5$	把	1	
21	锉刀刷		把	1	
22	护目镜		副	1	

3. 材料准备

名　　称	尺寸规格（mm）	材质	数量	备　　注
油槽板毛坯料	70×73×25	45	1件/人	加工成形（见毛坯料图）

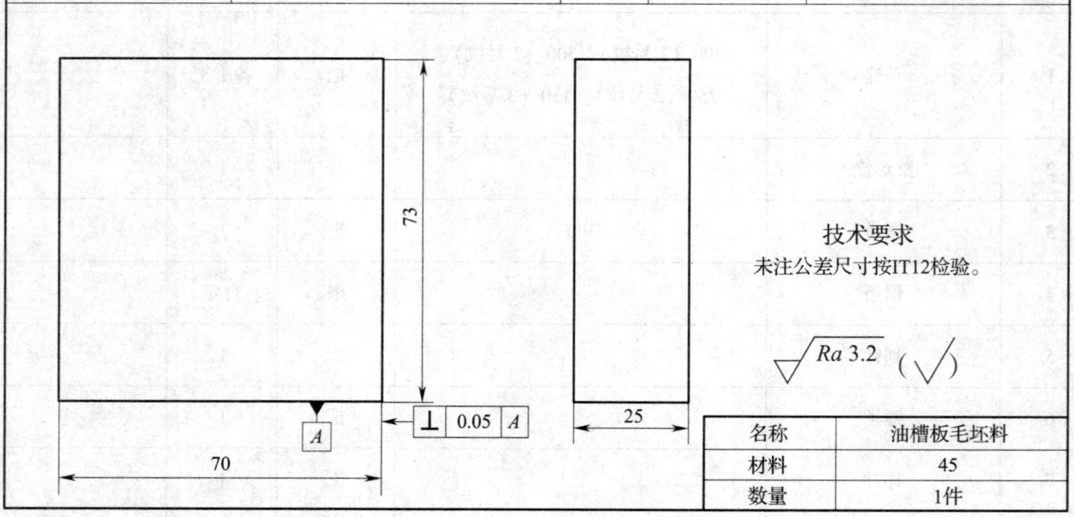

二、考件图样（见图 2—10）

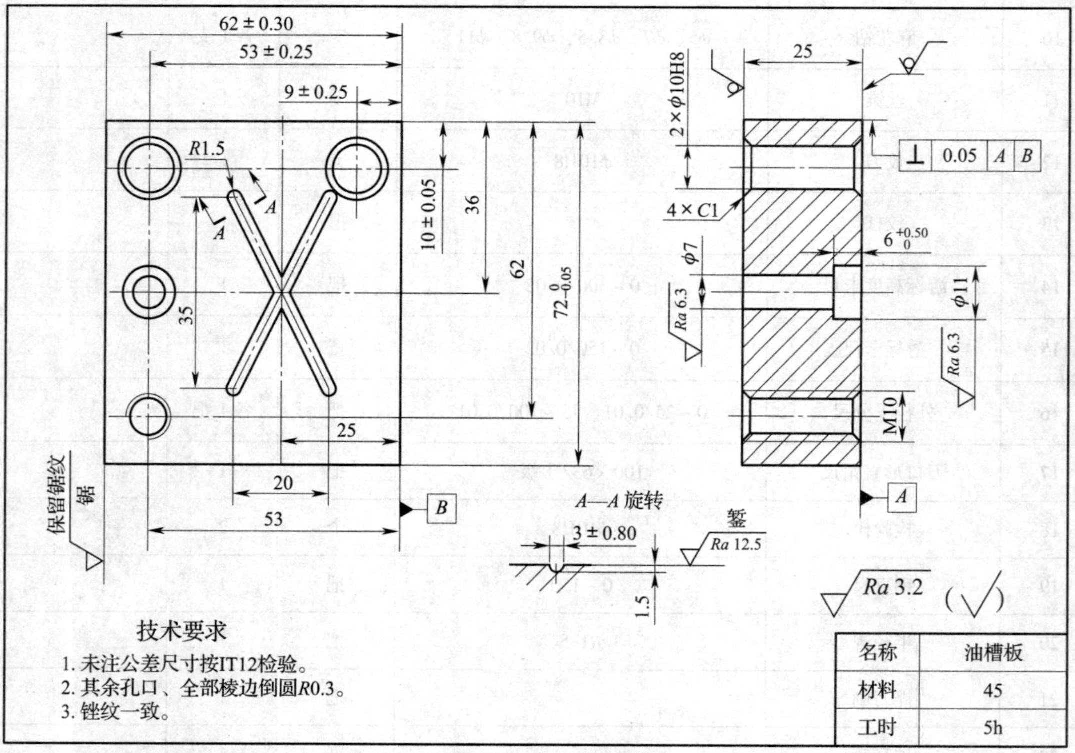

图 2—10　油槽板

三、考核内容

1. 准备工作：劳动保护用品穿戴整齐，工具准备齐全，认真阅读试题图样和要求。

2. 操作过程：按图 2—10 的图样要求和技术要求，利用合理的加工工艺进行制作加工并达到其精度要求。

3. 使用工具：正确使用工具，且工具摆放整齐。

4. 安全及其他：严格遵守有关安全操作规程，服从考评工作人员的安排与指挥，工作场地保持清洁、整齐、有序，在规定时间内完成操作，考试结束时清理现场。

四、考核时限

准备工作 15 min，正式操作 5 h。计时从正式操作开始，至操作完毕。操作超时 1 min，从总分中扣 5 分；超时 3 min，停止操作。

五、配分、评分标准

长度单位：mm

序号	考核内容	考核项目		配分	评分标准	检测结果	扣分	得分
1	准备工作	穿戴劳保用品		3	未穿戴整齐扣 3 分			
		工具、用具准备		2	工具选择不正确扣 2 分			
2	加工制作	$72_{-0.05}^{0}$		6	超差不得分			
3		62 ±0.30		6				
4		$\phi7$		2				
5		$\phi11$		2				
6		$6_{0}^{+0.50}$		6				
7		10 ±0.05	2 处	6	超差 1 处扣 3 分			
8		9 ±0.25		4	超差不得分			
9		53 ±0.25		4				
10		*R*1.5	4 处	4	按 GB/T 6403.4—2008 检验，超差 1 处扣 1 分			
11		⊥ 0.05 *A* *B*		12	超差 1 处扣 6 分			
12		油槽几何形状美观正确	2 处	6	1 处不符合要求扣 3 分			
13		3 ±0.80	2 处	8	超差 1 处扣 4 分			
14		ϕ10H8	2 处	8				
15		M10		4	超差不得分			

续表

序号	考核内容	考核项目		配分	评分标准	检测结果	扣分	得分
16	加工制作	$C1$	4 处	2	超差 1 处扣 0.5 分			
17		$Ra3.2\ \mu m$、$Ra6.3\mu m$		10	超差 1 处扣 1 分，扣完为止			
18	使用工具	正确使用工具		2	工具使用不正确扣 2 分			
		正确维护工具		3	工具乱摆乱放扣 3 分			
19	安全及其他	按国家法规或企业规定			违规一次总分扣 5 分，严重违规停止操作			
		在规定时间内完成操作			超时 1 min 总分扣 5 分，超时 3 min 停止操作			
合计				100	考试得分			
考评员：				核分员：		日期：		

➢ 操作技能考核模拟试卷①

准备通知单

一、试题名称：制作长方形垫板

二、准备要求

1. 设备准备

长度单位：mm

序号	名称	规格	数量	备注
1	钻床	Z4112	1 台/5 人	
2	平口钳		1 台	根据钻床型号和数量制备
3	工作台（含台虎钳）		1 台/人	
4	平板	600×450/1 级	4 块	
5	方箱		4 个	
6	机油		若干	
7	砂轮机		1 台/5 人	

说明：a）钳工工作台高度应符合要求，并对特殊情况应备有脚踏板。

b）台钻的配备数量应不低于每 5 人 1 台的要求。

c）提供部分共用平板。

2. 工具准备

长度单位：mm

序号	名称	规格	单位	数量	备注
1	平锉	300（1 号纹）、300（2 号纹）、250（2 号纹）、150（3 号纹）	把	各 1 把	
2	錾子		把	1	
3	锯弓	300	把	1	
4	锯条		根	自定	
5	划规		把	1	
6	划针		支	1	
7	锤子	$\phi 6$、$\phi 9.8$	把	各 1 把	
8	样冲	$\phi 10H7$	支	1	

① 考虑到职业技能鉴定操作技能考核试卷构成基本一致，下文中不再提供操作技能考核模拟试卷样例。

续表

序号	名称	规格	单位	数量	备注
9	麻花钻	ϕ6、ϕ9.8	支	各1支	
10	铰刀	ϕ10H7	支	1	
11	铰杠		把	1	
12	软钳口		副	1	
13	锉刀刷		把	1	
14	游标高度卡尺	0～300/0.02	把	1	
15	游标卡尺	0～150/0.02	把	1	
16	外径千分尺	25～50/0.01	把	1	
17	刀口形直角尺	100×63/Ⅰ级	把	1	
18	塞规	ϕ10H8×30	支	2	
19	护目镜		副	1	
20	钢直尺	0～150	把	1	

3. 材料准备

名　　称	尺寸规格（mm）	材质	数量	备　注
长方形垫板毛坯料	75×65×20	45	1件/人	加工成形 （见毛坯料图）

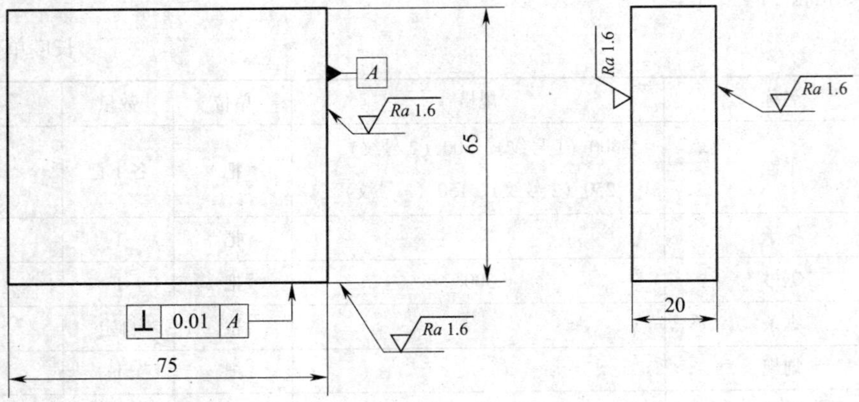

$\sqrt{Ra\ 3.2}$ ($\sqrt{}$)

技术要求
未注公差尺寸按IT12检验。

名称	长方形垫板毛坯料
材料	45
数量	1件

三、**考场准备**

1. 考核场地整洁规范，无干扰。

2. 安全防护齐全，且符合标准。

3. 根据考核人数确定工位和场地的面积。

试题正文

试题　制作长方形垫板

1. 考件图样

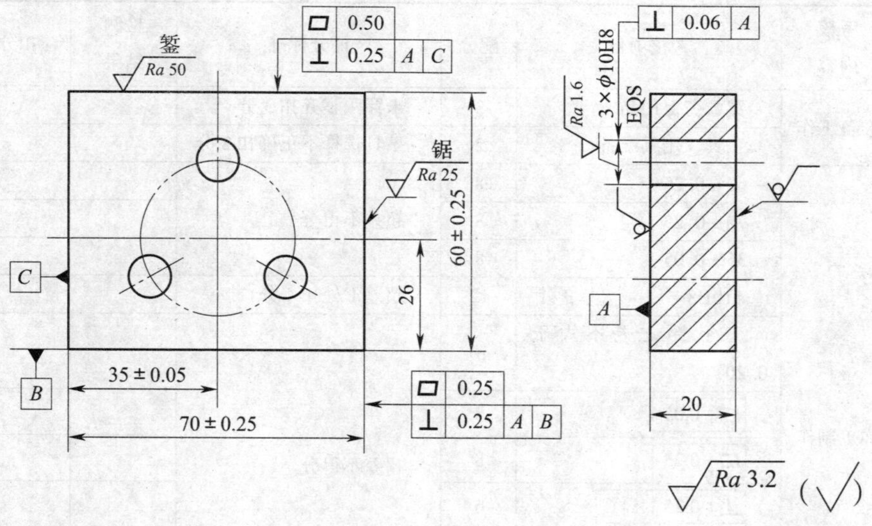

技术要求

1. 錾削面最后成形，锯割面应一次成形，不准反向接锯和修整。
2. 三孔距之差≤0.20。

名称	长方形垫板
材料	45
工时	4h

2. 考核内容

(1) 准备工作：劳动保护用品穿戴整齐，工具准备齐全，认真阅读试题图样和要求。

(2) 操作过程：按“长方形垫板”图样要求和技术要求，利用合理的加工工艺进行制作加工并达到其精度要求。

(3) 使用工具：正确使用工具，且工具摆放整齐。

(4) 安全及其他：严格遵守有关安全操作规程，服从考评工作人员的安排与指挥，工作场地保持清洁、整齐、有序，在规定时间内完成操作，考试结束时清理现场。

3. 考核时限

准备工作 15 min，正式操作 4 h。计时从正式操作开始，至操作完毕。操作超时 1 min 从总分中扣 5 分，超时 3 min 停止操作。

4. 考核评分

(1) 监考员负责考场事务。

(2) 采用百分制，满分为 100 分。

(3) 考评员应具有本工种的实际操作经验，评分公正、准确。

(4) 考评员可根据考生所用装置的实际情况，对评分标准做适当调整。

(5) 各项配分依难易程度、精度高低和重要程度制定。

(6) 评分方法：按单项扣分、得分，见评分记录表。

评分记录表 长度单位：mm

序号	考核内容	考核项目	配分	评分标准	检测结果	扣分	得分
1	准备工作	穿戴劳保用品	3	未穿戴整齐扣 3 分			
		工具、用具准备	2	工具选择不正确扣 2 分			
2	加工制作	60 ±0.25	8	超差不得分			
3		70 ±0.25	8				
4		35 ±0.05	8				
5		ϕ10H8　3 处	12	超差 1 处扣 4 分			
6		三孔距之差不大于 0.20	10	超差不得分			
7		▱ 0.05	8				
8		▱ 0.25	8				
9		⊥ 0.25 *A* *C*	6				
10		⊥ 0.25 *A* *B*	6				
11		⊥ 0.06 *A*	6				
12		*Ra*50 μm、*Ra*25 μm、*Ra*3.2 μm、*Ra*1.6 μm	10	超差 1 处扣 1 分，扣完为止			
13	使用工具	正确使用工具	2	工具使用不正确扣 2 分			
		正确维护工具	3	工具乱摆乱放扣 3 分			
14	安全及其他	按国家法规或企业规定		违规一次总分扣 5 分，严重违规停止操作			
		在规定时间内完成操作		超时 1 min 总分扣 5 分，超时 3 min 停止操作			
合计			100	考试得分			

考评员：　　　　核分员：　　　　日期：

第二部分　职业资格四级/中级工具钳工鉴定指南

第三章　理论知识考试指南

➢ 理论知识考试解读

理论知识考试试卷构成

职业资格四级/中级工具钳工理论知识考试采用标准化试卷，考试试卷有“单项选择题”和“判断题”两大类题型。总共100题，满分100分。

1. 单项选择题为“四选一”单选题型，即每道题有四个选项，其中只有一个选项为正确选项。共80题，每题1分，共80分。

2. 判断题为正误判断题型。共20题，每题1分，共20分。

职业资格四级/中级工具钳工理论知识鉴定要素细目表

鉴定范围：四级						鉴定点		
名称	鉴定比重（%）	名称	鉴定比重（%）	名称	鉴定比重（%）	代码	名称	重要程度
基本要求	25	职业道德	5	职业道德基本知识	3	001	职业的定义、产生与分类	X
						002	道德与法律的关系	Y
						003	职业道德的基本内涵	X
						004	职业道德的作用	X
						005	社会主义职业道德的核心与基本原则	Z
						006	爱岗敬业的具体要求	X
						007	诚实守信、办事公道的具体要求	X

续表

鉴定范围：四级						鉴定点		
名称	鉴定比重（%）	名称	鉴定比重（%）	名称	鉴定比重（%）	代码	名称	重要程度
基本要求	25	职业道德	5	职业道德基本知识	3	008	服务群众、奉献社会的具体要求	X
						009	职业道德修养的目的与内容	X
						010	提高职业道德修养的方法与途径	Y
				职业守则	2	001	劳动法基本知识	X
						002	劳动合同基本知识	X
						003	质量第一、用户至上的基本要求	X
						004	钻研技术、提高技能的基本要求	X
						005	遵纪守法、安全生产的基本要求	X
						006	安全操作规程	X
		基础知识	20	识图知识	2	001	机械图样的种类和一般规定	X
						002	三视图的概念及识读	X
						003	较复杂零件剖视的表达方法	Y
						004	螺纹的规定画法和代号标注方法	X
						005	键、销、弹簧、轴承、齿轮的规定画法和代号标注方法	Z
						006	较复杂装配图识读知识	Y
				公差配合知识	2	001	公差配合的基本概念	Y
						002	公差配合的标准	X
						003	公差配合的代号	X
						004	几何公差的种类	X
						005	几何公差的标注	Y
						006	表面结构的概念	X
				金属材料与热处理知识	2	001	金属材料的性能	X
						002	碳素钢、合金钢的种类、牌号及性能	X
						003	铸铁、有色金属的种类、牌号及性能	X
						004	钢的退火、正火的种类及其目的	X
						005	钢的淬火及回火种类及其目的	X
						006	钢的表面热处理的种类及特点	Y

续表

鉴定范围：四级						鉴定点		
名称	鉴定比重（%）	名称	鉴定比重（%）	名称	鉴定比重（%）	代码	名称	重要程度
基本要求	25	基础知识	20	机械传动基本知识	2	001	带传动工作的类型	X
						002	带传动的特点	X
						003	链传动的类型和应用	Y
						004	齿轮传动的分类	X
						005	齿轮传动的应用和特点	X
						006	螺旋传动的类型	X
				机械加工设备知识	1	001	金属切削机床的分类	X
						002	机床型号的编制方法	Y
						003	金属切削机床的用途	X
				金属切削刀具知识	1	001	切削运动与切削用量	X
						002	刀具材料与刀具几何参数	X
						003	车刀的种类及使用	Y
				机械加工工艺知识	2	001	机械加工工艺规程	X
						002	常用的定位元件与定位方法	X
						003	定位基准的选择	X
						004	工艺路线的拟定	X
						005	轴类零件的工艺路线	X
						006	套类、法兰类零件的工艺路线	X
				机械设备润滑与切削液的使用知识	1	001	润滑材料及选用	X
						002	机械设备的润滑方法	X
						003	典型机械零件的润滑	X
						004	切削液及其选用	X
				液压与气动知识	2	001	液压传动的工作原理及特点	Y
						002	液压传动系统的组成及各组成部分的功用	X
						003	液压传动元件的图形符号	X
						004	液压动力元件	X
						005	液压执行元件	X
						006	气压知识	X

续表

鉴定范围：四级						鉴定点		
名称	鉴定比重（%）	名称	鉴定比重（%）	名称	鉴定比重（%）	代码	名称	重要程度
基本要求	25	基础知识	20	通用设备和常用电器的种类和用途	1	001	常用低压电器的种类	X
						002	常用低压电器的用途	X
						003	常用电器仪表	Z
				现场文明生产要求	1	001	安全生产常识	X
						002	车间文明生产要求	X
						003	现场生产管理	X
				安全用电知识	1	001	人体触电的方式	X
						002	触电急救	X
						003	安全用电措施	X
				安全操作和劳动保护知识	1	001	工具钳工作业环境的安全要求	X
						002	工具钳工安全技术操作规程	X
						003	常用劳动保护用品的作用和使用规定	X
				质量管理知识	1	001	质量管理的概念	Y
						002	岗位的质量要求	X
						003	岗位的质量保证措施	X
相关知识	75	工艺装备零件的加工	35	划线	2	001	常用划线工具的种类与使用	Y
						002	等分圆周的画法	Y
						003	平面划线方法	Y
						004	立体划线方法	X
						005	划线时找正与借料的方法	X
						006	划线基准的选择原则	X
				零件加工	23	001	砂轮机的种类及使用注意事项	X
						002	台虎钳、工作台的结构、使用及保养方法	Y
						003	钻床的安全操作知识	X
						004	钻床的结构、性能和用途	Y
						005	钻床的使用及维护保养方法	X
						006	剪板机的种类、用途及使用安全技术	X
						007	带锯机的用途	Y

续表

鉴定范围：四级						鉴定点		
名称	鉴定比重（%）	名称	鉴定比重（%）	名称	鉴定比重（%）	代码	名称	重要程度
相关知识	75	工艺装备零件的加工	35	零件加工	23	008	带锯机的安全使用及维护保养方法	X
						009	电动、风动工具的种类、结构、原理及应用	X
						010	电动、风动工具的使用安全技术	X
						011	錾削方法及錾子的刃磨	X
						012	錾削时常见缺陷分析及安全技术	X
						013	锯削的方法及操作要点	Y
						014	锯削时常见缺陷分析及安全技术	X
						015	锉削与锉刀	Y
						016	锉刀的规格及选用	Y
						017	锉削方法	X
						018	平面、曲面锉削的操作要点及技术要求	X
						019	锉削常见缺陷分析及安全技术	X
						020	钻孔与麻花钻	X
						021	麻花钻的切削角度与刃磨要求	X
						022	群钻的种类与结构	X
						023	群钻的刃磨方法	X
						024	钻孔的方法	Y
						025	钻孔常见缺陷分析及安全技术	X
						026	钻头损坏的形式及原因	X
						027	扩孔钻的结构及扩孔方法	X
						028	锪孔钻的结构及锪孔方法	X
						029	铰孔与铰刀	X
						030	铰刀的结构、规格及选用	X
						031	铰孔方法	X
						032	铰削时产生废品的原因	X
						033	螺纹的种类和用途	Z
						034	螺纹各部分尺寸之间的关系	X
						035	攻螺纹的工具及加工方法	X
						036	攻螺纹时底孔直径的确定方法	X

续表

鉴定范围：四级						鉴定点		
名称	鉴定比重（%）	名称	鉴定比重（%）	名称	鉴定比重（%）	代码	名称	重要程度
相关知识	75	工艺装备零件的加工	35	零件加工	23	037	攻螺纹常见的缺陷	X
						038	套螺纹的工具及加工方法	X
						039	套螺纹时圆杆直径的确定方法	X
						040	套螺纹常见的缺陷	X
						041	丝锥的选用与刃磨	X
						042	刮刀的种类	X
						043	刮刀的结构、规格及选用	X
						044	刮刀的切削角度与刃磨	X
						045	刮削的工作原理和操作方法	X
						046	显示剂的类型和使用方法	X
						047	刮削时显示剂的选用	X
						048	平面刮削方法	X
						049	刮削表面缺陷	X
						050	研磨的方式	X
						051	研磨的工作原理和操作方法	X
						052	研具的类型及选用	X
						053	磨料的种类及用途	X
						054	常用研磨剂的种类及选用	X
						055	铰刀的研磨方法	X
						056	研磨时常见的缺陷及原因	X
						057	工作样板的制作方法	X
						058	卡板的制作方法	X
						059	光滑塞规的制作方法	X
						060	环规的制作方法	X
						061	零件抛光的设备及应用	X
						062	零件抛光的操作方法	X
						063	矫正与矫正方法	Z
						064	弯形与弯形方法	X
						065	弯曲前毛坯长度的计算	X
						066	弹簧的种类和用途	X
						067	手工盘制圆柱拉伸弹簧的步骤	Z
						068	模具钢的选用	X
						069	模具钢的热处理方法	X

续表

鉴定范围：四级						鉴定点		
名称	鉴定比重（%）	名称	鉴定比重（%）	名称	鉴定比重（%）	代码	名称	重要程度
相关知识	75	工艺装备零件的加工	35	零件的精度测量	10	001	测量分类	Z
						002	常用间接测量的方法	X
						003	涂色检验零件精度的方法	X
						004	常用量具的分类	Z
						005	游标卡尺的原理与读数方法	X
						006	外径测量方法	X
						007	内径测量方法	X
						008	游标高度卡尺	X
						009	千分尺的原理与读数方法	X
						010	大直径物体的测量	X
						011	深度千分尺	X
						012	指示表的种类及其使用方法	X
						013	杠杆指示表的结构及使用	Y
						014	游标万能角度尺的结构与使用	X
						015	刀口尺的结构与使用	Y
						016	角尺、塞尺的结构与使用	X
						017	百分表、千分表的结构与使用	X
						018	角度量块的使用方法	X
						019	正弦规的结构与使用方法	X
						020	水平仪的结构与使用方法	X
						021	塞规及其使用	X
						022	塞规的保管和保养	X
						023	量块的结构与使用	X
						024	量块的保养	X
						025	计量器具的选择	X
						026	光滑极限量规的类型及使用	X
						027	直线度和平面度的测量	Y
						028	平行度和垂直度的测量	Y
						029	同轴度和跳动误差的测量	Y
						030	表面结构的测量方法	Z

续表

鉴定范围：四级						鉴定点		
名称	鉴定比重（%）	名称	鉴定比重（%）	名称	鉴定比重（%）	代码	名称	重要程度
相关知识	75	工艺装备的装配、调试	30	装配前准备	4	001	装配工艺过程概念	Z
						002	尺寸链的概念	X
						003	尺寸链的计算	X
						004	装配工艺及装配方法	X
						005	装配精度的测量	X
						006	起重设备的种类和使用	Y
						007	旋转零部件的平衡知识	X
						008	旋转零部件静平衡的方法和步骤	X
						009	电动钻具的类型和使用	X
						010	常用夹具（夹持工件、夹持刀具）的使用方法	X
						011	零件的清洗方法和清洗剂的种类	Y
						012	零部件的密封试验	Z
				装配	18	001	螺纹连接的类型、应用特点	Y
						002	螺纹连接的装配技术要求	X
						003	螺纹连接的装配工艺	X
						004	平键、半圆键、楔键的配合类型和选用知识	Y
						005	松键、紧键连接的装配工艺	X
						006	销连接的装配与拆卸	X
						007	过盈连接的装配	X
						008	滑动轴承的类型、结构和应用	Y
						009	滑动轴承的装配	Z
						010	滚动轴承的装配	X
						011	游隙的测量、调整和预紧	Y
						012	带传动机构的装配	X
						013	链传动机构的装配	X
						014	螺旋传动机构的装配	X
						015	齿轮传动机构的装配	X

续表

鉴定范围：四级						鉴定点		
名称	鉴定比重（%）	名称	鉴定比重（%）	名称	鉴定比重（%）	代码	名称	重要程度
相关知识	75	工艺装备的装配、调试	30	装配	18	016	蜗杆传动机构的装配	X
						017	联轴器的装配	Z
						018	离合器的装配	Z
						019	润滑与密封装置的选择	X
						020	轴组的装配方法	Z
						021	铆接的种类和形式	X
						022	粘接的用途和粘接方法	Y
						023	定位方法和定位元件的选用	Y
						024	工件在夹具中的夹紧	X
						025	钻床夹具的分类和典型结构	X
						026	车床夹具的分类和典型结构	X
						027	铣床夹具的分类和典型结构	X
						028	钻床夹具的装配	X
						029	车床夹具的装配	X
						030	铣床夹具的装配	X
						031	弯曲变形的过程与变形特点	X
						032	拉深变形的过程与变形特点	X
						033	其他成形的变形过程和变形特点	X
						034	连续模的典型结构	X
						035	复合模的典型结构	X
						036	弯曲模的典型结构、主要技术要求	X
						037	冲裁模的装配技术要求	X
						038	冲裁连续模的装配	X
						039	冲裁复合模的装配	X
						040	弯曲模的装配	X
						041	拉深模的装配	X
						042	成型模的装配	X
						043	拉深模的典型结构、主要技术要求	X
						044	成型模的典型结构、主要技术要求	X

续表

鉴定范围：四级						鉴定点		
名称	鉴定比重（%）	名称	鉴定比重（%）	名称	鉴定比重（%）	代码	名称	重要程度
相关知识	75	工艺装备的装配、调试	30	装配	18	045	塑料成形工艺过程与工艺参数	X
						046	注射模的分类和典型结构	X
						047	注射模的主要技术要求	X
						048	单分型面（二板式）注射模的装配方法	X
						049	液压元件的种类和功能	X
						050	液压控制阀的结构与原理	X
						051	液压基本控制回路的工作原理	X
						052	气动系统的组成与分类	X
						053	气动控制阀的结构与原理	X
						054	气动基本控制回路的工作原理	X
				调试	8	001	车床夹具与车床主轴的连接方法	X
						002	铣床夹具与铣床的连接方法	Y
						003	钻床夹具的调试	X
						004	车床夹具的调试	X
						005	铣床夹具的调试	X
						006	曲柄压力机的用途和结构组成	Y
						007	曲柄压力机的技术参数及选用	X
						008	冲床的操作方法	Y
						009	冲床安全操作规程	X
						010	模具安装前的准备	Y
						011	冷冲模的安装要点	Y
						012	冷冲模的调试内容	X
						013	冷冲模的调试技术要求	X
						014	冲裁模的调试要点	X
						015	弯曲模的调试要点	X
						016	拉深模的调试要点	X
						017	注射机的类型和结构	X
						018	注射机的主要技术参数	X
						019	注射机型号规格的表示方法	X

续表

鉴定范围：四级						鉴定点		
名称	鉴定比重（%）	名称	鉴定比重（%）	名称	鉴定比重（%）	代码	名称	重要程度
相关知识	75	工艺装备的装配、调试	30	调试	8	020	注射模与注射机的关系	X
						021	注射机的操作	X
						022	注射机的安全操作规程	X
						023	注射模的安装	X
						024	注射模的调试要点	X
		工艺装备的维修	10	故障的分析和检查	5	001	夹具定位误差过大的原因分析	X
						002	夹具引导不良的原因分析	X
						003	夹具夹紧装置失效的原因分析	X
						004	冷冲模定位不良的原因分析	X
						005	冷冲模卸料不顺的原因分析	X
						006	冷冲模导料不畅的原因分析	X
						007	弯曲模产生回弹、偏移、裂纹的原因	X
						008	弯曲模产生擦伤、翘曲和变形的原因	X
						009	拉深模产生起皱、拉破的原因	X
						010	翻边模产生破裂的原因	X
						011	注射模产生填料不足、飞边过大的原因	X
						012	注射模产生脱模不良的原因	X
						013	注射模塑件产生变形、开裂的原因	X
						014	注射模塑件发生冷却水渗漏的原因	X
						015	注射模产生顶杆折断的原因	X
				修理	5	001	夹具常用的维修要点	X
						002	夹具零件磨损的修复方法	X
						003	冷冲模的维护和保养	Y
						004	冷冲模的检查	Y
						005	冲裁模修理的基本知识	X
						006	冲裁模修理的方法	X
						007	冲裁模修理的工艺	X
						008	冲裁模凸、凹模刃口的修磨	X
						009	冲裁模凸、凹模间隙变大和不均匀的修理	X

续表

鉴定范围：四级						鉴定点		
名称	鉴定比重（%）	名称	鉴定比重（%）	名称	鉴定比重（%）	代码	名称	重要程度
相关知识	75	工艺装备的维修	10	修理	5	010	冲裁模典型零件的修复	X
						011	塑料注射模的维护	X
						012	塑料模的日常修理	X
						013	塑料模的常规修理	X
						014	塑料模型腔、型芯的修理	X
						015	零件的测绘知识	X

注：表中鉴定要素“重要程度”分为X、Y、Z三种指标，X表示“核心要素”，是鉴定要素集合中最重要、考试中出现频率最高的内容，是要求考生熟练掌握的内容；Y表示“一般要素”，是鉴定要素集合中一般重要的内容，是要求考生理解、熟悉的内容；Z表示“辅助要素”，是鉴定要素集合中重要程度较低的内容，是要求考生了解的内容。

➤理论知识考试试题

一、单项选择题

1. 工业革命使劳动分工更加细致，职业种类（　　），职业分工和职业内容也在不断发生变化。

A. 不断增加　　B. 基本不变

C. 不断减少　　D. 有增有减

2.《职业大典》将我国现有职业归为（　　）大类，66中类，413小类，1838个细类（职业）。

A. 10　　B. 9　　C. 8　　D. 7

3. 道德是一种社会意识形态，是一个社会用善恶评价并依靠信念、习俗和社会舆论的力量来维持和调整人们之间以及个人与社会之间的（　　）的总和。

A. 行为规范　　B. 法律规范

C. 制度规范　　D. 经济利益

4. 职业道德的内容不包括（　　）。

A. 职业道德意识　　B. 职业道德行为规范

C. 从业者享有的权利　　D. 职业守则

5. 职业道德是所有从业人员在职业活动中应该遵循的（　　），是一定职业范围内的特殊道德要求。

A. 思想观念 B. 情感准则

C. 法律规范 D. 行为准则

6. 良好的职业道德，能够协调（ ）中的各种关系，维持良好的社会风气。

A. 社会活动 B. 个人交往

C. 婚姻家庭 D. 求学求职

7.（ ）是最基本的职业行为规范，是社会主义职业道德的基础和核心。

A. 诚实守信 B. 爱岗敬业

C. 办事公道 D. 服务群众

8. 爱岗敬业的基本要求是忠于职守、尽职尽责；精通业务、勇于创新；（ ）。

A. 工作以自我为中心 B. 搞好与他人的关系

C. 多劳多得、按劳分配 D. 热爱本职、扎实工作

9. 不属于诚实守信的基本要求的是（ ）。

A. 自觉抵制不正之风 B. 主动公示职业行为

C. 不惜代价兑现承诺 D. 搞好与他人的关系

10. 服务群众的具体要求是树立服务意识，端正服务态度，提高服务质量，（ ）。

A. 坚持正气、一视同仁 B. 为民排忧解难

C. 不惜代价兑现承诺 D. 坚持原则、不徇私情

11.（ ）就是全心全意地为社会作贡献，是为人民服务和集体主义精神的最高体现。

A. 办事公道 B. 诚实守信

C. 服务群众 D. 奉献社会

12.（ ）修养包括职业义务感、职业良心感、职业荣辱感、职业幸福感。

A. 职业道德认识 B. 职业道德习惯

C. 职业道德情感 D. 职业道德意志

13. 在学习中、在（ ）中、在积累中、在自律中提高职业道德修养。

A. 创造 B. 实践 C. 约束 D. 监督

14. 通常说的“三金”是指（ ）。

A. 养老保险金、失业保险金和医疗保险金

B. 养老保险金、工伤保险金和医疗保险金

C. 生育保险金、失业保险金和医疗保险金

D. 养老保险金、失业保险金和工伤保险金

15. 女职工在孕期、产期、哺乳期内，用人单位（　　）与其解除劳动合同。

A. 不能　　B. 可以　　C. 必须　　D. 没有规定

16. 劳动合同是劳动者与用人单位之间确立劳动关系，明确双方（　　）的书面协议。

A. 利益　　B. 权利和义务　　C. 权利　　D. 义务

17. 任何一个人的（　　），都会不同程度地、直接或间接地影响到产品和服务的质量。

A. 工作地点　　B. 工作任务

C. 工作质量　　D. 工作时间

18. 从业者要适应社会人才竞争的需要，就必须（　　）。

A. 树立“质量第一”的观念　　B. 钻研技术、提高技能

C. 服从领导工作安排　　D. 努力完成工作任务

19. （　　）是“钻研技术，提高技能”的基本要求之一。

A. 努力完成工作任务　　B. 服从领导工作安排

C. 勤学苦练，不断攀登技术高峰　　D. 树立“质量第一”的观念

20. 只有（　　），企业从业人员才能在生产中守规操作、安全生产。

A. 树立“质量第一”的观念　　B. 个人利益不受侵害

C. 服从领导　　D. 遵规守纪

21. 下列关于图样中所标注尺寸的说法正确的是（　　）。

A. 是所示机件的最后完工尺寸

B. 是绘制图样的尺寸，与比例有关

C. 以毫米为单位时，必须标注计量单位的代号或名称

D. 只确定机件的大小

22. 按生产部门对图样的要求分为建筑图样和（　　）。

A. 装配图样　　B. 立体图样

C. 机械图样　　D. 透视图样

23. 通常所说的三视图不包括（　　）。

A. 主视图　　B. 俯视图　　C. 左视图　　D. 右视图

24. 视图中每条图线可能是面的投影、（　　）的交线或曲面转向轮廓线。

A. 两面　　B. 三面　　C. 四面　　D. 五面

25. 对于剖视图，不正确的说法是（　　）。

A. 剖视图按剖切的范围可分为全剖视图、半剖视图和局部剖视图三个种类

B. 剖视图一般都应进行标注

C. 剖切时可采用一个或多个平面对物体进行剖切，但不能采用其他剖切面

D. 剖视只是一种假想画法，除剖视图外，其他视图不受影响

26. 用几个相交的剖切面，并使其交线垂直于某一投影面剖开机件的方法是（　　）。

A. 全剖　B. 半剖　C. 旋转剖　D. 阶梯剖

27. 在螺纹标注中（　　）不需要标注。

A. 左旋螺纹　B. 长旋合长度

C. 粗牙螺距　D. 细牙螺距

28.（　　）不属于常用销的范围。

A. 圆柱销　B. 定位销

C. 圆锥销　D. 开口销

29. 普通平键和半圆键的（　　）为工作面。

A. 前后面　B. 左右面

C. 两侧面　D. 两顶面

30.（　　）不是装配图中必要的尺寸。

A. 性能尺寸　B. 装配尺寸

C. 基本尺寸　D. 安装尺寸

31. 识读装配图的方法和步骤不包括（　　）。

A. 概括了解　B. 分析视图

C. 分析零件　D. 分析零件尺寸

32. 轴的下极限偏差用（　　）表示。

A. EI　B. ei　C. ES　D. es

33. 孔和轴的尺寸公差用 T_h 和（　　）表示。

A. d　B. D　C. T_s　D. T_d

34.（　　）范围之间为基轴制过渡配合。

A. J ~ N　B. j ~ n　C. A ~ H　D. a ~ h

35. 国标中规定了孔和轴的公差带位置都是（　　）个。

A. 24　B. 25　C. 26　D. 28

36.（　　）属于轴的公差带代号。

A. H8　B. K7　C. h7　D. P6

37. ϕ24H7/f6 中的 f 代表（　　）代号。

A. 轴的公差带　B. 孔的公差带

C. 轴的基本偏差　D. 孔的基本偏差

38. 符号“◎”是指位置公差（　　）。

A. 圆度　　B. 圆柱度　　C. 同轴度　　D. 位置度

39. （　　）公差不属于位置公差。

A. 位置度　　B. 同心度　　C. 对称度　　D. 垂直度

40. 几何公差的数值应标注在公差框格的第（　　）格。

A. 一　　B. 二　　C. 三　　D. 四

41. 表面结构的基本符号是（　　）。

A. 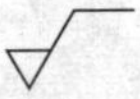　　B. 　　C. 　　D. 

42. 金属材料的性能包含使用性能和（　　）两方面。

A. 物理性能　　B. 化学性能

C. 工艺性能　　D. 力学性能

43. 金属材料的化学性能不包括（　　）。

A. 使用性能　　B. 耐腐蚀性

C. 抗氧化性　　D. 化学稳定性

44. （　　）属于优质碳素结构钢的中碳钢。

A. 30　　B. 45　　C. T8A　　D. T12A

45. 合金钢按用途分为合金结构钢、合金工具钢和（　　）。

A. 低合金钢　　B. 高合金钢

C. 不锈钢　　D. 特殊性能钢

46. 相对来说（　　）铸铁的力学性能最好。

A. HT　　B. KTH　　C. QT　　D. RUT

47. 主要用于消除金属材料内应力的退火是（　　）。

A. 完全退火　　B. 球化退火

C. 去应力退火　　D. 低温退火

48. 正火是在（　　）中冷却的工艺方法。

A. 水　　B. 煤油　　C. 空气　　D. 机油

49. （　　）组织是淬火后所获得的。

A. 珠光体　　B. 奥氏体　　C. 马氏体　　D. 贝氏体

50. 整体热处理中的“四把火”是指退火、正火、淬火和（　　）。

A. 焰火　　B. 钢火　　C. 回火　　D. 电火

51. 带传动可分为摩擦型和（　　）两大类。

A. 交叉型　B. 连接型　C. 啮合型　D. 传动型

52. V 带的截面形状为（　　）。

A. 矩形　B. 梯形　C. 圆形　D. 方形

53. 截面形状为梯形的传动带类型是（　　）。

A. 平带　B. V 带　C. 多楔带　D. 圆带

54. 一般缝纫机的带传动类型是（　　）。

A. 平带传动　B. V 带传动　C. 多楔带传动　D. 圆带传动

55. 按结构方式不同，链可分为齿形链和（　　）。

A. 滚子链　B. 传动链　C. 输送链　D. 起重链

56. 滚子链比齿形链（　　）。

A. 工作平稳　B. 噪声小　C. 耐冲击　D. 结构简单

57. 根据齿轮分度曲面不同，齿轮传动可分为圆柱齿轮传动和（　　）传动。

A. 渐开线齿轮　B. 摆线齿轮

C. 圆锥齿轮　D. 交错齿轮

58. 根据齿轮传动的工作条件不同，齿轮传动分为开式齿轮传动和（　　）齿轮传动。

A. 闭式　B. 复式　C. 交错　D. 垂直

59. 车床主轴箱内一般采用（　　）传动。

A. 螺旋　B. 带　C. 齿轮　D. 链条

60.（　　）传动不宜用于两轴中心距较大的传动。

A. 平带　B. V 带　C. 齿轮　D. 链条

61. 万能外圆磨床属于（　　）机床。

A. 专用　B. 单用　C. 专业化　D. 通用

62. 质量大于 100 t 的机床属于（　　）机床。

A. 轻型　B. 中型　C. 重型　D. 超重型

63. 类别代号“X”代表（　　）。

A. 铣床　B. 车床　C. 钻床　D. 磨床

64. 机床特性代号“Z”代表（　　）。

A. 精密　B. 数控　C. 数显　D. 自动

65. 切削时，工件与刀具的相对运动称为（　　）。

A. 主运动　B. 进给运动

C. 基本运动　D. 切削运动

66.（　　）属于进给运动。

A. 铣平面时工件的纵向运动　　B. 铣刀的回转运动

C. 车外圆时工件的回转运动　　D. 刨刀的往复直线运动

67. （　　）广泛用于制造较为复杂的各种刀具。

A. 优质碳素工具钢　　B. 合金工具钢

C. 高速工具钢　　D. 硬质合金

68. 与工件已加工表面相对的刀面称为（　　）。

A. 前面　　B. 主后面　　C. 副后面　　D. 正交平面

69. 车刀按其用途可分为外圆车刀、内孔车刀、端面车刀、（　　）等。

A. 整体车刀和焊接车刀　　B. 焊接车刀和螺纹车刀

C. 切断车刀和螺纹车刀　　D. 机夹车刀和整体车刀

70. 外圆车刀主要用来车削工件的外圆、（　　）。

A. 车外平面和切断工件　　B. 端面和阶台

C. 外沟槽　　D. 非圆面

71. 规定零件机加工工艺过程和操作方法等的工艺文件称为（　　）工艺规程。

A. 热处理　　B. 机械加工　　C. 锻造加工　　D. 铸造加工

72. （　　）不属于机械加工工艺规程所含的内容。

A. 工序的排列顺序　　B. 热处理

C. 加工尺寸、公差及技术要求　　D. 刀具角度

73. 工件以内圆孔定位的定位元件一般用（　　）。

A. 固定支承板　　B. 支承钉

C. V 形块　　D. 定位销

74. 半圆孔定位座适用于（　　）轴类工件的定位。

A. 小型　　B. 中型　　C. 大型　　D. 特大型

75. 定位基准包括粗基准和（　　）。

A. 工序基准　　B. 装配基准

C. 测量基准　　D. 精基准

76. 正火、退火一般安排在（　　）进行。

A. 粗加工后　　B. 精加工前

C. 半精加工前　　D. 切削加工前

77. 支承轴颈一般是轴的（　　）基准。

A. 辅助　　B. 测量　　C. 装配　　D. 粗

78. 对于精度要求高的黑色金属材料，零件需要淬硬时，其最后工序一般为（　　）。

A. 粗车 B. 精车 C. 粗磨 D. 精磨

79. 法兰类零件的圆跳动主要是指（ ）的圆跳动。

A. 两端面对外圆 B. 端面对内孔

C. 两端面对内孔轴线 D. 外圆对内孔轴线

80. 将机械摩擦产生的热量带走是润滑油的（ ）作用。

A. 清洗 B. 润滑 C. 冷却 D. 防护

81. 属于分散性润滑的方式是（ ）。

A. 半自动操纵 B. 自动操纵

C. 手动操纵 D. 油杯加油

82. 润滑剂送入润滑点后不再回收和使用的系统为（ ）润滑系统。

A. 静压 B. 循环 C. 全损耗性 D. 半损耗性

83. 对环境温度有限制的滑动轴承应使用（ ）润滑。

A. 矿物油 B. 合成油 C. 润滑脂 D. 水

84. （ ）不是滚动轴承的润滑应考虑的因素。

A. 机器结构 B. 轴的位置

C. 轴的材料 D. 轴承转速

85. 冷却性能最好的切削液是（ ）。

A. 切削油 B. 乳化油 C. 乳化液 D. 水溶液

86. 切削油常用于（ ）。

A. 粗加工 B. 半精加工 C. 精加工 D. 磨削加工

87. 液压传动是依靠（ ）来传递运动的。

A. 油液内部压力 B. 密封容积的变化

C. 油液的流动 D. 活塞的运动

88. 执行元件是（ ）。

A. 把机械能转化成液体压力能的装置

B. 把液体压力能转化成机械能的装置

C. 对液体的压力、流量和流动方向进行控制和调节的装置

D. 除以上三种组成部分以外的其他装置

89. 辅助元件的功用是存储和过滤液压油、连接油路、防止液压油（ ）等。

A. 渗漏 B. 压力过高 C. 压力过低 D. 温度过高

90. 由一个圆加上一个实心三角形是（ ）的图形符号。

A. 换向阀 B. 压力阀 C. 定量泵 D. 变量泵

91. 液压系统图中规定，图中各元件的符号均以（　　）状态来表示。

A. 工作　　B. 静止　　C. 静止或工作　　D. 油液流向

92. 下列选项中属于液压传动的动力元件的是（　　）。

A. 液压缸　　B. 溢流阀　　C. 液压泵　　D. 电动机

93. 液压泵是依靠（　　）变化的原理进行工作的。

A. 液体流量　　B. 液体压力

C. 液体密度　　D. 密封容积

94. 将液压能转换成往复直线运动的机械能的液压元件是（　　）。

A. 液压泵　　B. 液压缸　　C. 液压马达　　D. 换向阀

95. 液压缸按其结构形式可分为活塞缸、摆动缸和（　　）三大类。

A. 叶片缸　　B. 齿轮缸　　C. 柱塞缸　　D. 螺杆缸

96. 气动系统的执行元件有气缸、摆动缸和（　　）等。

A. 气站　　B. 气泵　　C. 气动马达　　D. 压缩空气

97. 气动系统的辅助元件有过滤器、油雾器和（　　）等。

A. 压力阀　　B. 消声器　　C. 流量阀　　D. 方向阀

98. 接到信号后能自动延时动作的继电器是（　　）。

A. 交流接触器　　B. 时间继电器

C. 热继电器　　D. 熔断器

99. （　　）既可用作电源隔离开关，也可用来直接启动电动机。

A. 转换开关　　B. 铁壳开关

C. 自动空气开关　　D. 限位开关

100. （　　）主要用于机床自动控制电路的过负荷、短路、欠电压、漏电压保护。

A. 转换开关　　B. 铁壳开关

C. 自动空气开关　　D. 限位开关

101. 电工仪表中的符号“kW”代表（　　）。

A. 电流表　　B. 电压表　　C. 电阻表　　D. 功率表

102. 电工仪表中的符号“∽”代表（　　）。

A. 交流表　　B. 直流表

C. 交直流两用表　　D. 电压表

103. 对不熟悉的机床和工具应（　　）。

A. 不直接使用　　B. 可直接使用

C. 单独调试　　D. 单独操作

104. 毛坯应按规定（　　）。

A. 放在通道中　　B. 摆放整齐

C. 放在机床上　　D. 放在钳工台上

105. 职工对所使用的设备不要经常（　　）。

A. 清洁　　B. 润滑　　C. 保养　　D. 拆装

106. 职工工作期间应（　　）。

A. 左顾右盼　　B. 东张西望

C. 相互串岗　　D. 集中精力

107. 使设备在生产中始终保持完好状态的管理是（　　）。

A. 定置管理　　B. 工具管理

C. 设备管理　　D. 工艺管理

108. 如果触电者触及断落在地上的高压线，救护人员一般不得进入（　　）m 的范围内。

A. 2 ~ 3　　B. 8 ~ 10　　C. 15 ~ 20　　D. 25 ~ 30

109. 有呼吸但无心跳的触电者宜采用的救护方法为（　　）。

A. 人工呼吸法　　B. 胸外呼吸法

C. 胸外按压法　　D. 自主呼吸法

110. 安全用电的原则之一是（　　）低压带电体。

A. 不接触　　B. 可接触　　C. 不靠近　　D. 可靠近

111. 砂轮机应安装在（　　）的房间内。

A. 独立　　B. 机床旁　　C. 维修点　　D. 整个车间

112. 虎钳要做好清洁去污、（　　）等维护保养工作。

A. 调整　　B. 清扫　　C. 除锈　　D. 注油

113. 清除切屑时最好用（　　）。

A. 手拉　　B. 嘴吹　　C. 棉纱擦　　D. 刷子

114. 调换砂轮时必须（　　）。

A. 接通电源　　B. 切断电源

C. 转动主轴　　D. 紧固防护罩

115. 绝缘手套的主要作用是（　　）。

A. 隔热　　B. 隔油　　C. 防触电　　D. 防刮伤

116. 在铸造、清砂时最好带（　　）。

A. 纱手套　　B. 帆布手套　　C. 绝缘手套　　D. 皮手套

117．统计质量控制是利用（　　）与数理统计方法，控制生产过程，预防不合格产品的产生。

A．概率论　B．相对论　C．原料检验　D．成品检验

118．操作者加工配件时要注意配件的（　　），注意安全和品质。

A．互换　B．调试　C．装夹　D．润滑

119．操作者应（　　）做好设备、模具的维护保养。

A．每天　B．每月　C．每年　D．定期

120．模具制造企业要减少模具（　　），必须提高模具制造各个环节的加工质量。

A．维修率　B．返修率　C．效率　D．合格率

121．装配中用油加温轴承时，温度不得超过（　　）℃，以防火灾。

A．100　B．1 000　C．200　D．2 000

122．钻床主轴速度不能随意变更，如需调整，（　　）调整。

A．必须停车后才能　B．不必停车可以

C．随时可以　D．在加工过程中进行

123．方箱一般用来夹持、支承（　　）的工件。

A．尺寸较小而加工面较多　B．尺寸较小且加工面较少

C．尺寸较大而加工面较少　D．尺寸较大且加工面较多

124．千斤顶是在平板上支承工件划线用的，通常（　　）个为一组。

A．两　B．三　C．四　D．五

125．按不等弦长偶数等分圆周，可先将圆周（　　）等分，然后按求得的各不等弦长，依次在圆周上划出等分点。

A．二　B．三　C．四　D．五

126．按同一弦长等分圆周，当弦长求出后，可用（　　）截取弦长尺寸在圆周上等分。

A．钢板尺　B．划规　C．90°角尺　D．万能角度尺

127．划规划圆弧时，作为旋转中心的一脚的压力比在工件表面划线的另一脚的压力要（　　）。

A．小　B．大　C．相等　D．任意

128．划线前准备时，在工件毛坯孔中填塞（　　），以便划规划圆。

A．铸铁块　B．黄铜块　C．铁块　D．木块或铅块

129．工件的立体划线通常在（　　）上进行。

A．划线平台　B．钳工工作台　C．地面　D．以上都可以

130. 需要在工件（　　）个以上的表面划线才能明确表示加工界线的，称为立体划线。

A. 四　　B. 三　　C. 两　　D. 一

131. 划线中当发现毛坯误差不大，但用找正方法不能补救时，可用（　　）的方法予以补救，使加工后的零件仍能符合要求。

A. 找正　　B. 借料　　C. 变换基准　　D. 改图样尺寸

132. 当毛坯件上有不加工表面时，应按（　　）找正后再划线，可使加工表面与不加工表面之间保持尺寸均匀。

A. 不加工表面　　B. 加工表面

C. 基准表面　　D. 任意表面

133. 立体划线时通常要确定（　　）个互相垂直的划线基准。

A. 四　　B. 三　　C. 两　　D. 一

134. 划线时，都应从（　　）开始。

A. 基准面　　B. 中心线　　C. 设计基准　　D. 划线基准

135. 砂轮机按功能不同可分为带吸尘器的和（　　）两种。

A. 台式　　B. 立式

C. 不带吸尘器的　　D. 卧式

136. 台虎钳的交叉网纹钢制钳口是用来夹持（　　）件的。

A. 表面光洁　　B. 毛坯　　C. 精加工　　D. 大型

137. 台虎钳的光面钢制钳口是用来夹持（　　）件的。

A. 毛坯　　B. 粗加工　　C. 精加工　　D. 高精加工

138. 装卸钻头要用（　　），严禁用锤子敲打。

A. 楔铁　　B. 工件　　C. 手　　D. 锤子

139. 在钻孔的时候，要调整转速必须先（　　）。

A. 卸工件　　B. 停车　　C. 装工件　　D. 取下钻头

140. 台式钻床是一种可以放在工作台上的（　　）钻床。

A. 精密　　B. 小型　　C. 小孔加工　　D. 小工件加工

141. 立式钻床主轴上提时轻快方便，这是由于（　　）。

A. 齿轮齿条传动　　B. 主轴部件重量轻

C. 主轴部件没有平衡装置　　D. 螺旋传动

142. 摇臂钻床的摇臂回转角度为（　　）。

A. ±45°　　B. ±90°　　C. ±120°　　D. ±180°

143. 斜刃剪板机的上下两刀片成一个角度，一般为（　　）。

A. 1°~6°　　B. 10°~15°　　C. 7°~14°　　D. 10°~20°

144. 使用剪板机时，根据被剪材料的（　　）调整靠模或夹具。

A. 厚度　　B. 宽度　　C. 高度　　D. 硬度

145. 锯刃必须（　　），锯带运行的方向是以操作者的左侧向右侧运动，即由从动轮向主动轮运动。

A. 向左　　B. 向右　　C. 朝下　　D. 朝上

146. 对于工作时落在带轮旁的锯屑应及时清除，以防锯屑挤进锯条与（　　）间引起锯条断裂。

A. 锯削　　B. 锯条　　C. 锯带轮　　D. 锯从轮

147. 手电钻是一种便携式电动（　　）工具。

A. 磨削　　B. 铣削　　C. 钻孔　　D. 车削

148. 用（　　）剪切后的板材，具有板面平整、变形小、质量好的优点。

A. 电剪刀　　B. 电磨头　　C. 手电钻　　D. 千斤顶

149. 錾削工具主要是（　　）和锤子。

A. 手锯　　B. 錾子　　C. 锉刀　　D. 刮刀

150. 以下不属于錾子的组成部分的是（　　）。

A. 錾头　　B. 錾身部分　　C. 切削部分　　D. 手柄

151. 錾子的柄上、顶端切勿（　　），以免打滑。

A. 沾水　　B. 沾油　　C. 磨光　　D. 淬硬

152. 錾子刃磨应站在砂轮机的（　　）。

A. 斜侧位置　　B. 正前方　　C. 正后方　　D. 任意位置

153. 锯削时，由于锯缝歪斜，强行纠正时易使锯条折断，可用（　　）的方法预防。

A. 扶正锯弓、按线锯削　　B. 选用冷却液

C. 锯削速度放慢　　D. 锯削速度加快

154. 当锯缝的深度超过锯弓的高度时，应将锯条转过（　　）重新安装。

A. 20°　　B. 10°　　C. 90°　　D. 130°

155. 锉刀由锉身和（　　）两部分组成。

A. 锉尾　　B. 锉柄　　C. 锉尖　　D. 锉体

156. 锉刀尺寸规格的选择：加工面尺寸较大，加工余量也（　　）时，宜选用较长的锉刀；反之，则选用较短的锉刀。

A. 较薄　　B. 较厚　　C. 较大　　D. 较小

157. 用两手对称地横握锉刀，用大拇指推动锉刀顺着工件长度方向进行锉削为（　　）。

A. 交叉锉　B. 推锉法　C. 顺向锉　D. 逆向锉

158. 交叉锉锉刀运动方向与工件夹持方向呈（　　）角，且锉纹交叉。

A. 10°~20°　B. 30°~40°

C. 20°~30°　D. 5°~10°

159.（　）一般用于粗锉，精锉时须采用顺向锉，使锉痕变直，纹理一致。

A. 顺向锉　B. 逆向锉　C. 推锉法　D. 交叉锉

160. 球面锉削时锉刀要以（　）两种锉削运动结合进行，才能获得要求的球面。

A. 顺向和逆向　B. 纵向和横向

C. 顺锉和背着锉　D. 顺锉和交叉锉

161. 麻花钻的工作部分包括切削部分和导向部分。导向部分有（　）条螺旋槽用来排屑 。

A. 一　B. 两　C. 三　D. 四

162. 标准麻花钻的切削部分由（　）六面组成。

A. 三刃　B. 四刃　C. 五刃　D. 六刃

163. 一般标准麻花钻的顶角 2φ =（　），这时两主切削刃呈直线形。

A. 118°　B. 90°　C. 120°　D. 128°

164. 钻铸铁的群钻，其后角比钻钢件的群钻（　）。

A. 大 3°~5°　B. 小 3°~5°

C. 大 13°~15°　D. 小 13°~15°

165. 标准麻花钻有一个钻尖三条切削刃，标准群钻有（　）个钻尖七条切削刃。

A. 两　B. 三　C. 六　D. 七

166. 标准群钻修磨横刃后，内刃前角（　），切削省力，可加大切削速度。

A. 变大　B. 变小　C. 不改变　D. 不定

167. 薄板群钻的切削刃外缘磨出锋利的两个刀尖，与钻心刀尖高度仅相差（　）mm，形成三个尖。

A. 0.05~0.5　B. 0.15~0.5

C. 0.5~1.5　D. 1~1.5

168. 在钻孔深度达到直径的（　）倍时要退钻排屑，以免切屑阻塞使钻头扭断。

A. 2　B. 3　C. 5　D. 10

169. 钻孔进给量太大容易引起（　）。

A. 孔位偏移　B. 孔壁粗糙

C. 工件划线不正确　D. 钻头本身弯曲或装夹不好

170. 下列选项中（　　）不是引起切削刃迅速磨损或碎裂的原因。

A. 切削速度太高　　B. 进给量过大

C. 切削液不足　　D. 钻头后角太大

171. 扩孔进给量为钻孔的（　　）倍。

A. 2　　B. 3　　C. 1.5 ~ 2　　D. 2.5 ~ 3

172. 用扩孔钻扩孔时，加工质量好，精度可达（　　）。

A. IT6 ~ IT7　　B. IT7 ~ IT8

C. IT9 ~ IT10　　D. IT10 ~ IT11

173. 锪孔时的进给量为钻孔时的（　　）倍。

A. 1 ~ 2　　B. 2 ~ 3　　C. 3 ~ 4　　D. 4 ~ 5

174. 锪钢材料的工件时，因切削热量大，应在导柱和切削面上加注（　　）。

A. 充足的切削液　　B. 充足的润滑油

C. 足够的润滑脂　　D. 足够的水

175. 铰刀不仅可加工圆形孔，也可用锥度铰刀铰（　　）。

A. 小孔　　B. 锥孔　　C. 沉孔　　D. 大孔

176. 铰刀由工作部分、颈部及柄部组成，工作部分又分为切削部分与（　　）部分。

A. 校准　　B. 引导　　C. 导向　　D. 倒角

177. （　　）排屑功能差，须经常取出清屑，以免被卡住。

A. 铰刀　　B. 镗刀　　C. 车刀　　D. 铣刀

178. 用于高温、高压系统和润滑系统，不用填料而保证连接不渗漏的螺纹是（　　）。

A. 密封管螺纹　　B. 普通螺纹

C. 梯形螺纹　　D. 细牙普通螺纹

179. 螺纹的有效直径称为中径，中径母线上的牙宽等于螺距的（　　）倍。

A. 1　　B. 2　　C. 3　　D. 1/2

180. 螺纹上一点沿螺旋线转一周时，该点沿轴线方向所移动的距离称为（　　）。

A. 导程　　B. 螺距　　C. 牙形高度　　D. 中径

181. 当丝锥攻入（　　）圈时，应检查丝锥与工件表面的垂直度，并不断校正。

A. 10 ~ 13　　B. 8 ~ 10　　C. 7 ~ 8　　D. 1 ~ 2

182. 钻普通螺纹底孔，当 $P < 1$ mm 时，计算公式 $D_0 = d - P$ 中，P 表示（　　）。

A. 钻头直径　　B. 螺距

C. 螺纹公称直径　　D. 螺纹底径

183. 攻圆柱管螺纹，该螺纹的公称直径为1/2in、每英寸牙数为14，需要选用（　　）钻头。

A. $\phi18.9$　　B. $\phi15.2$　　C. $\phi11.7$　　D. $\phi8.8$

184. 攻螺纹时，丝锥刀齿上黏附积屑瘤会产生烂牙，可采用（　）的方法加以防止。

A. 用油石进行修磨　　B. 把底孔扩大

C. 用铰杠带着退出丝锥　　D. 机攻

185. （　）由两块拼成，用于钳工修配工作。

A. 管形板牙　　B. 钳工板牙　　C. 圆板牙　　D. 六方板牙

186. 圆板牙的（　），也是套螺纹时的导向部分。

A. 切削部分　　B. 校准部分

C. 排屑槽　　D. 调节孔

187. 套螺纹时，圆杆直径的计算公式 $D=d-0.13P$ 中，P 表示螺纹的（　）。

A. 螺纹公称直径　　B. 螺纹小径

C. 螺纹中径　　D. 螺距

188. 套 M20×2 的粗牙普通螺纹时，不能采用的圆杆直径是（　）mm。

A. 19.8　　B. 19.9　　C. 16.2　　D. 19.7

189. 套螺纹时，螺纹一边深一边浅，这时由于（　）引起的。

A. 板牙切削刃上粘有切屑瘤

B. 没有选用合适的切削液

C. 圆杆端部倒角不好，使板牙不能保持与圆杆轴线垂直

D. 圆杆直径太大

190. 套螺纹时，造成螺纹中径太小的原因是（　）。

A. 板牙歪斜　　B. 圆杆直径太大

C. 板牙切入圆杆后，还用力加压　　D. 铰杠用力均匀

191. 丝锥的校准部分磨损时，应刃磨丝锥的（　）使其锋利。

A. 前刀面　　B. 顶刃后角　　C. 侧刃后面　　D. 切削部分后角

192. 圆柱管螺纹丝锥与一般手用丝锥相近，只是其工作部分较短，一般是（　）支一组。

A. 一　　B. 两　　C. 五　　D. 七

193. 刮削时，（　）不可用作校准工具。

A. 校准平板　　B. 校准直尺　　C. 角度直尺　　D. 研磨环

194. 刮削硬工件时，刮刀也可焊上（　）刀头。

A. 硬质合金　　B. 不锈钢　　C. 45 钢　　D. Q235

195. 挺括式双头平刮刀的结构中，不包括（　）部分。

A. 木柄　　B. 活头　　C. 橡皮　　D. 焊缝

196. 平面刮刀中，(　　) 具有活头刮刀结构。

A. 普通手推平刮刀　　B. 弯头刮刀

C. 拉刮刀　　D. 双刃刮花刮刀

197. 平面粗刮刀头部角度为 (　　)。

A. 90°~92.5°　　B. 95°

C. 97.5°　　D. 93°

198. 刮花刮刀，淬火时可用 (　　) 冷却，刀头不会产生裂纹，金属组织较细，容易刃磨。

A. 乳化液　　B. 酒精　　C. 油　　D. 水

199. 细刮、精刮主要是提高刮削表面的光整度和接触点数，所以必须 (　　)。

A. 增大每刀的刮削量　　B. 挑点准确，刀迹细小光整

C. 擦去显示剂　　D. 使刀迹粗糙

200. (　　) 时，显示剂应调得稀些，以便于涂抹，显示出的研点大。

A. 粗刮　　B. 精刮　　C. 细刮　　D. 研磨

201. 红丹粉颗粒很细，用时以少量 (　　) 调和均匀。

A. 汽油　　B. 煤油　　C. 柴油　　D. 机油

202. 铅丹粉油不包含 (　　) 成分。

A. 氧化铅粉　　B. 机油　　C. 菜籽油　　D. 甘油

203. 细刮平面多采用 (　　)。

A. 连续推铲法　　B. 长刮法　　C. 短刮法　　D. 点刮法

204. 刮削平面时，手刮法是右手握刮刀柄，左手四指向下卷曲握住刮刀头部，刮刀和刮削面呈 (　　) 角。

A. 10°~15°　　B. 25°~30°

C. 40°~45°　　D. 60°

205. 刮削平面出现 (　　) 是由于刀刃有缺口或裂纹。

A. 撕痕　　B. 深凹痕　　C. 梗痕　　D. 划道

206. 刮削时，刮削面上出现有规则的波纹，称为 (　　)。

A. 落刀或起刀痕　　B. 深凹痕

C. 撕纹　　D. 振痕

207. 研磨狭窄平面时，研磨工件的数量较多时，可采用 (　　) 形夹。

A. U　　B. V　　C. O　　D. C

208. 研磨外圆柱面时，当出现 (　　) 交叉网纹时，说明研磨环的移动速度适宜。

A. 15°　　B. 25°　　C. 45°　　D. 55°

209. (　　) 的韧性较好，不易折断，常用来制作小型零件的研具。

A. 灰铸铁　　B. 球墨铸铁　　C. 软钢　　D. 铜

210. 固定式研磨棒制造简单，但磨损后无法补偿，多用于 (　　) 零件的研磨。

A. 成批　　B. 大量　　C. 大批　　D. 单件

211. 氧化铁用于 (　　) 的精研磨或抛光。

A. 黄铜　　B. 铝　　C. 陶瓷　　D. 玻璃

212. 研磨液不需要具备的条件是 (　　)。

A. 一定黏度　　B. 一定稀释能力

C. 好的润滑作用　　D. 一定的透明度

213. 粗、精研磨金刚石的研磨液中，不需要包含 (　　) 成分。

A. 植物油　　B. 圆度仪油　　C. 蒸馏水　　D. 锭子油

214. 研磨后，工件平面成凸形，其原因是 (　　)。

A. 研磨剂中混入杂质　　B. 研磨时压力太大

C. 研磨剂涂得太薄　　D. 研磨液选用不当

215. 研磨时，孔口挤出的研磨剂未及时擦去，会造成 (　　)。

A. 平面成凸形　　B. 孔口扩大

C. 孔口缩小　　D. 表面粗糙

216. 制作划线样板时，应该在 (　　) 上将板料矫正。

A. 平口钳　　B. 工作台　　C. 矫正平板　　D. 地面

217. 板状卡规的制造过程中，不包含的工序是 (　　)。

A. 车削　　B. 磨削　　C. 钻孔　　D. 铣螺纹

218. 板状卡规的制造过程中，最后一道工序是 (　　)。

A. 落料　　B. 划出轮廓线　　C. 研磨工作面　　D. 钻孔

219. 圆柱光滑塞规制造过程中，在 (　　) 量头外圆之后，才可以对量头外圆进行研磨。

A. 精磨　　B. 粗磨　　C. 车削　　D. 铣削

220. 圆柱光滑塞规在研磨后，有时还要进行镀铬，以提高塞规工作表面的 (　　)。

A. 光洁度　　B. 耐磨性　　C. 形状公差　　D. 尺寸公差

221. 螺纹环规的常规制造工艺过程中，不需要用到的热处理工序是 (　　)。

A. 渗碳　　B. 调质　　C. 淬火　　D. 时效

222. 制造孔径 (　　) mm 的螺纹环规时，常用特制的专用丝锥攻制螺纹。

A. 大于12　　B. 小于60
C. 大于30　　D. 小于12

223. 平面手工抛光器的组成部分中，不包括（　　）。
A. 木手柄　　B. 绒布　　C. 铜皮　　D. 匝丝

224. 气动式抛光工具是以（　　）为动力的高速抛光工具。
A. 电　　B. 压缩空气　　C. 液压力　　D. 手推力

225. 在抛光时，要求每更换一次不同粒度号的磨料时，就要进行一次（　　）清洗。
A. 植物油　　B. 煤油　　C. 动物油　　D. 烟墨油

226. 抛光过程中，当（　　）会出现橘皮状缺陷。
A. 速度过慢　　B. 时间太短
C. 压力过小　　D. 压力过大且时间过长

227. 将原来平直的板料或型材弯成所需形状的加工方法称为（　　）。
A. 弯形　　B. 矫正　　C. 刮削　　D. 研磨

228. 冷弯是指材料在（　　）下进行的弯形，它适合于厚度小于5 mm的钢材。
A. 高温　　B. 常温　　C. 0℃　　D. 沸点温度

229. 整圆弯曲时，弯形角 α 应取（　　）。
A. 60°　　B. 90°　　C. 300°　　D. 360°

230. 在各种装置中用于压紧、储能或传递转矩的弹簧，是（　　）弹簧。
A. 圆柱形扭转　　B. 圆锥形
C. 碟形　　D. 板

231. （　　）常用作钟表、仪器中的储能弹簧。
A. 板弹簧　　B. 盘簧　　C. 环形弹簧　　D. 碟形弹簧

232. 在正式绕制弹簧前，最好先进行试验，即先绕（　　）圈。
A. 10　　B. 8　　C. 5　　D. 2～3

233. 绕圆柱拉伸弹簧时，从心轴上取下弹簧并截断弹簧后，在砂轮上（　　）平两端面。
A. 车　　B. 铣　　C. 刨　　D. 磨

234. 按合金元素含量的不同分类，以下模具钢中不属于同一类的是（　　）。
A. 碳素工具钢　　B. 低合金模具钢
C. 高合金模具钢　　D. 热作模具钢

235. 塑料模具钢主要用于制造（　　）。
A. 滚丝模　　B. 冷镦模
C. 热锻模　　D. 塑料注射型腔模

236. 退火是将模具加热到钢的临界温度以上（　　）℃，保温一定时间后缓冷。

A. 5 ~ 10　　B. 20 ~ 30

C. 8 ~ 15　　D. 40 ~ 55

237. 回火是将已（　　）的模具钢加热到低于临界温度 Ac_1，保温一定时间后，以适当的速度冷却。

A. 渗碳　　B. 调质　　C. 人工时效　　D. 淬火

238. 通过测量一圆弧相应的弓高和弦长而得到其圆弧半径的实际值，这种测量方法为（　　）。

A. 直接测量　　B. 间接测量

C. 绝对测量　　D. 相对测量

239.（　　）可通过其测得值的反馈控制设备的加工过程，预防和杜绝不合格品的产生。

A. 直接测量　　B. 绝对测量

C. 动态测量　　D. 主动测量

240. 用三针法测量外螺纹中径，常使用三个直径为 d 的小圆棒和（　　），按已知牙型角和螺纹牙距，可求得螺纹中径。

A. 游标卡尺　　B. 千分尺

C. 直尺　　D. 百分表

241. 对精度要求较高的斜度可用（　　）进行间接测量。

A. 正弦规　　B. 水平仪

C. 千分尺　　D. 高度尺

242. 圆锥套规用于检验（　　）圆锥。

A. 整　　B. 长　　C. 外　　D. 内

243. 取下套规，观察工件表面显示剂被擦去的情况。若小端擦去，大端未擦去，说明工件圆锥角（　　）。

A. 大　　B. 小　　C. 合格　　D. 没关系

244. 使用游标卡尺时，卡尺测量面的连线应（　　）被测量表面。

A. 平行　　B. 垂直　　C. 倾斜　　D. 无所谓

245. 在游标卡尺上读数时先要看游标零线的左边，读出（　　）上尺寸的整数，其次是找出游标上第几根刻线与主尺刻线对准，该游标刻线的次序数乘其游标读数值，读出尺寸的小数，整数和小数相加的总值，就是被测零件尺寸的数值。

A. 游标　　B. 深度尺　　C. 高度尺　　D. 主尺

246. 下列测量外径的方法中，（　　）的检测效率最高。

A. 卡规　　B. 游标卡尺　　C. 千分尺　　D. 卡钳

247. 若检测外径 $\phi 4_{-0.039}^{\ 0}$，合适的量具是（　　）。

A. 游标卡尺　　B. 千分尺　　C. 百分表　　D. 卡钳

248. 若检测内孔 $\phi 5_{-0.039}^{\ 0}$，合适的量具是（　　）。

A. 内径千分尺　　B. 游标卡尺

C. 深度尺　　D. 杠杆百分表

249. 以下测量内径的量具中（　　）属于专用量具。

A. 塞规　　B. 游标卡尺　　C. 卡钳　　D. 内径千分尺

250. 游标高度卡尺测量高度和划线用的量爪的测量面上镶有（　　），以提高量爪使用寿命。

A. 紧固螺钉　　B. 硬质合金

C. 弹簧　　D. 合金钢

251. 固定测砧和测微螺杆的测量面上都镶有（　　），以提高测量面的使用寿命。

A. 高速钢　　B. 合金钢　　C. 硬质合金　　D. 工具钢

252. 测量孔壁厚度的千分尺，其测量面呈（　　）形。

A. 球弧　　B. 直线　　C. 平面　　D. 椭圆

253. 千分尺的分度值是（　　）mm。

A. 0.1　　B. 0.01　　C. 0.001　　D. 0.02

254. 螺纹千分尺用来测量（　　）。

A. 螺纹大径　　B. 螺纹中径　　C. 螺纹小径　　D. 螺距

255. 使用千分尺测量时可在旋转测力装置的同时，轻轻地晃动尺架，使（　　）与零件表面接触良好。

A. 测砧面　　B. 微分筒　　C. 锁紧螺钉　　D. 垫片

256. 使用千分尺测量时，对于超常温的工件不要进行测量，以免产生（　　）误差。

A. 读数　　B. 系统　　C. 视觉　　D. 综合

257. 测量时，深度千分尺的测量杆应（　　）被测孔的中心线，以保证测量精度。

A. 垂直　　B. 平行　　C. 倾斜　　D. 无所谓

258. 深度千分尺的测量杆制成可更换的形式，更换后，用（　　）锁紧。

A. 锁紧装置　　B. 棘轮装置

C. 齿轮装置　　D. 齿条装置

259. 在使用千分尺的过程中，应当校对千分尺的（　　）。

A. 刻度　B. 零位　C. 位置　D. 基准

260. 经过调整的千分尺，除必须校对零位外，还应当用检定（　）检验千分尺的测量精度，确定千分尺的精度等级后，才能移交使用。

A. 卡尺　B. 卡规　C. 量块　D. 量规

261. 读数值为0.001 mm的千分表，测量范围为（　）mm。

A. 0~10　B. 0~2　C. 0~5　D. 0~1

262. 表架要安放（　），以免使测量结果不准确或摔坏百分表。

A. 正确　B. 平稳　C. 灵活　D. 固定

263. 杠杆千分表的测量杆轴线与被测工件表面的（　）越小，误差就越小。

A. 夹角　B. 距离　C. 位置　D. 关系

264. 为保持一定的起始测量力，杠杆千分表测头与工件接触时，测量杆应有（　）mm的压缩量。

A. 0.5~0.8　B. 0.8~1　C. 0.3~0.5　D. 大于1

265. 游标万能角度尺按其游标分度值可分为2′和（　）两种。

A. 4′　B. 8′　C. 6′　D. 5′

266. 用百分表测量时，当指针转一圈时，小指针即转动一小格，转数指示盘的刻度值为（　）mm。

A. 0.01　B. 0.1　C. 1　D. 10

267. 在角度量值传递系统中，（　）是量值传递媒介。

A. 角度量块　B. 角度样板　C. 角度尺　D. 角度规

268. 利用角度量块附件把不同角度的量块组成需要的角度，常用于检定和调整普通精度的（　），也可用于直接测量精密模具零件的角度。

A. 形位公差　B. 线性尺寸

C. 测角仪器　D. 各类仪器

269. 正弦规也叫正弦尺，是利用三角函数的正弦关系，测量工件（　）的精密量具。

A. 角度和锥度　B. 角度和长度

C. 高度和锥度　D. 长度和锥度

270. 正弦规应与平板、（　）和测微仪或百分表组合在一起进行测量。

A. 游标卡尺　B. 高度样板

C. 量块　D. 高度尺

271. 立柱导轨对工作台面的（　）误差，多用水平仪进行检验。

A. 垂直度　B. 平行度　C. 倾斜度　D. 平面度

272. 量规是一种无刻度的（　　）检验工具，用它检验工件时，只能判断工件是否合格，而不能测量出工件的实际尺寸。

A. 通用　　B. 专用　　C. 适用　　D. 精密

273. 在用量具应在每（　　）个工作日用校对量规计量一次。

A. 1　　B. 2　　C. 3　　D. 7

274. 生产现场在用量具应摆放在工艺定置位置，轻拿轻放，以防止磕碰而损坏（　　）表面。

A. 工作　　B. 综合　　C. 专用　　D. 测量

275. 量块按其制造精度分为五个等级：00 级、0 级、1 级、2 级和 3 级。（　　）级精度最高。

A. 00　　B. 0　　C. 1　　D. 3

276. 要求量块的使用环境良好，防止各种腐蚀性物质对量块造成损伤及因工作面上的灰尘而划伤工作面，影响其（　　）。

A. 接触性　　B. 表面结构　　C. 研合性　　D. 间隙

277. 所选量块应先放入（　　）中清洗，并用洁净绸布将其擦干，待量块温度与环境温度相同后方可使用。

A. 清水　　B. 机油　　C. 煤油　　D. 航空汽油

278. 单件小批量生产中以选择（　　）量具为主。

A. 适用　　B. 专用　　C. 通用　　D. 都可以

279. 现代机器制造业生产自动化，要求测量自动化，故应按零件所处的状态和所处的条件选择（　　）。

A. 生产设备　　B. 计量器具

C. 静态测量　　D. 生产刀具

280. 通规的测量面应是与孔或轴形状相对应的完整表面（通常称为全形量规），其尺寸等于工件的最大实体尺寸，且长度（　　）配合长度。

A. 大于　　B. 等于　　C. 小于　　D. 远大于

281. 用符合标准的量规检验工件，如通规能通过，止规不能通过，则该工件应为（　　）。

A. 废品　　B. 合格品　　C. 返工品　　D. 让步接收

282. 进行直线度检测时可将（　　）置于测定面，直线度测定值为表针读数的最大变化值。

A. 杠杆百分表　　B. 内径百分表

C. 平板　　D. 卡规

283. 平面度测量是将直尺放在（　　）用塞尺测定（数值与平面度相符）。

A. 纵向　　B. 横向

C. 对角线方向　　D. 整个表面上

284. 在线与线的平行度检测中，在0°的位置求出中心偏移（X），并求出在90°回转位置上的中心偏移（Y），将求出值用（　）计算，所得值即平行度。

A. 其差值　　B. 其和值

C. 平均值　　D. 平方和的平方根

285. 在线与面的垂直度检测时，先在2个基准孔内插入适合的塞规，在平台上用磁铁将塞规与平台成直角支撑。然后对测量面的所有位置用百分表（或高度规）测定，将读数的（　　）作垂直度。

A. 最小变化值　　B. 最大变化值

C. 平均值　　D. 任一值

286. 在端面圆跳动的检测中，只在被测件上距基准轴线为某一指定位置的一点（未指定时可在距端面边缘1～2 mm处）测量，而相对被测端面无（　　）移动。

A. 轴向　　B. 径向　　C. 斜向　　D. 整个表面

287. 检测径向圆跳动时，先将被测零件装夹在两顶尖之间，在被测零件回转一周过程中，指示表读数最大差值即为单个测量平面上的径向圆跳动；测量若干个截面，取各截面上测得的（　）值，作为该零件的径向圆跳动。

A. 最大　　B. 最小　　C. 平均　　D. 任一

288. 零件加工产生表面粗糙度的主要原因是（　　）。

A. 刀具装夹不准确而形成的误差

B. 机床的几何精度方面的误差

C. 机床—刀具—工件系统的振动、发热和运动不平衡

D. 刀具和工件表面间的摩擦、切屑分离时表面层的塑性变形及工艺系统的高频振动

289. 表面结构反映的是零件被加工表面上的（　　）。

A. 宏观几何形状误差　　B. 微观几何形状误差

C. 宏观相对位置误差　　D. 微观相对位置误差

290. 划分装配单元时，应以便于（　）为原则。

A. 装拆　　B. 装配　　C. 拆合　　D. 总装

291. （　）不是确定装配顺序的基本原则。

A. 先下后上　　B. 先内后外　　C. 先上后下　　D. 先难后易

292. 机器装配过程中，最后自然形成的尺寸，称为（　　）。

A. 增环　　B. 封闭环　　C. 组成环　　D. 减环

293. 在其他组成环不变的条件下，当某组成环增大时，封闭环随之减小，那么该组成环称为（　　）。

A. 增环　　B. 减环　　C. 封闭环　　D. 组成环

294. 计算装配尺寸链的目的是求出装配尺寸链中某些环的基本尺寸及其上、下（　　）。

A. 公差　　B. 极限偏差　　C. 实际偏差　　D. 偏差

295. 封闭环的公差等于所有组成环公差（　　）。

A. 之差　　B. 之积　　C. 之和　　D. 之商

296. 完全装配法可以保证（　　）互换。

A. 部分　　B. 完全　　C. 大多数　　D. 少数

297. 修配法主要用于（　　）生产中较高精度的装配尺寸链。

A. 大批量　　B. 中批量　　C. 单件小批量　　D. 大批大量

298. 装配精度主要包括零部件间的相互（　　）、相对运动精度、相互位置精度。

A. 测量精度　　B. 定位精度　　C. 配合精度　　D. 制造精度

299. 不属于位置精度的是（　　）。

A. 平行度　　B. 垂直度　　C. 平面度　　D. 同轴度

300. 电葫芦的标准起重量为（　　）t。

A. 0.5 ~ 20　　B. 1 ~ 5　　C. 1 ~ 10　　D. 10 ~ 20

301. 叉车使用时要避让（　　），不要开快车，以免发生工伤事故。

A. 货物　　B. 行人　　C. 产品　　D. 设备

302. 对旋转零部件必须进行（　　），以消除偏重。

A. 清洗　　B. 除锈　　C. 平衡　　D. 涂油

303. 旋转件在径向各截面上有不平衡量，且由此产生的（　　）将形成不平衡力矩。

A. 平衡力　　B. 切向力　　C. 轴向力　　D. 离心力

304. 静平衡的方法是首先确定旋转件上不平衡量的（　　）和位置，然后去除或抵消不平衡量对旋转的不良影响。

A. 尺寸　　B. 大小　　C. 形状　　D. 直径

305. 静平衡只适用于长径比（　　）（如盘类旋转件）或长径比虽较大但转速不太高的旋转件。

A. 较大　　B. 很小　　C. 较小　　D. 很大

306. 电钻使用前，须先空转（　　）min，检查传动部分运转是否正常。

A. 2 ~ 3　　B. 4 ~ 5　　C. 5 ~ 10　　D. 8 ~ 10

307. 电剪刀在剪切厚料时，刃口间距为（　　）mm。

A. 0.1 ~0.2　　B. 0.2 ~0.3　　C. 0.4 ~0.5　　D. 0.5 ~0.6

308. 用压板夹紧工件时垫铁的支撑面比工件被压表面（　　）。

A. 低　　B. 略高或等高　　C. 略低　　D. 高很多

309. 采用快换钻夹头，能在主轴（　　）的情况下更换刀具。

A. 停止　　B. 不动　　C. 不停　　D. 静止

310. 在工具制造中，一般可将零件放在洗涤槽内进行（　　）清洗。

A. 手工　　B. 机器　　C. 自动　　D. 设备

311. 对于某些密封性要求（　　）的零件或部件，要求它们在一定压力下工作时不能有漏气、漏油等现象。

A. 较低　　B. 较高　　C. 不高　　D. 太高

312. 液压法用于承受工作压力（　　）的零、部件的密封试验。

A. 很小　　B. 很大　　C. 较小　　D. 较大

313. （　　）连接用于不能用螺栓连接且又需经常拆卸的场合。

A. 普通螺栓　　B. 紧定螺钉　　C. 双头螺柱　　D. 螺钉

314. 由（　　）、双头螺柱或螺钉构成的连接称为普通螺纹连接。

A. 螺栓　　B. 螺柱　　C. 螺纹　　D. 螺母

315. 双头螺柱的轴线必须与机体表面（　　）。

A. 垂直　　B. 相同　　C. 同向　　D. 平行

316. 工作中有冲击、振动的螺纹连接必须增加（　　）装置。

A. 固定　　B. 紧密　　C. 防松　　D. 预紧

317. A 型键是（　　）。

A. 普通平键　　B. 导向平键　　C. 滑键　　D. 薄型平键

318. 楔键的上下表面是工作面，键的上表面和轮毂键槽底面均具有（　　）的斜度：

A. 1∶10　　B. 1∶100　　C. 1∶1　　D. 1∶20

319. 松键连接装配锉配键长和键头时，允许键与键槽在长度方向上有（　　）mm 的间隙。

A. 0.3　　B. 0.25　　C. 0.2　　D. 0.1

320. 圆锥销装配时，被连接的两孔也同时钻、铰出来，孔径大小以销子自由插入孔中长度约（　　）为宜，然后用锤子打入即可。

A. 50%　　B. 60%　　C. 80%　　D. 90%

321. 钻孔时按圆锥销小头直径选用钻头，用锥度（　　）的铰刀铰孔。

A. 1∶20　　B. 1∶30　　C. 1∶40　　D. 1∶50

322. 常用向心滑动轴承的结构形式有整体式和（　　）两种。

A. 组合式　　B. 剖分式　　C. 拼接式　　D. 镶拼式

323.（　　）滑动轴承由轴承座、轴承盖、对开式轴瓦、双头螺柱和垫片等组成。

A. 剖分式　　B. 整体式　　C. 拼接式　　D. 镶拼式

324. 整体式滑动轴承的装配，要根据轴套的尺寸和配合的（　　）的大小选择压入方法，将轴套压入机体中。

A. 上下偏差值　　B. 公差值　　C. 间隙值　　D. 过盈量

325.（　　）滑动轴承的上下轴瓦与轴承座、轴承盖装配时，应使轴瓦背与座孔接触良好。

A. 组合式　　B. 剖分式　　C. 整体式　　D. 拼接式

326. 滚动轴承装配前，要用（　　）或煤油清洗。

A. 机油　　B. 防锈油脂　　C. 柴油　　D. 汽油

327. 用螺钉调整法调整滚动轴承游隙时应先（　　）。

A. 拧紧螺母　　B. 调整游隙　　C. 松开锁紧螺母　　D. 调整螺钉

328. 一般带轮孔与轴为过渡配合（H7/k6），有少量过盈，（　　）较高。

A. 位置度　　B. 垂直度　　C. 同轴度　　D. 平行度

329. 带传动机构装配时，小带轮上的包角不能小于（　　），否则容易打滑。

A. 118°　　B. 90°　　C. 60°　　D. 120°

330. 链传动机构装配时，链轮在轴上必须保证周向和（　　）固定。

A. 轴向　　B. 切向　　C. 径向　　D. 长度方向

331. 链传动机构装配时，一般链轮的齿数采用（　　）。

A. 偶数　　B. 双数　　C. 质数　　D. 奇数

332. 丝杠和螺母配合间隙包括径向间隙和（　　）间隙两方面。

A. 切向　　B. 周向　　C. 轴向　　D. 横向

333. 双螺母消隙机构消隙的基本方法是调整两螺母相对轴向位置，使两螺母与丝杠之间各自（　　）接触。

A. 单边　　B. 两边　　C. 三边　　D. 多边

334. 齿轮与轴一般采用键连接，齿轮内孔与轴的（　　）根据工作要求而定。

A. 间隙　　B. 公差　　C. 配合　　D. 过盈

335. 齿轮传动机构装配时，要保证齿轮与轴的（　　）要求，严格控制齿轮的径向圆跳动和轴向窜动。

A. 同轴度　　　B. 平行度　　　C. 位置度　　　D. 垂直度

336. 蜗杆传动机构的装配顺序是先将（　　）压入轮毂，然后用螺钉固定。

A. 键　　　B. 蜗轮轴　　　C. 蜗杆　　　D. 蜗轮齿圈

337. 蜗杆传动机构装配时，蜗杆轴线应在蜗轮轮齿的（　　）。

A. 横截面内　　　B. 中心剖面内

C. 对称中心平面内　　　D. 对称剖面内

338. 凸缘式联轴器的装配应严格保证两轴的（　　），否则两轴不能正常传动，严重时会使联轴器或轴变形和损坏。

A. 平行度　　　B. 位置度　　　C. 垂直度　　　D. 同轴度

339. 凸缘式联轴器装配时，必须找正两凸缘盘的（　　）。

A. 同轴度　　　B. 平行度　　　C. 位置度　　　D. 垂直度

340. 离合器装配时，其结合子齿型啮合间隙要尽量（　　），以防旋转时产生冲击。

A. 小些　　　B. 大些　　　C. 很小　　　D. 很大

341. 润滑脂常用于速度不高的场合，一般以填满轴承自由空间的（　　）为宜。

A. 1/4 ~ 1/2　　　B. 1/4 ~ 1/3　　　C. 1/3 ~ 1/2　　　D. 1/5 ~ 1/4

342. 下列（　　）属于非接触式密封。

A. 毡封圈密封　　　B. 迷宫式密封

C. 弹簧密封圈密封　　　D. 径向密封圈密封

343. 在轴承两端支点处，用轴承盖固定，分别限制两个方向的轴向移动叫作（　　）。

A. 轴承两端单向固定法　　　B. 轴承两端双向固定法

C. 轴承双向固定法　　　D. 轴承一端双向固定法

344. 按铆接的（　　），铆接可分为活动铆接和固定铆接。

A. 使用要求　　　B. 技术要求　　　C. 形状　　　D. 大小

345.（　　）应用于低压容器装置，这种铆接只能承受很小的均匀压力，但对接缝处要求非常严密，以防止渗漏。

A. 紧密铆接　　　B. 强固铆接

C. 强密铆接　　　D. 坚固紧密铆接

346. 光学仪器、电器仪表、管道的密封一般用（　　）。

A. 粘接　　　B. 铆接　　　C. 销连接　　　D. 焊接

347. 待粘接的表面必须进行除锈、脱脂和（　　）。

A. 打磨　　　B. 除油　　　C. 清洗　　　D. 脱敏

348. 工件在夹具中的六个自由度完全被六个支承点限制，称为（　　）。

A. 完全定位　B. 不完全定位　C. 欠定位　D. 过定位

349. 工件定位时，几个定位元件重复限制工件同一自由度的定位，称为（　）。

A. 完全定位　B. 欠定位　C. 不完全定位　D. 过定位

350. 下面选项中（　）不是夹紧装置的组成部分。

A. 动力源装置　B. 导向装置　C. 夹紧元件　D. 传力机构

351. 夹紧机构大多数是利用（　）将楔块的推力转变为夹紧力来夹紧工件的。

A. 平面　B. 定位面　C. 斜面　D. 基准面

352. （　）适合在大型工件上加工小孔，也可用在中小型工件上的钻孔。

A. 固定式钻模　B. 回转式钻模　C. 盖板式钻模　D. 滑柱式钻模

353. 车床夹具中，一类是装夹在车床主轴上，使工件随夹具与车床主轴一起作（　），刀具作直线切削运动。

A. 直线运动　B. 旋转运动　C. 分度运动　D. 水平运动

354. 角铁式车床夹具常用于加工壳体、支座、接头等零件的（　）及端面。

A. 圆柱面　B. 上下平面　C. 左右侧面　D. 前后侧面

355. （　）不适合用铣床夹具加工。

A. 凹槽　B. 回转面

C. 花键及各种成形面　D. 平面

356. 铣床夹具使用（　）确定夹具与机床正确的相对位置。

A. T形槽螺钉　B. 压板夹紧形式

C. 定位键　D. 打表找正形式

357. 下列选项中不属于固定式钻模装配步骤的是（　）。

A. 准备工作　B. 装配分析　C. 装配调试　D. 检验试钻

358. 车床夹具装配前，要对（　）及关键元件的主要精度进行复测等。

A. 定位件　B. 基准件　C. 对刀件　D. 导向件

359. 将夹具安装到车床上后，要对被加工工件进行（　），并对已加工工件按工艺要求进行检测。

A. 试加工　B. 试验　C. 清洗　D. 测量

360. 铣床夹具装配前，要清点和（　）装配的各种零件，去毛刺，倒锐边。

A. 清洗　B. 涂润滑油　C. 除锈　D. 加机油

361. 铣床装配时，确定刀具与夹具正确相对位置的零件是（　）。

A. 对刀块　B. 定位键　C. 打表找正形式　D. 靠模

362. 弯曲变形区域主要是在制件的（　）。

A. 圆角内侧　　B. 直边部分　　C. 圆角部分　　D. 圆角外侧

363. 在变形区内，板料的外层纵向纤维（靠近凹模一边）（　）。

A. 受压而缩短　　B. 受切向力变形

C. 不受力不变长　　D. 受拉而伸长

364. 利用拉深模将一定形状的（　）或空心件制成开口空心件的冲压工序称为拉深。

A. 平面坯料　　B. 圆棒料　　C. 型材　　D. 管材

365. 成形是指用各种（　）的方式来改变工件坯料形状的加工方法。

A. 压缩变形　　B. 拉伸变形　　C. 拉深变形　　D. 局部变形

366. 缩口时，变形区材料受（　）的作用产生压缩变形。

A. 切向拉应力　　B. 轴向压应力

C. 切向压应力　　D. 轴向拉应力

367. 在压力机滑块每次行程中，在同一副模具的不同位置同时完成（　）工序的叫作连续模，也叫跳步模或级进模。

A. 一道或一道以上　　B. 两道或两道以上

C. 三道或三道以上　　D. 四道或四道以上

368. 用连续模冲压时，使用挡料销挡（　）。

A. 第二件制品　　B. 所有制品

C. 最后一件制品　　D. 首件制品

369. 复合模结构上的特征是具有一个既充当凸模又充当凹模的工作零件，称为（　）。

A. 凸凹模　　B. 凸模　　C. 凹模　　D. 凸、凹模

370. 当落料凹模装在下模部分的叫作（　）。

A. 前装式复合模　　B. 倒装式复合模

C. 后装式复合模　　D. 顺装式复合模

371. 常见的弯曲模结构类型有单工序弯曲模、连续弯曲模、（　）和通用弯曲模等。

A. 多工序弯曲模　　B. 复合弯曲模

C. 三工序弯曲模　　D. 四工序弯曲模

372. 复杂的弯曲模除垂直运动外，还有一个或多个（　）动作。

A. 斜 30°　　B. 斜 60°　　C. 水平　　D. 垂直

373. 按（　）不同，拉深模可分为单工序拉深模、复合工序拉深模与连续工序拉深模。

A. 使用的压力机类型　　B. 结构形式

C. 工序的组合程度　　　　　　　　　　D. 使用要求

374. 有压料装置的正装式首次拉深模，一般压料装置在上模，那么弹性元件高度受到模具闭合高度的限制，适用于拉深（　　）的零件。

A. 高度很大　B. 高度很小　　　　C. 高度较大　D. 高度不大

375. 下列缩口模的支承形式中（　　）允许的缩口系数最小。

A. 内支承形式　B. 外支承形式　　C. 无支承形式　　D. 内外支承形式

376. 下列选项中（　　）不是胀形的方法。

A. 机械胀形　B. 橡皮胀形　　　C. 气压胀形　　D. 液压胀形

377. 装配好的冲模，其（　　）高度应符合设计要求。

A. 模具　　　B. 闭合　　　　　C. 模板　　　　D. 垫板

378. 连续模一般选择（　　）作为装配基准件。

A. 凸模　　　B. 凹模　　　　　C. 凸凹模　　　D. 凸、凹模

379. 组装凹模时，先按凹模拼块拼装后的实际尺寸和要求的（　　），修正凹模固定板固定孔的尺寸，然后把凹模拼块压入。

A. 过盈量　　B. 间隙值　　　　C. 公差值　　　D. 误差值

380. 对于导柱式复合模，一般先装（　　），然后找正下模中凸凹模的位置，按照冲孔凹模型孔加工出排料孔。

A. 下模　　　B. 凹模　　　　　C. 上模　　　　D. 凸模

381. 复合模的装配，有（　　）和直接装配法两种方法。

A. 间接装配法　　　　　　　　　B. 选择装配法

C. 不完全互换法　　　　　　　　D. 配作装配法

382. 弯曲模在装配时要借助（　　）调整凸、凹模间隙值。

A. 测量　　　B. 样板　　　　　C. 凸模　　　　D. 凹模

383. 对于复杂形状件的弯曲模，需在装配条件下按凸模（或凹模）来研修凹模（或凸模）的曲面形状，这时应采用（　　）。

A. 直接装配法　　　　　　　　　B. 选择装配法

C. 不完全互换法　　　　　　　　D. 配作装配法

384. 为了便于拉深制件的脱模，对于大、中型拉深凸模，有时需设置（　　）。

A. 通气孔　　B. 排气槽　　　　C. 脱模斜度　　D. 脱模机构

385. 对形状简单件的拉深模，一般能按设计要求加工并保证其间隙均匀，可以采用（　　）。

A. 直接装配法　　　　　　　　　B. 选择装配法

C. 不完全互换法　　D. 配作装配法

386. 成型模的装配与（　）相似。

A. 弯曲模、拉深模　　B. 单工序冲裁模

C. 连续模　　D. 复合模

387. 成型模的装配，根据设计图样规定加工出零件后，再根据模具的结构特点，采用（　）或直接装配法。

A. 间接装配法　　B. 选择装配法

C. 不完全互换法　　D. 配作装配法

388. 下列选项中（　）不是注射成形的工艺过程。

A. 成形前的准备　　B. 原材料的检验

C. 注射过程　　D. 塑件的后处理

389. 塑件的后处理主要有退火和（　）。

A. 调质处理　B. 正火处理　C. 淬火处理　D. 调湿处理

390. 按（　），注射模可分为单分型面注射模、双分型面注射模、斜导柱侧向分型抽芯机构注射模、斜滑块侧向分型抽芯机构注射模、带活动镶件的注射模、定模设置推出机构的注射模、自动卸螺纹的注射模等。

A. 型腔数目　　B. 模具安装方式

C. 模具的结构特征　　D. 注射机的类型

391. 按（　），注射模可分为移动式注射模、固定式注射模。

A. 型腔数目　　B. 模具安装方式

C. 模具的结构特征　　D. 注射机的类型

392. 注射模开模时，推出部分应保证制件和浇注系统的顺利脱模及取出，合模时应准确退回到（　）。

A. 指定位置　B. 成型位置　C. 原始位置　D. 标准位置

393. 注射模中推杆应分别与型面、分型面平齐，也允许凸出型面，但不应大于（　）mm。

A. 0.1　B. 0.15　C. 0.2　D. 0.25

394. 塑料模装配时，当动、定模在合模后有正确的配合要求，相互之间易于对中时，以主要工作零件如型芯、型腔和（　）等作为装配基准。

A. 浇注系统　B. 镶块　C. 推杆　D. 斜滑块

395. 单分型面注射模装配时，其定模板、推件板和动模板上的导柱、导套孔要一起（　）。

A. 车　　B. 钻　　C. 镗　　D. 铰

396. 一个完整的液压系统由五个部分组成，即（　　）、执行元件、控制元件、辅助元件和液压油。

A. 液压元件　　B. 齿轮泵　　C. 叶片泵　　D. 动力元件

397. 执行元件的作用是将液体的压力能转换为（　　），驱动负载作直线往复运动或回转运动。

A. 动力能　　B. 机械能　　C. 液压能　　D. 运动能

398. （　　）用来控制、调节液压系统中的工作压力，以实现执行元件所要求的力或力矩。

A. 液压控制阀　　B. 压力控制阀　　C. 流量控制阀　　D. 方向控制阀

399. （　　）用以控制液压系统中的油流方向，以改变执行机构的运动方向或工作顺序。

A. 液压控制阀　　B. 压力控制阀　　C. 流量控制阀　　D. 方向控制阀

400. （　　）主要是利用压力控制阀来控制系统压力，如实现增压、减压、卸荷、顺序动作等，以满足工作机构对力或力矩的要求。

A. 方向控制回路　　B. 压力控制回路

C. 速度控制回路　　D. 液压控制回路

401. （　　）是利用各种换向阀或单向阀组成的，控制执行元件的启动、停止或换向的回路。

A. 方向控制回路　　B. 压力控制回路

C. 速度控制回路　　D. 液压控制回路

402. 将压缩空气的压力能转变为机械能，并对外做功的元件是（　　）。

A. 能源装置　　B. 执行元件　　C. 气动控制元件　　D. 工作介质

403. 在气动系统中，用于调节和控制压缩空气的压力、流量、方向的阀类的元件是（　　）。

A. 能源装置　　B. 执行元件　　C. 气动控制元件　　D. 工作介质

404. 控制和调节压缩空气压力的元件称为（　　）。

A. 气动控制阀　　B. 压力控制阀　　C. 流量控制阀　　D. 方向控制阀

405. 改变和控制气流流动方向的元件称为（　　）。

A. 气动控制阀　　B. 压力控制阀　　C. 流量控制阀　　D. 方向控制阀

406. 气动基本回路是由（　　）气动元件组成，并能完成某项特定功能的典型回路。

A. 一个　　B. 两个　　C. 三个　　D. 数个

407．（　　）是利用方向控制阀使执行元件改变运动方向的控制回路。

A．换向回路　　B．压力控制回路

C．一次压力控制回路　　D．高低压转换回路

408．车床夹具与机床主轴的配合表面之间必须有满足要求的（　　）和可靠的连接。

A．平行度　　B．同轴度　　C．垂直度　　D．位置度

409．车床夹具与车床的连接方法之一是通过过渡盘与（　　）连接。

A．夹具的定位零件　　B．夹具中的轴

C．车床主轴　　D．夹具体

410．铣床夹具常通过安装在夹具底面纵向槽中的（　　）个定位键与机床工作台 T 形槽配合，使夹具定位元件的工作面对工作台的送进方向具有正确的相互位置。

A．一　　B．两　　C．三　　D．四

411．当铣床夹具宽度（　　）时，可以在同侧设置两个耳座，但两耳座的间距必须与工作台上两个 T 形槽的间距相同。

A．太大　　B．太小　　C．较大　　D．较小

412．钻床夹具与机床的连接，可在夹具体底座上设计出（　　），分别用 T 形螺钉或螺钉压板把夹具紧固在机床工作台上。

A．凸缘　　B．固定板　　C．夹具体　　D．定位套

413．钻模在工作台上的正确位置，以安装在机床主轴上的相应的刀具能在（　　）内孔中自由插入、抽出为准。

A．钻套　　B．定位孔　　C．刀具　　D．夹具体

414．车床夹具（　　）前，要将装配好的夹具安装在车床主轴上，装上工件并夹紧。

A．调试　　B．加工　　C．制造　　D．生产

415．角铁式车床夹具，其花盘、角铁的安装基准面的形位公差要小于工件形位公差的（　　）。

A．1/6　　B．1/5　　C．1/4　　D．1/3

416．铣床夹具调试时，要将夹具上的（　　）安装在铣床 T 形槽中。

A．导向零件　　B．对刀零件　　C．定位零件　　D．定位键

417．铣床夹具调试时，要检查（　　）高度方向的位置精度。

A．导向零件　　B．对刀零件　　C．定位零件　　D．定位键

418．曲柄压力机工作机构的作用是将传动系统的旋转运动变成滑块的往复（　　）运动。

A．加速　　B．垂直　　C．水平　　D．直线

419. 装模高度是指滑块在下止点时，滑块（　　）到工作台垫板上表面的距离。

A. 下表面　B. 上表面　C. 左侧面　D. 右侧面

420. 装模高度及其调节量（　　），对模具的适应性也越强。

A. 越小　B. 较大　C. 较小　D. 越大

421. 操作冲床前，严禁（　　），穿拖鞋、高跟鞋、裙子或赤膊干活。

A. 戴工作帽　B. 挽袖子　C. 穿长袖衣　D. 穿工作服

422. 开动压力机、剪板机前，必须查看压力机上面、剪板机后面是否有（　　）。

A. 工件　B. 工具　C. 产品　D. 检修人员

423. 操作冲床时，注意滑块运行方向，以免滑块（　　）时，手误入冲模内。

A. 上行　B. 下行　C. 移动　D. 旋转

424. 安装模具时必须将压力机的电器开关调到（　　），然后将滑块开到下止点，高度必须正确。严禁使用脚踏开关。

A. 手动位置　B. 自动位置　C. 机动位置　D. 旋转位置

425. 有导向冲模安装时，将上模与下模紧固后，调整滑块位置使其在上止点时，凸模不至于超出导板之外或导套下降距离不应超过导柱长度的（　　）。

A. 1/2　B. 1/3　C. 1/4　D. 1/5

426. 冲裁模试冲时，根据使用部门要求确定试冲数量。一般情况下，小型模具不少于（　　）件。

A. 20　B. 50　C. 60　D. 80

427. 在调整定位装置时，假如位置不合适及形状不准，在调整时应修正其位置，必要时要（　　）。

A. 更换定位零件　B. 调整尺寸

C. 调整位置　D. 修正定位零件

428. 有导向的弯曲模，由（　　）决定上、下模的相对位置。

A. 成型零件　B. 定位装置　C. 卸料装置　D. 导向装置

429. 弯曲模上、下模侧向间隙，可采用垫薄紫铜箔、纸板或（　　）的方法，以保证间隙的均匀性。

A. 透光　B. 测量　C. 标准样件　D. 涂铜

430. 拉深模调试时，进料阻力大，则使制品（　　）。

A. 变形　B. 拉裂　C. 高度不一致　D. 产生皱纹

431. 在调整拉深模的拉深深度时，可把拉深深度分成（　　）段来进行调整。先将较浅的一段调整后，再往下调深一段，直至调到所需的拉深深度。

A. 1~2　　B. 2~3　　C. 3~4　　D. 4~5

432. 合模锁模系统与注射系统的轴线同轴，且呈水平布置的注射机是（　　）。

A. 卧式注射机　　B. 立式注射机

C. 直角式注射机　　D. 螺杆式注射机

433. 合模锁模系统与注射系统的轴线垂直，且与地面垂直的注射机是（　　）。

A. 卧式注射机　　B. 立式注射机

C. 直角式注射机　　D. 螺杆式注射机

434. 注射机在对空注射的条件下，注射螺杆作一次最大行程所注射的量，称为（　　）。

A. 最小注射量　　B. 极限注射量

C. 最终注射量　　D. 公称注射量

435. 直接影响到制件的质量和生产效率的是（　　）。

A. 公称注射量　B. 注射压力　　C. 塑化能力　　D. 注射速度

436. 注射机型号规格的表示方法有三种：锁模力、注射量/锁模力、（　　）。

A. 注射压力　B. 注射量　　C. 塑化能力　　D. 注射速度

437. XS－ZY－125A 的含义是，XS－ZY 指预塑式（Y）塑料（S）注射（Z）成型（X）机，125 指（　　）为 125 cm^3。

A. 公称注射容量　　B. 塑化能力

C. 锁（合）模力　　D. 注射速度

438. 浇口套球面半径 r_1 和喷嘴前端球面半径 r 的关系是（　　）。

A. $r_1 = r +$（0.5~1）mm　　B. $r_1 = r +$（1~1.5）mm

C. $r_1 = r +$（1~2）mm　　D. $r_1 = r +$（1~3）mm

439. 当注射机采用液压与机械联合作用的锁模机构时，最大开模行程由连杆机械的最大行程决定，不受（　　）影响。

A. 模具大小　　B. 模具厚度

C. 拉杆空间　　D. 注射机的最大装模厚度

440.（　　）操作是为装卸模具、螺杆或检修机器而设置的。

A. 手动　　B. 点动　　C. 半自动　　D. 全自动

441.（　　）操作是指将安全门关闭之后，工艺过程中的各个动作按照一定的顺序自动进行，直到打开安全门取出制件为止。

A. 手动　　B. 点动　　C. 半自动　　D. 全自动

442. 注射机开机之前，打开电热，对（　　）各段进行加温。当各段温度达到要求时，再保温一段时间，以使机器温度趋于稳定。

A. 喷嘴　　B. 料筒　　C. 料斗　　D. 螺杆

443. 在注射机操作过程中，应注意调整（　　），避免机器在动作时产生撞击。

A. 行程限位开关　　B. 注射压力

C. 模具温度　　D. 料筒温度

444. 大型注射模具的安装常用（　　）安装法。

A. 分体式　　B. 整体式　　C. 倒装式　　D. 顺装式

445. 在整个成型周期中，喷嘴与模具一直保持接触，这种情况采用（　　）。

A. 固定加料法　B. 前加料法　　C. 后加料法　　D. 中间加料法

446. 注射后注射座后退，进行预塑化工作。待下一个循环开始，再返回进行注射，这种情况采用（　　）。

A. 固定加料法　B. 前加料法　　C. 后加料法　　D. 中间加料法

447. 夹具定位误差过大的原因是（　　）。

A. 基准位移误差过大　　B. 工艺基准误差过大

C. 基准位移误差过小　　D. 定位元件制造误差过大

448. 基准位移误差是指（　　）制造误差引起定位基准在加工尺寸方向上的位置变化。

A. 定位元件与工艺基准　　B. 定位元件与设计基准

C. 定位元件与定位基准　　D. 定位元件与测量基准

449. 夹具引导不良的原因是（　　）。

A. 钻套下端面离工件表面的切屑空隙太大

B. 钻套与钻头之间的配合间隙较小

C. 钻套的引导长度太长

D. 钻套与定位表面之间的垂直度误差小

450. 夹具引导不良的原因是（　　）。

A. 钻套下端面离工件表面的切屑空隙太小

B. 钻套与钻头之间的配合间隙较小

C. 钻套的引导长度不够长

D. 钻套与定位表面之间的垂直度误差小

451. 引起夹具夹紧装置失效的原因是（　　）。

A. 夹紧元件磨损　　B. 夹紧力增大

C. 夹紧行程太长　　D. 基准位移误差过大

452. 引起夹具夹紧装置失效的原因是（　　）。

A. 引导长度太长　　B. 夹紧力增大
C. 夹紧行程不够　　D. 基准位移误差过大

453. 引起冷冲模定位不良的原因是（　　）。
A. 定位零件制造误差超差　　B. 夹紧元件磨损
C. 定位元件不准确　　D. 定位零件质量超差

454. 引起冷冲模定位不良的原因是（　　）。
A. 定位零件质量超差　　B. 夹紧元件磨损
C. 定位形状不准确　　D. 基准位移误差过大

455. 引起冷冲模卸料不正常的原因是（　　）。
A. 卸料件装置不当　　B. 模具间隙偏大
C. 凹模没有倒锥　　D. 导柱与导套间隙过小

456. 引起冷冲模卸料不正常的原因是（　　）。
A. 卸料板与凸模配合过松　　B. 模具间隙偏大
C. 凹模有倒锥　　D. 导柱与导套间隙过小

457. 引起冷冲模导料不畅的原因是（　　）。
A. 导料板间距过小　　B. 凸模与卸料板间隙过小
C. 导料板工作面与侧刃平行　　D. 侧刃与侧刃挡块间贴合

458. 引起冷冲模导料不畅的原因是（　　）。
A. 导料板间距过大　　B. 凸模与卸料板间隙过小
C. 导料板工作面与侧刃不平行　　D. 侧刃与侧刃挡块间贴合

459. 引起弯曲件产生回弹的原因是（　　）。
A. 材料的弹性变形产生回弹　　B. 弯曲力平衡
C. 定位稳定　　D. 剪切断面的毛边在弯曲的外侧

460. 引起弯曲件产生偏移的原因是（　　）。
A. 弯曲线与板料的纤维方向不平行　　B. 弯曲力平衡
C. 定位不稳定　　D. 剪切断面的毛边在弯曲的外侧

461. 引起弯曲件产生擦伤的原因是（　　）。
A. 凸、凹模之间间隙太小，板料受挤变薄
B. 压料装置压力太小
C. 弯曲力作用不均匀
D. 制件定位不稳定，有回跳

462. 引起弯曲件产生翘曲和弯形的原因是（　　）。

A. 凸、凹模之间间隙太小，板料受挤变薄

B. 压料装置压力太大

C. 弯曲力作用不均匀

D. 制件定位稳定

463. 引起拉深件产生起皱的原因是（　　）。

A. 压边力太小或不均　　　　B. 凹模圆角半径太小

C. 毛坯尺寸太大或形状不当　　　　D. 凸模与凹模不同心或不垂直

464. 引起拉深件壁部产生拉破的原因是（　　）。

A. 压边力太小或不均　　　　B. 凹模圆角半径太大

C. 毛坯尺寸太大或形状不当　　　　D. 拉伸间隙太大

465. 引起翻边件产生破裂的原因是（　　）。

A. 凸模与凹模之间的间隙太小　　　　B. 坯料太软

C. 凸模与凹模之间的间隙太大　　　　D. 凸模或凹模的圆角半径太大

466. 引起注射模产生填料不足的原因是（　　）。

A. 加料量不够　　　　B. 模板变形弯曲

C. 注射压力太大　　　　D. 模具闭合不紧或单向受力

467. 引起注射模产生飞边过大的原因是（　　）。

A. 注射速度太慢　　　　B. 机筒及喷嘴温度偏低

C. 注射压力太大　　　　D. 加料量不够

468. 引起注射模产生脱模不良的原因是（　　）。

A. 型腔脱模斜度小　　　　B. 顶杆太长不起作用

C. 塑料发硬　　　　D. 模具镶块处缝隙太小

469. 引起注射模产生脱模不良的原因是（　　）。

A. 型腔脱模斜度大　　　　B. 顶杆太长不起作用

C. 塑料发脆，收缩大　　　　D. 模具镶块处缝隙太小

470. 引起注射模塑件产生变形的原因是（　　）。

A. 冷却时间不够，模温高　　　　B. 进料口位置不合理，尺寸大

C. 动、定模温差小　　　　D. 冷却时间长，出模太晚

471. 引起注射模塑件产生开裂的原因是（　　）。

A. 模温太高　　　　B. 嵌件预热足够

C. 型腔脱模斜度小，有尖角或缺口　　　　D. 进料口尺寸过小

472. 引起注射模发生冷却水渗漏的原因是（　　）。

A. 加工失误使冷却水通孔与其他孔击穿

B. 嵌件不干净

C. 冷却水孔壁厚太大

D. 模内 O 形圈选用规格太大

473. 引起注射模发生冷却水渗漏的原因是（ ）。

A. 塑料混入杂质　　B. 嵌件不干净

C. 冷却水孔壁厚太小　　D. 模内 O 形圈选用规格太大

474. 引起注射模产生顶杆折断的原因是（ ）。

A. 产品脱模阻力太大　　B. 顶杆直径太大

C. 注射压力、保压压力太小　　D. 模温太高

475. 引起注射模产生顶杆折断的原因是（ ）。

A. 产品脱模阻力太小　　B. 顶杆直径太大

C. 注射压力、保压压力太大　　D. 模温太高

476. （ ）是夹具整体精度检测的主要内容。

A. 定位精度检测和导向装置精度检测

B. 主要部分和定位元件的精度检测

C. 夹紧部位检测

D. 非标准的定位元件和辅助定位装置检测

477. 夹具维修时，定位锥孔一般应（ ），以保证定位精度。

A. 修大　B. 磨低高度　C. 重新制作　D. 加镶件

478. （ ）是零件修复中最基本、最重要和最常用的修复方法。

A. 机械加工修复法　　B. 焊接修复法

C. 喷涂修复法　　D. 电镀修复法

479. 关于焊接修复法说法正确的是（ ）。

A. 变形小　　B. 无内应力

C. 工艺简单、修理过程短　　D. 强度高

480. 对于卸下的模具，应擦拭干净并涂上（ ），及时、完整地交回模具库或置于指定的地点存放。

A. 润滑油　B. 防锈油　C. 煤油　D. 机油

481. 模具在使用过程中，严禁敲、砸、磕、碰，尤其是在调整过程中，应防止硬物损伤模具的（ ）。

A. 导向部位　B. 卸料部位　C. 工作部位　D. 定位部位

482. 下列选项中（　　）不属于冲模工作状态检查的内容。

A. 冲裁后的制件毛刺是否超过规定的要求

B. 凸凹模间隙是否均匀及其大小是否合适

C. 顶件杆有没有弯曲、折断

D. 定位销及定位板有无松动情况及严重磨损

483. 属于冲模工作状态检查的内容是（　　）。

A. 观察毛刺状况

B. 测量制件尺寸、孔位、形状精度

C. 检查脱料弹簧弹力大小

D. 检查弯曲件弯曲角度有无明显变化

484. 机床夹具维修时，下面的工具或设备中（　　）不能用于抛光。

A. 砂轮磨头　　B. 抛光轮　　C. 油石　　D. 砂布

485. 抛光轮主要用于对零件进行抛光，其材料有布、（　　）及毛毡三种。

A. 刚玉　　B. 油石　　C. 皮革　　D. 砂布

486. 利用油石对冲模刃口进行修整的修复方法是（　　）。

A. 修磨法　　B. 挤捻法　　C. 镶嵌法　　D. 锻打法

487. （　　）损坏后尽量更换新的而非修复使用。

A. 加工工时较长的复杂零件　　B. 大零件

C. 次要零件　　D. 主要零件

488. 冲裁模修理时，首先要熟悉所修理的冲裁模的（　　），了解冲模修理前所冲工件的质量情况，分析造成冲模修理的原因。

A. 所有零件　　B. 工作零件

C. 结构　　D. 结构及设计图样

489. 冲裁模修理时，要根据修理工艺要求准备好所必需的（　　）及备件。

A. 修理方案　　B. 修理方法

C. 修理工具/修理设备　　D. 修理配件

490. 凸、凹模刃口的修磨方法有两种：一是直接用油石加煤油在刃口面上顺着一个方向来回研磨；二是拆卸凸、凹模，用（　　）。

A. 车床修磨　　B. 平面磨床磨削

C. 镗床修磨　　D. 铣床修磨

491. 凸、凹模刃口的修磨方法有两种：一是直接用油石加煤油在刃口面上顺着一个方向来回（　　）；二是拆卸凸、凹模，用平面磨床磨削。

A. 摩擦　　B. 移动　　C. 研磨　　D. 铣

492. 当凸、凹模间隙变大时，采用加热后局部锻打、用锤子敲击铜棒将刃口向（　）挤压，以改变刃口尺寸的方法修磨。

A. 两边　　B. 直径方向　　C. 轴向　　D. 中心方向

493. 下列选项中（　）不是产生凸、凹模间隙不均匀的原因。

A. 卸料板与凸模间的间隙过大　　B. 凸、凹模自然磨损

C. 导向装置磨损　　D. 凸、凹模定位销松动

494. 冲裁模零件修复的基本原则是当主要零件与次要零件配合使用时，要（　）。

A. 更换主要零件，修复次要零件　　B. 更换次要零件，修复主要零件

C. 更换次要零件和主要零件　　D. 修复主要零件和次要零件

495. 下面方法中（　）不能作为工作零件的修复方法。

A. 挤捻法修整刃口　　B. 修磨法修整刃口

C. 粘补法修整刃口　　D. 镶嵌法修整刃口

496. 有些表面有特殊要求的注射模具，如表面粗糙度值为 $Ra \leqslant 0.2$ μm，表面一般镀镍处理，应用压缩空气吹净，或用高级餐巾纸和高级脱脂棉蘸上酒精轻轻地擦拭干净，操作者应佩戴（　）手套，不允许用手直接触摸。

A. 丝绸　　B. 涤纶布　　C. 丝网布　　D. 棉布

497. 易损活动件一般在使用（　）万次就应检查更换，保证滑动配合间隙不能过大。

A. 0.5 ~1　　B. 1 ~2　　C. 3 ~4　　D. 5 ~6

498. 塑料模损坏的淬火型腔，其局部修复可用（　）的方法。

A. 铜焊　　B. 环氧树脂粘补　　C. 局部镶嵌　　D. 特殊工艺

499. 塑料模日常维修的工作要点是要注意模具的正确使用和润滑，（　）模具的使用状况，发现事故隐患应及时排除。

A. 全面检查　　B. 部分检查　　C. 精确测量　　D. 定期检查

500. 多根导柱或多根推杆配合松紧不一致会导致（　）。

A. 顶出力不平衡，产生偏载

B. 推杆中心线与顶出运动方向不平行而造成扭力

C. 产生弹性或塑性变形

D. 导柱轴线与开模运动方向不平行

501. 推板和推杆固定板无导向驱动，在卧式注射机上因自重下垂而产生偏载力矩，推杆易单面磨损，推杆孔（　）易磨成椭圆形。

A. 上下两端　　B. 中部　　C. 上端　　D. 下端

502. 对于 CrWMn 等材料，不能用（　　）修复。

A. 镶件法　　B. 凿捻法　　C. 堆焊法　　D. 增生修理法

503. 当塑料模的型面局部有浅而小的伤痕时，可以在离开型腔部位（　　）mm 处进行凿捻，使型腔表面的某一部分变形而增高，通过修光达到修理的目的。

A. 1 ~2　　B. 2 ~3　　C. 3 ~4　　D. 5 ~6

504. 关于绘制零件草图时的注意要点，正确的是（　　）。

A. 不使用绘图工具　　B. 严格按比例

C. 线型要求不严格　　D. 不需注写技术要求

505. 测量尺寸时，应正确选择（　　），以减小测量误差。

A. 定位基准　　B. 装配基准　　C. 测量基准　　D. 设计基准

二、判断题

1. 从业者从事职业的态度是价值观、道德观的具体表现。（　　）

2. 职业道德作为社会道德建设的一个组成部分，是完善社会道德体系的重要方面，但不是先进文化的重要内容。（　　）

3. 集体主义是无产阶级世界观的核心内容，是社会主义精神文明的重要标志。（　　）

4. "干一行，爱一行"与"爱一行，干一行"是不同的。（　　）

5. 所谓办事公道是指各行各业的劳动者，在本职工作中，要以个人的工作作风处理问题。（　　）

6. 具有奉献社会精神的人会把一切都奉献给国家、人民和社会。（　　）

7. 提高职业道德修养直接目的就是要使从业人员掌握高超的技能水平。（　　）

8. 高尚的职业道德品质既不是与生俱来的，也不可能短时间具备。（　　）

9. 劳动者就业，不应因种族、民族、性别、宗教信仰的不同而受到歧视。（　　）

10. 劳动者解除劳动合同，应当提前 10 日以书面形式通知用人单位。（　　）

11. 下道工序是上道工序的用户，上道工序要为下道工序服务。（　　）

12. 一个人只有掌握了所从事职业必需的技能，才能在社会上立足，才能对社会有所贡献。（　　）

13. 遵规守纪，重要的是在实践中严格要求和反复训练，养成习惯。（　　）

14. 使用丝锥和板牙时，一定要水平加工工件，用力均匀，不要过猛，以防工具及工件损坏。（　　）

15. 图样上标注的尺寸均为机件的实际尺寸，而与图形所采用的比例无关。（　　）

16. 俯视图反映的是左右、前后的位置关系。（　　）

17. 半个视图与半个剖视图的分界线应是点画线。（ ）

18. 螺纹按中等旋合长度考虑时，可不加标注。（ ）

19. 滚动轴承的画法有三种，即通用画法、特征画法和比例画法。（ ）

20. 公称尺寸就是指实际尺寸。（ ）

21. 一般来说，公差等级代号的数值越大，其公差值越大。（ ）

22. f6 是代表轴的公差等级为 6 级。（ ）

23. 跳动公差包括圆跳动和全跳动两项。（ ）

24. 当基准为中心线时，基准符号的三角形应与相应轮廓的尺寸线明显错开。（ ）

25. 表面结构是零件图中必不可少的一项技术要求。（ ）

26. 金属材料的物理性能是指金属固有的属性。（ ）

27. ZG270 – 500 表示屈服强度不小于 270 GPa，抗拉强度不小于 500 GPa。（ ）

28. 淬火钢经回火后，其硬度随回火温度的升高而升高。（ ）

29. 表面淬火是对工件的整体淬火。（ ）

30. 带传动适用于两轴中心距较大的传动。（ ）

31. V 带的工作面为两侧面。（ ）

32. 链传动时有噪声、冲击，传动较平稳。（ ）

33. 齿轮传动是利用两齿轮相互啮合传递动力的机械传动。（ ）

34. 齿轮传动的缺点是易冲击振动、有噪声。（ ）

35. 螺母不动、螺杆回转并移动的形式常应用于螺旋压力机。（ ）

36. 龙门刨床主要加工中小型零件上的各种平面和沟槽。（ ）

37. 使新的切削层不断投入切削的运动称为主运动。（ ）

38. 硬质合金的耐热性比高速钢差。（ ）

39. 一般车刀，特别是小车刀多为焊接车刀。（ ）

40. 工艺规程中规定的操作方法一定是最合适的，不能更改。（ ）

41. V 形块在定位中广泛应用于精基准定位。（ ）

42. 粗基准一般不能重复使用。（ ）

43. 为了提高零件表面的耐磨性或耐蚀性而进行的热处理工序或表面处理工序一般放在工艺过程的最后。（ ）

44. 因为有色金属较软，容易堵塞砂轮，因此其最终工序一般不采用磨削加工。（ ）

45. 套类零件在加工过程中一般不需要热处理。（ ）

46. 运动速度大时，宜选用黏度高的润滑油润滑。（ ）

47. 手工润滑方式适用于轻载、低速、间歇工作的润滑点。 ( )

48. 滚动轴承采用的润滑剂主要是润滑脂和润滑油。 ( )

49. 粗加工以润滑为主，精加工以冷却为主是切削液的选择原则之一。 ( )

50. 液压传动装置的质量大、结构紧凑、惯性小，可在大范围内实现无级调速。 ( )

51. 液压油为液压系统中的传动介质。 ( )

52. 换向阀方格内的箭头符号表示油液流动方向。 ( )

53. 摆动缸能实现大于360°的往复摆动。 ( )

54. 气压传动噪声较大，排气时要加消声器。 ( )

55. 凡是额定交流电压1 500 V以下、直流1 200 V以下的电器称低压电器。 ( )

56. 组合开关被广泛用作电源隔离开关，也可控制5 kW以下的小型电动机的直接启动和停止。 ( )

57. 电工仪表中的符号“MΩ”说明是欧姆电阻表。 ( )

58. 不准擅自使用不熟悉的机床和工具。 ( )

59. 生产时不准在生产现场及公共场所吸烟。 ( )

60. 现场生产管理是生产第一线的综合管理。 ( )

61. 要使设备在生产中始终保持完好的状态就一定要搞好设备管理工作。 ( )

62. 两相触电比单相触电更危险。 ( )

63. 保护接零适用于三相四线制中线直接接地系统中的电气设备。 ( )

64. 在电焊时应使用防护面罩。 ( )

65. 我国国家标准等同采用ISO 9000修订版。 ( )

66. 操作者应遵守相关规章制度，掌握设备安全操作规程，不违章作业。 ( )

67. 加工和装配工作完成后，操作者应该搞好自检，做到自检、互检和专检相结合。 ( )

68. 千斤顶是在平板上支承工件划线用的，它的高度是固定的。 ( )

69. 按同一弦长等分圆周是根据在同一圆周上，每一等分弧长所对应的弦长相等的原理划线的。 ( )

70. 划线前，对铸、锻毛坯件，应将型砂、毛刺、氧化皮除掉，并用钢丝刷刷净。 ( )

71. 立体划线时，通过翻转方箱，能迅速地在工件的表面上划出三个方向的垂线。 ( )

72. 当毛坯件上没有不加工表面时，应将各个加工表面位置找正后再划线。 ( )

73. 砂轮机主要由砂轮、电动机、防护罩和机体组成。（　）

74. 工具钳工适宜使用固定式台虎钳。（　）

75. 工作前要对钻床和工、夹具进行全面检查，确认无误方可操作。（　）

76. 摇臂钻床广泛地用于大、中型零件的加工。（　）

77. 使用前必须空转试车，待机床各部分运转正常后方可操作。（　）

78. 平刃剪板机上下两刀刃平行。（　）

79. 对于工作时落在带轮旁的锯屑应及时清除，以防锯屑挤进锯条与锯带轮间，引起锯条断裂。（　）

80. 换用新锯条时，应采用低一挡的带速。（　）

81. 电磨头属于高速磨削工具。（　）

82. 用锤子打击錾子对金属工件进行切削的加工方法称为锉削。（　）

83. 錾削时的起錾方法有斜角起錾和正面起錾两种。（　）

84. 楔角大，錾切费力，錾切表面不易平整。（　）

85. 起锯时角度要小些，一般大于15°。（　）

86. 起锯时，为避免锯条卡住或崩裂，一般尽量采用远起锯。（　）

87. 锉刀经淬火处理，硬度可达62～67HRC。（　）

88. Y－01－170－2表示异形锉类的齐头扁锉刀170 mm，1号锉纹。（　）

89. 锉刀要以纵向和横向两种锉削运动结合进行，才能获得要求的球面。（　）

90. 平面中凸、塌边或塌角是因为锉刀面中凸。（　）

91. 在车床上进行钻孔加工，进给运动是钻头随车床尾座的旋转移动。（　）

92. 标准麻花钻钻头的钻心为锥体，即由切削部分逐渐向柄部减薄。（　）

93. 标准群钻是在麻花钻的基础上修磨的。（　）

94. 群钻是由麻花钻头经过刃磨改进而来的一种先进钻头。（　）

95. 钻壳体时要选用短钻头，以减小钻头刚度，钻头的横刃要磨短，增加钻头的定心作用，减小偏移。（　）

96. 扩孔钻扩孔一般作为扩孔的半精加工及铰孔前的预加工。（　）

97. 端面锪钻主要用来锪平孔口端面，也可用来锪平凸台平面。（　）

98. 铰刀不仅可加工圆形孔，也可用锥度铰刀加工锥孔。（　）

99. 铰孔通常采用较低的切削速度以避免产生积屑瘤。（　）

100. 机铰时，应使工件一次装夹进行钻、铰工作，以保证铰刀中心线与钻孔中心线重合，铰削结束，铰刀应退出后再停车，以防止孔壁拉出痕迹。（　）

101. 铰削铸铁件时，加煤油可造成孔径缩小。（　）

102．锯齿形螺纹用于汽车、机床等的燃料、水、气输送系统的连接。（　）
103．螺纹的大径称为螺纹的公称直径。（　）
104．磨牙丝锥通常是铲磨牙型，铲背量虽然不大，但能显著改善切削性能。（　）
105．攻螺纹时螺纹底孔直径必须与内螺纹的小径尺寸一致。（　）
106．攻螺纹时，螺纹底孔直径太小，丝锥攻不进，会导致孔口烂牙。（　）
107．管形板牙常用于六角车床和自动车床上。（　）
108．套螺纹的圆杆直径等于螺纹大径。（　）
109．套螺纹时，圆杆的直径太大会造成螺纹烂牙。（　）
110．曲面刮刀用于刮削内曲面，常用的有三角刮刀、蛇头刮刀和柳叶刮刀。（　）
111．刮韧性材料的刮刀，可磨成正前角，但这种刮刀只适用于精刮。（　）
112．刮削时，刮刀对工件有推挤和压光的作用。（　）
113．红丹粉常用于钢和铸铁工件的刮削。（　）
114．蓝油是用普鲁士蓝粉和蓖麻油及适量的机油调和而成，常用于有色金属工件的刮削。（　）
115．刮花的目的是使刮削面美观，并使滑动件之间形成良好的润滑条件。（　）
116．刮削时用力不均匀，使刃口单面切削，会出现梗痕。（　）
117．研磨狭窄平面时，为防止研磨平面产生倾斜和圆角，不可用专用靠铁。（　）
118．手工粗研磨时，每分钟往复 10 ~ 30 次；精研磨时，每分钟往复 40 ~ 60 次。（　）
119．研磨平板中，有槽的研磨平板用于精研。（　）
120．金刚石磨料的切削能力比氧化物、碳化物磨料都低，实用效果较差。（　）
121．粗、精研磨白金的研磨液中，包含酒精或氨水成分。（　）
122．研磨高速钢铰刀时，可用含氧化物磨料、机油和煤油的研磨剂来研磨。（　）
123．研磨时，研磨剂涂得薄而不匀，会造成工件平面表面粗糙。（　）
124．卡规主要用来测量长度尺寸。（　）
125．研磨圆柱光滑塞规前，预先将工件误差控制在一定范围，2 级精度的塞规在 2 μm 以内，3 级精度的塞规在 3 μm 以内，以便节省在研磨机上研磨的时间。（　）
126．调质热处理完成后，就可以立即对螺纹环规进行研磨。（　）
127．抛光凹形工件的研磨面时，球面用抛光器的曲率半径比工件曲率半径小 10 mm。（　）
128．机械抛光时，抛光膏涂在工件上。（　）
129．按矫正时零件的温度分类，可分为冷矫正和热矫正两种。（　）

130. 冷弯是指材料在常温下进行的弯形，它适用于厚度大于 5 mm 的钢材。（　）

131. 弯形时，工件中性层的展开长度计算公式中，r 表示内弯曲半径。（　）

132. 绕圆柱拉伸弹簧时，如果弹簧以内径与其他零件相配，近似公式中的系数应选用较小值。（　）

133. 按用途不同，模具钢分为冷作模具钢、热作模具钢、碳素工具钢三大类。（　）

134. 模具钢的常规热处理工艺包括退火、淬火和回火。（　）

135. V 形槽的测量方法除用万能角度尺作一般的测量外，还可进行较精确的间接测量和计算。常用工具有平板、圆柱、量块及通用量具等。（　）

136. 用涂色法检验圆锥时，取下套规，观察工件表面显示剂被擦去的情况。若三条显示剂全长擦痕均匀，圆锥表面接触良好，说明锥度正确。（　）

137. 游标卡尺检查零值误差时，应用力推动尺框使两个测量爪合拢。（　）

138. 虽然千分尺的测量精度比游标卡尺高，但测量效率低，故应用并不广泛。（　）

139. 塞规一般用于单件小批量生产中。（　）

140. 游标高度卡尺的用于测量高度和划线的量爪测量面上镶有硬质合金，以提高其使用寿命。（　）

141. 千分尺可用来检测零件的外径、内径、深度、厚度以及螺纹的螺距和齿轮的公法线长度等。（　）

142. 读出千分尺固定套筒上露出的刻线尺寸，一定要注意不能遗漏应读出的 0.5 mm 的刻线值。（　）

143. 为提高工作效率，可将千分尺调整到一定尺寸后用锁紧装置锁紧，将千分尺当卡规使用。（　）

144. 深度千分尺的测量杆制成可更换的形式，可用以测量不同尺寸的零件。（　）

145. 千分尺如果使用不妥，零位就要偏移，使测量结果不正确，容易造成产品质量事故。（　）

146. 百分表和千分表，都是用来校正零件或夹具的安装位置、检验零件的形状精度或相互位置精度的。（　）

147. 表架套筒夹持百分表时夹紧力要尽可能大一点，否则可能会出现百分表松动的现象，造成测量结果不准确。（　）

148. 测量时，不准用工件撞击测头，以免影响测量精度或撞坏杠杆千分表。（　）

149. 游标万能角度尺可以测量 0°～360°的任何角度。（　）

150. 内径百分表通过更换可换测头，可改变内径百分表的测量范围。（　）

151. 在角度量值传递系统中，角度量块是量值传递媒介。（ ）

152. 在正弦规上安装被测工件时，要用前挡板和侧挡板定位，以尽量减小测量误差。（ ）

153. 测量前，应检查水平仪的零位是否正确。（ ）

154. 螺纹塞规通端具有截短的外螺纹牙型，用于检查工件内螺纹的单一中径。（ ）

155. 量规长时间不用，可自行妥善保管或交计量部门统一管理。（ ）

156. 量块在使用时应对量块和被测工件进行外观检查，消除毛刺、油污和灰尘，允许用手直接拿取量块或对着量块吹气。（ ）

157. 不得用手直接接触量块，以免造成汗液对量块的腐蚀及手温对测量精确度的影响。（ ）

158. 批量生产以专用量具、量规和专用仪器为主。（ ）

159. 用量规检验工件尺寸时，如果通规能通过，止规不能通过，则该工件尺寸合格。（ ）

160. 进行直线度检测时可将水平仪置于测定面，直线度测定值为表针读数的最大变化值。（ ）

161. 在线与线的平行度检测中，先将适合的塞尺插入两个基准孔内。（ ）

162. 表面结构的评定参数值越小，则表面质量精度越高。（ ）

163. 选择装配基准时，应尽量选择产品基体或主干零件作为装配基准件。（ ）

164. 尺寸链中除封闭环以外的环称为增环。（ ）

165. 生产中一般采用平均法计算尺寸链。（ ）

166. 不完全装配法就是所有零件都需要挑选才能装配的方法。（ ）

167. 装配精度测量的程序首先是选择测量基准。（ ）

168. 吊链在吊起重物需中途停止较长时间时，要将手链拴在起重链上，以防止由于时间过长而自锁失灵。（ ）

169. 不平衡的零件，会产生强烈的振动和噪声，从而使零件的寿命和装配精度降低。（ ）

170. 旋转零、部件因偏重而产生的不平衡形式有静不平衡和动不平衡。（ ）

171. 电剪刀剪切的板料厚度可以超过标牌上规定的厚度。（ ）

172. 工件较长时，可以用一块 V 形架支撑压紧工件。（ ）

173. 孔和沟槽部位容易清理。（ ）

174. 对于某些密封性要求较高的零件或部件，在装配前必须按技术要求进行密封性试验。（ ）

175．紧定螺钉连接方式可传递不大的力或转矩。（ ）

176．螺纹连接一般都具有自锁性。（ ）

177．双头螺柱的轴线必须与机体表面垂直。当有较小偏斜时，应把螺柱拧出来，用丝锥校子螺纹孔；当偏斜较大时，不得强行校正，以免影响连接的可靠性。（ ）

178．切向键由两个斜度为1∶100的普通楔键组成。（ ）

179．松键连接时，必须使键的下平面与槽底面接触良好。（ ）

180．圆锥销装配时，两连接的销孔也应同时钻、铰。（ ）

181．过盈连接，过盈量太大不能满足传递转矩的要求，太小会造成装配困难。（ ）

182．常用的轴瓦分为整体式和组合式两种结构。（ ）

183．滑动轴承装配时，轴套直径过大或过盈量超过0.1 mm时，在常温下压装容易损坏零件，应采用压入装配法。（ ）

184．向心球轴承装配时一定要注意不能装反，否则将造成轴承发热甚至卡死现象。（ ）

185．安装轴承时工作游隙不可太大或太小。（ ）

186．安装V带时，先将其套在小带轮轮槽中，然后套在大带轮上。（ ）

187．当两轴中心距可调节且链轮在轴端时，可以预先接好，再装到链轮上去。（ ）

188．丝杠和螺母配合间隙中，径向间隙由制造精度保证，无法调整。（ ）

189．齿轮轴组与箱体装配前应认真对箱体进行检验，包括孔距、孔系平行度检验、孔中心线与端面垂直度检验和孔中心线同轴度检验等。（ ）

190．蜗杆传动机构装配时，应保证传动的配合精度。（ ）

191．凸缘式联轴器装配时，要测量两凸缘盘端面间的间隙。（ ）

192．牙嵌式离合器，其中一个结合子与被动轴和键之间能轻快滑动，另一个结合子要固定在主动轴上。（ ）

193．迷宫式密封属于非接触式密封。（ ）

194．轴、轴上零件与两端轴承支座的组合，称为轴组。（ ）

195．铆接的形式有搭接、对接和角接。（ ）

196．粘接后的固化一般需要加热固化。（ ）

197．如果箱体零件只加工上平面，则只需限制三个自由度，在下面设置三个支承钉即可。（ ）

198．螺旋夹紧机构结构简单、容易制造，自锁性能好、夹紧可靠，夹紧力和夹紧行程都较大。（ ）

199．回转式钻模的特点是定位元件、夹紧装置及钻套均设在钻模板上，钻模板在工件

上装夹。 （ ）

200．常见的心轴有圆柱心轴、弹簧心轴、顶尖心轴等。 （ ）

201．圆周进给式铣床夹具一般在有回转工作台的专用铣床上使用。 （ ）

202．钻模装配时，只要将各个零件组装后，就能打入定位销。 （ ）

203．装配前的准备，包括要对基准件及关键元件的主要精度进行复测等。 （ ）

204．铣床夹具的装配后，要进行总检验或工件试切削。 （ ）

205．对于宽板，变形后其断面略呈扇形。 （ ）

206．在拉深过程中，坯料的中心部分成为筒形件的底部，是主要变形区。 （ ）

207．胀形的主要质量问题是由于变形区材料变厚而起皱。 （ ）

208．连续模生产可以减少模具和设备的数量，提高和生产率，并容易实现自动化。 （ ）

209．复合模的主要优点是结构紧凑，冲出的制件精度高、平整。但模具结构复杂，制造难度较大、成本较高。 （ ）

210．弯曲可分为普通弯曲和校正弯曲。 （ ）

211．以后各次拉深模中，前次拉深后的工序件应套在压料圈上进行定位。 （ ）

212．校形多用于冲裁件，以消除冲裁过程中拱弯造成的不平。 （ ）

213．上模座的上平面应和下模座的底平面平行。 （ ）

214．连续模装配，在安装下模其他辅助零件时，要以凹模固定板外侧为基准，装导料板等。 （ ）

215．在制造复合模时，与普通冲模不同，上下模的配合稍不准，就会导致整副模具的损坏。 （ ）

216．弯曲模凸、凹模的间隙控制，是借助模具安装在压力机上的位置来保证的。 （ ）

217．拉深模的装配方法有直接装配法和配作装配法两种。 （ ）

218．成型模在装配时，除根据图样加工、装配外，还应在装配的过程中边试模边修整，直到压制出符合要求的冲压件形状和尺寸为止。 （ ）

219．在注射成形中需要控制的温度有料筒温度、喷嘴温度和设备温度。 （ ）

220．单分型面注射模，一般主流道设在定模一侧，分流道设在流道板上。 （ ）

221．注射模合模后滑动斜面与楔紧块的斜面应压紧，接触面积不小于 75%，且有一定的预紧力。 （ ）

222．单分型面注射模装配时，当各位置调整合适后，打入销钉及螺钉紧固。 （ ）

223．方向控制阀包括单向阀、液控单向阀、梭阀、换向阀等。 （ ）

224. 可调节流阀适用于负载和温度变化很大或执行机构速度稳定性要求较高的液压系统。 ( )

225. 常见的方向控制回路有换向回路、闭锁回路、时间制动的换向回路、增压回路和减压回路等。 ( )

226. 气压传动的工作介质是经除水、除油、过滤后的洁净压缩空气。 ( )

227. 安全阀相当于液压系统中的溢流阀，它在气压系统中限制回路中的最高压力，以防止管路破裂及损坏，起着过载保护作用。 ( )

228. 若设备有时需要高压，有时需要低压，则可用一次压力控制回路。 ( )

229. 当车床夹具体两端有中心孔时，夹具安装在车床的前后顶尖上。 ( )

230. 当铣床夹具定位精度要求高时，在安装夹具时将夹具推向 T 形槽的一侧，以避免间隙的影响。 ( )

231. 为提高钻模的加工精度，钻模使用前要进行检测、调整。 ( )

232. 角铁式车床夹具在花盘角铁上装夹工件以后，工件无须经过平衡调整即可直接车削。 ( )

233. 铣床夹具调试时，先检查工件夹紧是否牢靠，然后再进行加工。 ( )

234. 曲柄压力机传动系统包括链传动和齿轮传动等机构。 ( )

235. 封闭高度和装模高度之差等于工作台垫板的厚度。 ( )

236. 两人操作同一台压力机或剪板机时，只要管好自己的部分就行。 ( )

237. 安装冲模时，不需要熟悉冲压件图、冲压工艺。 ( )

238. 有导向冲模安装时，将上模与下模紧固后即可试冲和调整。 ( )

239. 冲裁模调试的内容包括将冲裁模顺利地装在指定的压力机上。 ( )

240. 冲裁模调试后，冲件毛刺不得超过规定的数值。 ( )

241. 在调整卸料装置时，凹模刃口有倒锥更易于卸件。 ( )

242. 弯曲模的卸料系统作用于制品的作用力要均衡，以保证制品的平整及表面质量。 ( )

243. 在调整拉深模时，关键是调整好拉深阻力的大小。 ( )

244. 卧式注射机一般为柱塞式，制件质量不超过 60 g。 ( )

245. 注射机注射量的一种表示方法是以聚苯乙烯为准，用注射出熔料的质量来表示。 ( )

246. 注射量/锁模力表示法是用理论注射容量与锁模力这两个参数共同表示注射机的型号规格，这种表示方法国产注射机用得多。 ( )

247. 推出装置与注射机的关系包括注射机的推出形式、推出行程、推杆直径及推杆间距。（　）

248. 半自动可大大地提高生产效率，也是注射机最好的操作方式。（　）

249. 注射机操作工作结束时，应将模具关闭，使肘杆机构长时间处于闭锁状态。（　）

250. 注射模安装时，在校正喷嘴与浇口套的相对位置及弧面接触情况时，可用塑料件放在喷嘴及浇口套之间，观察两者接触情况，校正后拧紧注射座定位螺钉，紧固定位。（　）

251. 注射模试模时，装料、注射、闭模、开模等工序应可随意调节。（　）

252. 提高定位元件的制造精度可以降低基准位移误差。（　）

253. 钻套下端面离开工件表面的切屑空隙太大会引起夹具引导不良。（　）

254. 动力元件失效使夹紧力减小会引起夹具夹紧装置失效。（　）

255. 定位形状不准确会引起冷冲模定位不良。（　）

256. 凹模落料孔与下模座漏料孔没有对正会引起冷冲模卸料不正常。（　）

257. 侧刃与侧刃挡块间不贴合，导致条料上产生毛刺，会引起冷冲模导料不畅。（　）

258. 弯曲力不平衡会引起弯曲模产生偏移。（　）

259. 凹模圆角半径过小、表面太粗糙会引起弯曲模产生擦伤。（　）

260. 板料太薄或塑性差会引起拉深模产生起皱。（　）

261. 冲孔断面有毛刺会引起翻边模产生破裂。（　）

262. 注射时间太短、柱塞式螺杆退回太早会引起注射模产生填料不足。（　）

263. 模具镶块处缝隙太大会引起注射模产生脱模不良。（　）

264. 塑料塑化不匀、供料不足或过量会引起注射模塑件产生变形。（　）

265. 模具加工中，造成水孔壁击穿会引起注射模发生冷却水渗漏。（　）

266. 产品脱模时产生真空现象会引起注射模产生顶杆折断。（　）

267. 夹具维修安装替换元件时，应注意与之配合、接合的未调换部分表面的精度，若有误差应予以修复。（　）

268. 喷涂修复法的优点是减少修理费用，缩短修理时间，镀层耐蚀、耐磨和耐热。（　）

269. 在保管冲模时，对暂时不用的模具，可以直接放在模具架上。（　）

270. 新模具制成和冲模修理后，冲模的技术状态是通过试模来鉴定的。（　）

271. 冲模检修的时间一定要适应生产的要求，尽可能利用两次生产的间隔期。（　）

272. 当螺钉或螺栓由于弯曲变形或纹齿磨钝时，一般需更换新的。（　）

273. 冲模修理的工艺过程包括分析冲模的修理原因，做好修理前的准备工作，然后进

行修理。 ( )

274. 当冲裁模中的凸、凹模刃口磨损的程度不大，可在压力机上用几组不同规格的油石蘸煤油在刃口面上顺着一个方向轻轻地对刃口进行刃磨，直到刃口光滑、锋利为止。 ( )

275. 导向装置磨损，精度降低，起不到导向作用，使凸凹模相对偏位，会引起凸、凹模间隙不均匀。 ( )

276. 当螺钉或螺栓由于弯曲变形或纹齿磨钝时，一般可以校正修复。 ( )

277. 注射模应定期进行消除内应力的处理，防止出现疲劳裂纹。 ( )

278. 当塑料模具由于塑件中低分子挥发物的腐蚀作用，而使得型腔表面变得越来越粗糙，并导致制件质量下降时，应及时对型面进行研磨、抛光处理。 ( )

279. 为了保护导柱免受径向应力作用，在模具的分型面上应设定位装置，对斜分型面应设置限位台阶。 ( )

280. 电镀作为模具修理的一种方法只适用于为了使整体塑件壁厚适当变小的场合。 ( )

281. 零件上的非配合尺寸，如果测得为小数，应圆整为整数标出。 ( )

➤ 理论知识考试试题参考答案

一、单项选择题

1. A	2. C	3. A	4. C	5. D	6. A	7. B	8. D	9. D
10. B	11. D	12. C	13. B	14. A	15. A	16. B	17. C	18. B
19. C	20. D	21. A	22. C	23. D	24. A	25. C	26. C	27. C
28. B	29. C	30. C	31. D	32. B	33. C	34. A	35. D	36. C
37. C	38. C	39. D	40. B	41. C	42. C	43. A	44. B	45. D
46. C	47. C	48. C	49. C	50. C	51. C	52. B	53. B	54. D
55. A	56. D	57. C	58. A	59. C	60. C	61. D	62. D	63. A
64. D	65. D	66. A	67. C	68. C	69. C	70. B	71. B	72. D
73. D	74. C	75. D	76. D	77. C	78. D	79. C	80. C	81. D
82. C	83. B	84. C	85. D	86. C	87. B	88. B	89. A	90. C
91. B	92. C	93. D	94. B	95. C	96. C	97. B	98. B	99. B
100. C	101. D	102. A	103. A	104. B	105. D	106. D	107. C	108. B
109. C	110. A	111. A	112. D	113. D	114. B	115. C	116. B	117. A
118. C	119. D	120. B	121. C	122. A	123. A	124. B	125. A	126. B
127. B	128. D	129. A	130. C	131. B	132. A	133. B	134. D	135. C

136. B	137. C	138. A	139. B	140. B	141. C	142. D	143. A	144. B
145. C	146. C	147. C	148. A	149. B	150. D	151. B	152. A	153. A
154. C	155. B	156. C	157. B	158. B	159. D	160. B	161. B	162. C
163. A	164. A	165. B	166. A	167. C	168. B	169. B	170. D	171. C
172. C	173. B	174. A	175. B	176. A	177. A	178. A	179. D	180. A
181. D	182. B	183. A	184. A	185. B	186. B	187. D	188. C	189. C
190. C	191. A	192. B	193. D	194. A	195. B	196. A	197. A	198. C
199. B	200. A	201. D	202. D	203. C	204. B	205. A	206. D	207. D
208. C	209. C	210. D	211. D	212. D	213. D	214. B	215. B	216. C
217. D	218. C	219. A	220. B	221. A	222. D	223. C	224. B	225. B
226. D	227. A	228. B	229. D	230. A	231. B	232. D	233. D	234. D
235. D	236. B	237. D	238. B	239. D	240. B	241. A	242. C	243. B
244. B	245. D	246. A	247. B	248. A	249. A	250. B	251. C	252. A
253. C	254. B	255. A	256. A	257. B	258. A	259. B	260. C	261. D
262. B	263. A	264. C	265. D	266. C	267. A	268. C	269. A	270. C
271. A	272. B	273. A	274. D	275. A	276. C	277. D	278. C	279. B
280. B	281. B	282. A	283. D	284. D	285. B	286. B	287. A	288. D
289. B	290. A	291. C	292. B	293. B	294. D	295. C	296. B	297. C
298. C	299. C	300. A	301. B	302. C	303. D	304. B	305. C	306. A
307. B	308. B	309. C	310. A	311. B	312. D	313. C	314. B	315. A
316. C	317. A	318. B	319. D	320. C	321. D	322. B	323. A	324. D
325. B	326. D	327. C	328. C	329. D	330. A	331. D	332. C	333. A
334. C	335. A	336. D	337. C	338. D	339. A	340. A	341. C	342. B
343. A	344. A	345. A	346. A	347. C	348. A	349. D	350. B	351. C
352. C	353. B	354. A	355. B	356. C	357. B	358. B	359. A	360. A
361. A	362. C	363. D	364. A	365. D	366. C	367. B	368. D	369. A
370. D	371. B	372. C	373. C	374. D	375. D	376. C	377. B	378. B
379. A	380. C	381. D	382. B	383. D	384. A	385. A	386. A	387. D
388. B	389. D	390. C	391. B	392. C	393. A	394. B	395. C	396. D
397. B	398. B	399. D	400. B	401. A	402. B	403. C	404. B	405. D
406. D	407. A	408. B	409. C	410. B	411. C	412. A	413. A	414. A
415. D	416. D	417. B	418. D	419. A	420. D	421. B	422. D	423. B

424. A	425. B	426. B	427. A	428. D	429. C	430. B	431. B	432. A
433. B	434. D	435. D	436. B	437. A	438. C	439. B	440. B	441. C
442. B	443. A	444. A	445. A	446. C	447. A	448. C	449. A	450. C
451. A	452. C	453. A	454. C	455. A	456. C	457. A	458. C	459. A
460. C	461. A	462. C	463. A	464. C	465. A	466. A	467. C	468. A
469. C	470. A	471. C	472. A	473. C	474. A	475. C	476. A	477. C
478. A	479. C	480. B	481. C	482. A	483. C	484. A	485. C	486. A
487. C	488. D	489. C	490. B	491. C	492. D	493. A	494. B	495. C
496. A	497. C	498. B	499. D	500. A	501. C	502. C	503. B	504. A
505. C								

二、判断题

1. √	2. ×	3. √	4. √	5. ×	6. √	7. ×	8. √
9. √	10. ×	11. √	12. √	13. √	14. ×	15. √	16. √
17. √	18. √	19. ×	20. ×	21. ×	22. √	23. √	24. ×
25. √	26. √	27. ×	28. ×	29. ×	30. √	31. √	32. ×
33. √	34. √	35. √	36. ×	37. ×	38. ×	39. √	40. ×
41. √	42. √	43. √	44. √	45. ×	46. ×	47. √	48. √
49. ×	50. ×	51. √	52. ×	53. ×	54. √	55. √	56. √
57. ×	58. √	59. √	60. √	61. √	62. √	63. √	64. √
65. √	66. √	67. √	68. ×	69. √	70. √	71. √	72. √
73. √	74. ×	75. √	76. √	77. √	78. √	79. √	80. √
81. √	82. ×	83. √	84. √	85. ×	86. √	87. √	88. ×
89. √	90. ×	91. ×	92. ×	93. √	94. √	95. ×	96. √
97. √	98. √	99. √	100. √	101. ×	102. ×	103. √	104. √
105. ×	106. √	107. √	108. ×	109. √	110. √	111. ×	112. √
113. √	114. √	115. √	116. √	117. ×	118. ×	119. ×	120. ×
121. √	122. √	123. √	124. √	125. √	126. ×	127. ×	128. √
129. √	130. ×	131. √	132. ×	133. ×	134. √	135. √	136. √
137. ×	138. ×	139. ×	140. √	141. ×	142. √	143. ×	144. √
145. √	146. √	147. ×	148. √	149. ×	150. √	151. √	152. √
153. √	154. ×	155. ×	156. ×	157. √	158. √	159. √	160. ×
161. ×	162. √	163. √	164. ×	165. ×	166. ×	167. ×	168. √

169. √ 170. √ 171. × 172. × 173. × 174. √ 175. √ 176. √
177. √ 178. √ 179. √ 180. √ 181. × 182. × 183. × 184. ×
185. √ 186. √ 187. √ 188. √ 189. √ 190. √ 191. √ 192. √
193. √ 194. √ 195. √ 196. √ 197. √ 198. √ 199. × 200. √
201. √ 202. × 203. √ 204. √ 205. × 206. × 207. × 208. √
209. √ 210. √ 211. √ 212. × 213. √ 214. √ 215. √ 216. √
217. √ 218. √ 219. × 220. × 221. √ 222. √ 223. √ 224. ×
225. × 226. √ 227. √ 228. × 229. √ 230. √ 231. √ 232. ×
233. √ 234. × 235. √ 236. × 237. × 238. √ 239. √ 240. √
241. × 242. √ 243. √ 244. × 245. √ 246. √ 247. √ 248. ×
249. × 250. × 251. × 252. √ 253. √ 254. √ 255. √ 256. √
257. √ 258. √ 259. √ 260. √ 261. √ 262. √ 263. √ 264. √
265. √ 266. √ 267. √ 268. √ 269. × 270. √ 271. √ 272. √
273. √ 274. √ 275. √ 276. × 277. √ 278. √ 279. √ 280. √
281. √

➤ 理论知识考试模拟试卷

理论知识考试模拟试卷（一）

一、单项选择题（下列每题的选项中，只有一个是正确的，请将其代号填在括号内。每题1分，共80分）

1. 职业道德不体现（　　）。

A. 从业者对所从事职业的态度　　B. 从业者的工资收入

C. 从业者的价值观　　D. 从业者的道德观

2. （　　）的精神主要是一种忘我的全身心投入精神。

A. 奉献社会　　B. 办事公道　　C. 诚实守信　　D. 服务群众

3. 下列选项中属于坚持“质量第一，用户至上”基本要求的是（　　）。

A. 掌握岗位专业知识，提高产品、工作质量

B. 服从领导工作安排

C. 遵守劳动纪律

D. 努力完成工作任务

4. 道德的功用是多方面的，其对社会的主要功能是认识功能、（　　）功能、教育功能。

A. 规范　　B. 处罚　　C. 调节　　D. 司法

5. 下列选项中不属于签订劳动合同原则的是（　　）。

A. 合法原则　　B. 平等自愿原则

C. 协商一致原则　　D. 用人单位优先原则

6. 国标规定外螺纹大径应画（　　）。

A. 虚线　　B. 粗实线　　C. 细实线　　D. 点画线

7. 基准代号的字母规定不得采用（　　）。

A. A　　B. B　　C. C　　D. O

8. （　　）铝合金具有良好的铸造性。

A. LY　　B. LC　　C. LD　　D. ZL

9. （　　）感应电流淬透深度最浅。

A. 280 kHz　　B. 50 Hz　　C. 5 kHz　　D. 10 kHz

10. （　　）不属于常用的螺旋传动。

A. 普通螺旋传动　　B. 差动螺旋传动

C. 精密螺旋传动　　D. 滚珠螺旋传动

11. 在箱体上加工孔距和位置精度要求较高的孔，一般采用（　　）。

A. 车床　　B. 钻床　　C. 铣床　　D. 镗床

12. 车刀按结构可分为整体车刀、焊接车刀、焊接装配车刀、（　　）等。

A. 整体车刀和焊接车刀　　B. 焊接车刀和螺纹车刀

C. 切断车刀和螺纹车刀　　D. 机夹车刀和可转位车刀

13. （　　）不属于精基准选择原则。

A. 基准重合　　B. 基准统一　　C. 互为基准　　D. 不重复使用

14. 套类零件的垂直度主要是指（　　）的垂直度。

A. 端面对外圆　　B. 端面对内孔

C. 端面对内孔轴线　　D. 外圆对内孔轴线

15. 液压泵都是依靠（　　）变化的原理进行工作的。

A. 液体流量　　B. 液体压力　　C. 液体密度　　D. 密封容积

16. （　　）属于控制电器。

A. 热继电器　　B. 闸刀开关　　C. 时间继电器　　D. 熔断器

17. 计量部门对所有测量手段和方法进行管理属于（　　）管理。

A. 质量　　B. 工具　　C. 计量　　D. 车间

18. 人体同时接触带电的任何两相电源时所引起的触电叫作（　　）。

A. 单相触电　　B. 两相触电　　C. 接触电压触电　　D. 跨步电压触电

19. 通常要求低压电气设备的绝缘电阻不低于（　　）MΩ。

A. 10　　B. 5　　C. 0.5　　D. 10 M

20. 质量检验控制阶段是质量管理发展的（　　）阶段。

A. 初级　　B. 中级　　C. 高级　　D. 特殊

21. 在划线时，（　　）用来对空心的圆形工件定圆心。

A. 方箱　　B. C 形夹钳　　C. 直角铁　　D. 中心架

22. 用带锯条修磨焊缝前，应在砂轮空转（　　）min 后修磨一下砂轮，然后进行带锯条的修磨。

A. 5 ~ 10　　B. 3 ~ 5　　C. 1 ~ 3　　D. 5 ~ 8

23. 样冲、錾子等工具的打击面不准（　　），不准有裂纹。

A. 退火　　B. 回火　　C. 正火　　D. 淬火

24. 起锯时角度要小些，一般不大于（　　）。

A. 15°　　B. 25°　　C. 30°　　D. 35°

25. 锉削装夹时，表面夹出痕迹是因为（　　）。

A. 台虎钳口没有垫软性金属　　B. 台虎钳不固定

C. 台虎钳没有垫布料　　D. 台虎钳不对称

26. 薄板群钻的刃磨是把麻花钻两主切削刃磨成圆弧形切削刃，把钻尖高度磨（　　）。

A. 低　　B. 圆　　C. 尖　　D. 以上都可以

27. 一般粗铰余量取为（　　）mm。

A. 0.01~0.15　　B. 0.15~0.35　　C. 0.05~0.15　　D. 0.35~0.45

28. 230mm 的活铰杠适用于攻制（　　）范围的螺纹。

A. M5~M8　　B. M8~M12　　C. M12~M14　　D. M24 以上

29.（　　）用于一般工件和精密工件的刮研，粒度细腻、研点真实，但有反光刺激，有毒。

A. 印红油　　B. 蓝油　　C. 烟墨油　　D. 铅丹粉

30. 研具材料应比被研磨的工件（　　）。

A. 硬　　B. 软　　C. 软硬均可　　D. 可能软可能硬

31. 新的标准圆柱铰刀，直径上一般均留有（　　）mm 的研磨量。

A. 0.05~0.2　　B. 0.005~0.02

C. 0.2~0.5　　D. 0.002~0.005

32. 卡规的制造过程中，需要进行（　　）热处理。

A. 调质　　B. 渗碳　　C. 淬火、时效　　D. 渗氮

33. 研磨螺纹环规前，应先完成其螺纹（　　）的磨削。

A. 公称直径　　B. 中径　　C. 小径　　D. 大径

34. 矫正已加工表面、薄壁件或有色金属制件时，一般不可用（　　）。

A. 铜锤　　B. 木锤　　C. 橡胶锤　　D. 铁锤

35. 以下选项中（　　）不属于模具钢的常见淬火工艺。

A. 淬火加热　　B. 淬火冷却　　C. 深冷处理　　D. 球化退火

36. 用圆锥套规检验外圆锥时，要求工件和套规的表面清洁，工件外圆锥面的表面粗糙度 *Ra* 值小于（　　）μm 且表面无毛刺。

A. 6.3　　B. 3.2　　C. 1.6　　D. 无所谓

37. 用百分表或千分表测量零件时，表架套筒夹持的测量杆必须与被测量表面（　　）。

A. 平行　　B. 倾斜　　C. 呈 45°夹角　　D. 垂直

38. 百分表内的齿轮传动机构，使测量杆直线移动 1 mm 时，指针正好回转（　　）圈。

A. 0.1　　B. 1　　C. 2　　D. 5

39. 正弦规两圆柱中心线要与平板工作台面（　　）。

A. 垂直　　B. 平行　　C. 相交　　D. 都可以

40. 螺纹止端工作塞规用于检验牙数大于4牙的内螺纹时，其旋合量不能多于（　　）牙。

A. 3　　B. 4　　C. 1　　D. 2

41. 封闭环的基本尺寸等于所有增环的基本尺寸之和（　　）所有减环的基本尺寸之和。

A. 减去　　B. 加上　　C. 乘以　　D. 除以

42. 属于运动精度的是（　　）。

A. 配合精度　　B. 传动精度　　C. 测量精度　　D. 制造精度

43. 旋转时不平衡离心力只产生（　　）旋转轴线方向的振动。

A. 垂直　　B. 水平　　C. 前后　　D. 左右

44. 螺纹连接在（　　）或冲击交变载荷下可能会发生连接松动。

A. 强振动　　B. 移动　　C. 静止　　D. 使用

45. 楔键连接装配中，要想使键与键槽之间保持一定的配合间隙，应（　　）。

A. 锉配键宽　　B. 检查键与键槽的配合

C. 装配楔键　　D. 安装相配件

46. 热胀法的加热方法应根据（　　）及套的尺寸选择。

A. 过盈量　　B. 间隙值　　C. 温度　　D. 装配

47. 整体式滑动轴承适用于（　　）或间隙工作的场合。

A. 重载低速　　B. 轻载高速　　C. 重载高速　　D. 轻载低速

48. 工作游隙过小时会产生（　　）。

A. 降低旋转精度　B. 咬住现象　　C. 卡死现象　　D. 减少使用寿命

49. 采用过渡配合和过盈配合的齿轮，可采用手工工具敲击或在（　　）上压配。

A. 重锤　　B. 压力机　　C. 水压机　　D. 加工机床

50. 联轴器将（　　）牢固地连接在一起，在机器运转的过程中，两轴不能分开。

A. 两轴　　B. 两齿轮　　C. 两端盖　　D. 蜗轮与蜗杆

51. 适用于100℃左右，环境较潮湿的场合的是（　　）润滑脂。

A. 钙钠基　　B. 钙基　　C. 钠基　　D. 锂基

52. （　　）应用于结构需要有足够的强度、承受强大作用力的地方，如桥梁、车辆和起重机等。

A. 紧密铆接　B. 强固铆接　C. 强密铆接　D. 坚固紧密铆接

53. 在加工中钻模固定不动，用于在立式钻床上加工单孔或在摇臂钻床上加工位于同一方向上的平行孔系的是（　）。

A. 固定式钻模　B. 回转式钻模　C. 盖板式钻模　D. 滑柱式钻模

54. 按照铣削时的进给方式，下面的结构中不属于铣床夹具形式的是（　）。

A. 直线进给式　B. 圆周进给式　C. 平面进给式　D. 靠模式

55. 车床夹具装配前，首先要确定（　）。

A. 定位零件　B. 对刀零件　C. 导向零件　D. 基准零件

56. 安排在拉深、弯曲或其他成形工序之后，可以提高工序件的尺寸和形状精度，减小圆角半径的是（　）。

A. 整形　B. 校平　C. 缩口　D. 胀形

57. 当落料凹模装在上模部分时，叫作（　）。

A. 前装式复合模　B. 顺装式复合模

C. 倒装式复合模　D. 后装式复合模

58. 按（　）不同，拉深模可分为有压料装置拉深模与无压料装置拉深模、顺装式拉深模与倒装式拉深模。

A. 使用的压力机类型　B. 结构形式

C. 工序的组合程度　D. 使用要求

59. 复合模的装配，有配作装配法和（　）两种方法。

A. 间接装配法　B. 直接装配法　C. 不完全互换法　D. 选择装配法

60. 拉深模即使组成零件制造很精确，装配也正确，但由于材料（　）的影响，拉深制件也不一定合格。

A. 抗拉强度　B. 塑性　C. 弹性变形　D. 延伸率

61. 注射模在分型面上，镶块平面应分别与定、动模板齐平，或可允许略高，但高出量不得大于（　）mm。

A. 0.04　B. 0.05　C. 0.06　D. 0.07

62.（　）主要有定量泵的节流调速、用变量泵和节流阀的调速、容积调速等基本回路，以达到使执行机构具有不同运动速度的要求。

A. 方向控制回路　B. 压力控制回路

C. 速度控制回路　D. 液压控制回路

63. 控制和调节压缩空气流量的元件称为（　）。

A. 气动控制阀　B. 压力控制阀　C. 流量控制阀　D. 方向控制阀

64. 对于位置精度要求高的夹具，常不设置定位键，而在夹具体的侧面加工出一窄长平面，用（ ）的方法安装夹具。

A. 找正　　B. 划线　　C. 夹紧　　D. 测量

65. 曲柄压力机工作机构一般为曲柄滑块机构，由（ ）、连杆、滑块、导轨等零件组成。

A. 曲柄　　B. 平衡块　　C. 过载保护块　　D. 机架

66. 安装冲模时，要检查压力机的（ ）是否满足冲模工艺力的要求。

A. 闭合高度　　B. 滑块行程　　C. 公称压力　　D. 行程次数

67. 冲裁模试冲时，自动冲裁模连续时间不少于（ ）min。

A. 3　　B. 3.5　　C. 4　　D. 5

68. 无导向装置的弯曲模，其在压力机上的相对位置，一般由调节压力机（ ）的方法来调整。

A. 连杆长度　　B. 滑块高度　　C. 打料装置　　D. 垫板高度

69. 在拉深模试模过程中，如果是对称或封闭式的拉深模，在调整时，可先将上模紧固在压力机滑块上，下模放在工作台上先不紧固，在凹模间壁上放入（ ），再使上、下模吻合对中后，即可保证间隙的均匀性。

A. 纸板　　B. 薄紫铜箔　　C. 铁皮　　D. 样件

70. 模具的外形尺寸应小于注射机的（ ），以保证模具能安装到注射机工作台面上。

A. 拉杆间距　　B. 拉杆外围尺寸

C. 定位圈尺寸　　D. 注射机的最大装模厚度

71. 每次注射后，塑化达到要求注射容量时，注射座后退，直至下一个循环开始时再前进，使模具与喷嘴接触进行注射，这种情况采用（ ）。

A. 固定加料法　　B. 前加料法　　C. 后加料法　　D. 中间加料法

72. 引起夹具夹紧装置失效的原因是（ ）。

A. 引导长度太长　　B. 动力元件失效使夹紧力减小

C. 夹紧行程太长　　D. 基准位移误差过大

73. 引起弯曲模产生偏移的原因是（ ）。

A. 弯曲线与板料的纤维方向不平行　　B. 弯曲力不平衡

C. 定位稳定　　D. 剪切断面的毛边在弯曲的外侧

74. 引起注射模产生填料不足的原因是（ ）。

A. 模型平面落入异物　　B. 机筒及喷嘴温度偏低

C. 注射压力太大　　　　　　　　　　D. 模具闭合不紧或单向受力

75. 引起注射模产生顶杆折断的原因是（ ）。

A. 冷却时间过短　　　　　　　　　　B. 顶杆直径太小

C. 注射压力、保压压力太小　　　　　D. 模温太高

76. 对于夹具主要部分和定位元件，机床夹具的维修通常以（　　）为主。

A. 修磨　　B. 调换　　C. 焊接　　D. 粘接

77. 在保管冲模时，为避免上、下模直接接触而可能压坏刃口部位，可以加装限位块，常用（　　）作为限位块。

A. 木块　　B. 铁块　　C. 制件　　D. 模具零件

78. 冲裁模修理时，要确定模具修理部位，观察其损坏情况，然后制定出（　）。

A. 修模零件的工艺　　　　　　　　　B. 修理方案和修理方法

C. 修理工具　　　　　　　　　　　　D. 修理设备

79. 一般模具在停用（　　）h 以上时都要进行防锈处理，涂刷无水黄油。

A. 12　　B. 24　　C. 48　　D. 72

80. 对于损坏的零件，要尽量使其恢复（　　），以便于观察形状和测量尺寸。

A. 尺寸　　B. 原形　　C. 形状　　D. 位置

二、判断题（将判断结果填写在括号内，正确的填“√”，错误的填“×”。每题 1 分，共 20 分）

1. 职业分类是按照其活动的性质、对象、内容、形式、功用和结果等进行的类型划分和归总。（　）

2. 弹簧总圈数是弹簧的有效圈数与支承圈数之和。（　）

3. “B19”在铜合金中的含义为白铜牌号 + 镍含量。（　）

4. 专用机床的工艺范围最窄。（　）

5. 从结构上看，任何车刀切削部分的组成可概括为三面、两刃、一刀尖。（　）

6. 换向阀方格内的箭头符号表示油液流动方向。（　）

7. 一般手持照明灯的电压不得超过 12 V。（　）

8. 当毛坯件上存在两个以上不加工表面时，应以其中次要的不加工表面作为主要的找正依据。（　）

9. 锉削时，右手的压力要随锉刀推动而逐渐增加，左手的压力要随锉刀推动而逐渐减小，回程时加压力，以减小锉齿的磨损。（　）

10. 钻孔时，不可用手和棉纱或用嘴吹来清除切屑，必须用毛刷清除时，要用钩子钩断后除去。（　）

11．丝锥校准部分磨损较严重时，可用棱角修圆的片状砂轮修磨其前刀面。（　　）

12．手工加工样板的方法即由工具钳工用手工制作的方法。（　　）

13．综合测量一般用于终结检验，其测量效率高，能有效保证互换性，在大批大量生产中应用广泛。（　　）

14．检测径向圆跳动时，先将被测零件装夹在两顶尖之间，在被测零件回转一周过程中，指示表读数最大差值即为单个测量平面上的径向圆跳动；测量若干个截面，取各截面上测得的最大值，作为该零件的径向圆跳动。（　　）

15．对于窄板，弯曲后在宽度方向无明显变化，断面仍为矩形。（　　）

16．对于导柱复合模，一般先装下模，而后以凸凹模为基准分别调整冲孔与落料的冲裁间隙，并使之均匀。（　　）

17．按控制方式，液压阀可分为二通阀、三通阀、四通阀和五通阀等；按阀芯工作位置的数目，可分为二位阀和三位阀。（　　）

18．工序基准与定位基准重合会造成基准位移误差。（　　）

19．气动和液压夹紧装置的维修和零件调换时应注意元件材料和热处理要求，以免影响夹紧装置的安全系数。（　　）

20．对于一模多腔的模具，若其中有一腔损坏，一般不必修理，用新电极或新冷挤压冲头的模重新挤压一个型腔，更换上去即可。（　　）

理论知识考试模拟试卷（二）

一、单项选择题（下列每题的选项中，只有一个是正确的，请将其代号填在括号内。每题1分，共80分）

1．下列选项中不是职业所具备特征的是（　　）。

A．目的性　　B．社会性　　C．个体性　　D．规范性

2．社会主义职业道德的基本原则是（　　）。

A．集体主义　　B．爱国主义　　C．遵纪守法　　D．个人利益

3．（　　）的精神主要是一种忘我的全身心投入精神。

A．奉献社会　　B．办事公道　　C．诚实守信　　D．服务群众

4．下列选项中属于坚持“质量第一，用户至上”基本要求的是（　　）。

A．掌握岗位专业知识，提高产品、工作质量

B．服从领导工作安排

C．遵守劳动纪律

D. 努力完成工作任务

5. 三视图的投影规律中长对正指的是（　　）两个视图。

A. 主、左　　B. 主、右　　C. 主、俯　　D. 俯、左

6. 一般优先选用（　　）作为表面结构的评定参数。

A. *Ra*　　B. *Rc*　　C. *Ry*　　D. *Rz*

7. 淬硬层深度为 10 ~ 15 mm 时常采用（　　）感应加热淬火。

A. 高频　　B. 中频　　C. 超高频　　D. 工频

8. 千分尺的螺旋传动形式为（　　）。

A. 螺母回转，螺杆作直线运动　　B. 螺杆回转，螺母作直线运动

C. 螺母固定，螺杆回转作直线运动　　D. 螺杆固定，螺母作直线运动

9. 广泛用于零件的精加工，尤其是淬硬钢加工的机床是（　　）。

A. 铣床　　B. 镗床　　C. 钻床　　D. 磨床

10. 可转位车刀不用焊接，避免了焊接、刃磨引起的（　　）。

A. 变形　　B. 磨损　　C. 热效应　　D. 力效应

11. 精加工阶段的主要任务是（　　）。

A. 提高生产率　　B. 切除大部分加工余量

C. 达到图样要求　　D. 发现产品缺陷

12. 适合在高温高压下选用的润滑剂是（　　）。

A. 齿轮油　　B. 黄油　　C. 二硫化钼　　D. 矿物油

13. 液压系统中存在（　　）等问题。

A. 传动比不恒定　　B. 运动速度不平稳

C. 传动噪声大　　D. 漏油

14. 人站在设备附近地面上，两脚之间所形成的电压差引起的触电叫作（　　）。

A. 单相触电　　B. 两相触电　　C. 接触电压触电　　D. 跨步电压触电

15. 操作者在加工时应做到加工全过程检查，并做到工序间的（　　）和装配前的检查。

A. 自检　　B. 互检　　C. 专检　　D. 点检

16. 立体划线时，工件多用（　　）支承。

A. 方箱　　B. 千斤顶　　C. V 形块　　D. 垫铁

17. 如发现砂轮表面跳动严重，应及时用（　　）进行修整。

A. 砂轮修整器　　B. 锉刀　　C. 刮刀　　D. 铣刀

18. 在摇臂钻床上加工零件的平行孔系，一般用（　　）钻夹具。

A. 回转式　　B. 固定式　　C. 移动式　　D. 翻转式

19. (　　) 主要用来錾削润滑油槽。

A. 扁錾　　B. 尖錾　　C. 油槽錾　　D. 锉刀

20. 锯割运动有两种，其中（　　）运动适用于锯薄形工件和直槽。

A. 曲线往复式　　B. 直线往复式　　C. 摆动式　　D. 波浪线式

21. (　　) 是用来锉削工件特殊表面的，按其截面形状可分为刀口锉、菱形锉、扁三角锉、椭圆锉、圆肚锉等形式。

A. 异形锉　　B. 整形锉　　C. 组锉　　D. 方锉

22. 锉刀面中凹会导致（　　）。

A. 工件表面夹出痕迹　　B. 空心工件被夹扁

C. 工件平面中凸、塌边或塌角　　D. 工件尺寸锉小

23. 主切削刃上各点的后角磨成外缘处最小，越接近钻心处（　　）。

A. 越小　　B. 不变　　C. 越大　　D. 逐渐减小

24. 铸造黄铜、青铜的强度、硬度低，组织疏松，工件对切削刃的切削抗力（　　）。

A. 大　　B. 小　　C. 不变　　D. 变大

25. 手用铰刀柄部为直柄，工作部分较（　　），导向作用较好。

A. 长　　B. 短　　C. 圆　　D. 直

26. (　　) 多用于压力为 1.7 MPa 以下的水、煤气管道，润滑和电线管道等。

A. 密封管螺纹　　B. 圆柱管螺纹　　C. 梯形螺纹　　D. 细牙普通螺纹

27. 攻螺纹时，螺纹牙深不够，这是由于（　　）引起的。

A. 丝锥前、后面粗糙　　B. 丝锥与螺纹底孔不同轴

C. 切屑堵塞　　D. 丝锥磨损

28. 从粗刮到细刮的过程中，研点移动距离应（　　），显示剂涂层逐步变薄。

A. 逐渐加长　　B. 逐渐缩短　　C. 快速加长　　D. 不变

29. 主要用于碳素工具钢、合金工具钢和高速钢工件研磨的磨料是（　　）。

A. 金刚石磨料　　B. 碳化物磨料　　C. 氧化物磨料　　D. 氧化铝磨料

30. 硬质合金铰刀研磨时，可采用（　　）。

A. 铝　　B. 铜　　C. 金刚石研磨膏　　D. 铸铁

31. 制作划线样板时，（　　）后的板料必须在平面磨床上进行粗磨。

A. 弯曲　　B. 矫正　　C. 刮削　　D. 研磨

32. 制造圆柱光滑塞规过程中，不需要用到（　　）。

A. 车床　　B. 钻床　　C. 磨床　　D. 镗床

33. 制造孔径（　　）mm 的螺纹环规时，可以在螺纹磨床上磨削螺纹表面。

A. 小于 30　　B. 大于 80　　C. 大于 10　　D. 等于 10

34.（　　）适用于矫正较大的轴类零件或棒料。

A. 锤子　　B. 螺旋压力工具　　C. 抽条　　D. 铁砧

35. 弯形时，工件中性层的展开长度计算公式中，x_0 表示（　　）。

A. 中性层位置系数　　B. 圆弧部分的长度

C. 内弯曲半径　　D. 弯形角

36. 冷作模具钢一般不用于制造（　　）。

A. 冷挤模　　B. 拉丝模　　C. 热冲裁模　　D. 冷镦模

37. 模具钢的低温回火温度 t 的取值范围是（　　）。

A. 大于 300℃　　B. 大于 500℃

C. 小于等于 250℃　　D. 350～500℃

38. 用圆锥套规检验外圆锥时，手握套规轻轻地套在工件上，稍加周向推力，并将套规转动（　　）。

A. 1/3 圈　　B. 1/2 圈　　C. 1 圈　　D. 无所谓

39. 游标高度卡尺的具体读数与游标卡尺一样可在主尺和（　　）上读出。

A. 尺身　　B. 量爪　　C. 游标　　D. 基座

40. 万能角度尺是用来测量精密零件内外角度或进行角度划线的（　　）量具。

A. 长度尺寸　　B. 角度　　C. 弧长　　D. 弦长

41. 角度量块是能在两个具有研合性的平面间形成准确（　　）的量规。

A. 长度尺寸　　B. 平行度　　C. 角度　　D. 粗糙度

42. 正弦规是一种（　　）量具，正确的维护保养对保持正弦规的精度和延长使用寿命是十分重要的。

A. 高精密　　B. 非精密　　C. 半精密　　D. 精密

43. 量块是以其两端面之间的距离作为长度的实物基准（标准），是一种（　　）量具。

A. 多值　　B. 少值　　C. 大值　　D. 单值

44. 用塞尺与直尺或平台检测平面度时，在所有的位置塞尺应（　　）通过。

A. 能　　B. 不能　　C. 2/3　　D. 1/2

45. 封闭环的最大极限尺寸等于所有增环的最大极限尺寸之和（　　）所有减环的最小极限尺寸之和。

A. 加上　　B. 减去　　C. 乘以　　D. 除以

46. 装配精度测量时，选择的量具和量仪必须与机器的（　　）相适应。

A. 测量方法　　B. 装配　　C. 制造方法　　D. 定位方法

47. 当零件或部件高速旋转时，下面各种情况中（　　）不会造成不平衡。

A. 材料内部组织密度不均匀　　B. 外部形状对称

C. 外部形状不对称　　D. 加工有误差

48. 滚动轴承不能用（　　）清洗，以防纱线绞进轴承内影响轴承装配质量。

A. 汽油　　B. 棉纱　　C. 煤油　　D. 柴油

49. 用于被连接件不太厚，便于穿孔，且需经常拆卸的场合的是（　　）连接。

A. 双头螺柱　　B. 普通螺栓　　C. 紧定螺钉　　D. 螺钉

50. 热胀法装配中，适用于过盈量大的中型和大型连接件的加热法是（　　）。

A. 火焰加热　　B. 介质加热

C. 电阻和辐射加热　　D. 感应加热

51. 整体式滑动轴承装配时，在压入轴套之后，要用紧定螺钉或（　　）固定承受较大负荷的滑动轴承的轴套。

A. 定位销　　B. 螺杆　　C. 螺栓　　D. 螺母

52.（　　）有松环和紧环之分，松环内孔比紧环大，装配时一定不能装反，否则将造成轴承发热甚至卡死现象。

A. 推力球轴承　　B. 角接触球轴承　　C. 向心球轴承　　D. 深沟球轴承

53. 链传动机构装配时，两链条之间的轴向（　　）不能太大。

A. 间隙值　　B. 偏移量　　C. 过盈量　　D. 同轴度

54. 对转速高、直径大的齿轮，装配前应进行（　　）。

A. 清洗　　B. 静平衡　　C. 除锈　　D. 动平衡

55. 十字槽式联轴器装配时，允许两轴有少量的径向偏移和倾斜，一般情况下轴向摆动量可在（　　）mm，径向摆动量可在（$0.01d+0.25$）mm 左右（d 为轴直径）。

A. 1~1.5　　B. 1~2.5　　C. 2~2.5　　D. 2~3.0

56. 下列（　　）属于接触式密封。

A. 油沟式密封　　B. 弹簧密封圈密封　　C. 垫圈式密封　　D. 迷宫式密封

57.（　　）是指在铆接时，只把铆钉的铆合头端部加热。

A. 冷铆　　B. 热铆　　C. 混合铆　　D. 紧密铆接

58.（　　）钻模，工件一次安装，经夹具分度机构转位顺序加工多个孔。

A. 固定式　　B. 回转式　　C. 盖板式　　D. 滑柱式

59. 铣床夹具使用（　　），确定刀具与夹具正确的相对位置。

A. 对刀块　　B. 定位键　　C. 打表找正形式　D. 靠模

60. 车床夹具装配调试好后，要对夹具进行清理，并涂上（　）。

A. 油漆　　B. 标记　　C. 防锈油　　D. 润滑油

61. 翻孔时，材料沿圆周的切向产生拉伸变形，并使材料厚度变薄，越靠近（　），形量越大，当变形超过一定程度时，孔的边缘就会被拉破。

A. 底部　　B. 口部　　C. 凸模圆角处　　D. 凹模圆角处

62. 倒装式复合模因为凸凹模内积存废料，材料会对凸凹模产生胀力，其允许壁厚值比正装式要求（　）。

A. 小一些　　B. 大一些　　C. 相等　　D. 没要求

63. 凸模和凹模的间隙应符合设计要求，沿整个刃口轮廓应（　）。

A. 不同　　B. 基本相同　　C. 基本一致　　D. 均匀一致

64. 对（　），上、下模可分别装配，在安装到压力机上试冲前，用标准样件法或垫片法控制凸、凹模间隙。

A. 有导向的拉深模　　B. 首次拉深模

C. 以后各次拉深模　　D. 无导向的拉深模

65. 注射模中复位杆应分别与型面、分型面平齐，允许低于分型面时，不得大于（　）mm。

A. 0.01　　B. 0.02　　C. 0.03　　D. 0.05

66. 在定量泵的节流调速回路中，采用（　）、调速阀或溢流调速阀来调节进入液压缸（或液压马达）的流量。

A. 溢流阀　　B. 减压阀　　C. 增压阀　　D. 节流阀

67. 调压阀调节的是出口压力，使其低于进口压力，并能保持出口压力稳定的元件是（　）。

A. 溢流阀　　B. 减压阀　　C. 增压阀　　D. 节流阀

68. 角铁式车床夹具检查平衡时，用手转动花盘至工件在旋转的顶点与底点之间，然后放松花盘，如花盘转动而工件（　），则表示不平衡。

A. 不动　　B. 转动一点后停止

C. 旋转到底　　D. 一起转动

69. 安装冲模时，要检查压力机上的打料螺钉，并把它调整到（　），以免顶坏打料机构。

A. 最高　　B. 最低　　C. 中间　　D. 适当位置

70. 凸、凹模咬合深度的调整是依靠调节压力机（　）长度来实现的。

A. 滑块　B. 连杆　C. 曲柄　D. 模具闭合高度

71. 弯曲模定位零件的定位形状应与坯件（　　）。

A. 大致相同　B. 一致　C. 相似　D. 部分相似

72. 注射机的合模机构对模具所能施加的最大夹紧力是（　　）。

A. 公称注射量　B. 锁模力　C. 塑化能力　D. 注射速度

73. 当注射机采用全液压式锁模机构时，其最大开模行程等于注射机移动模板与固定模板之间的最大开距减去（　　）。

A. 模具大小　B. 模具厚度

C. 拉杆空间　D. 注射机的最大装模厚度

74. 注射模安装后，要调节（　　），以保证正常顶出塑件。

A. 行程　B. 装模高度　C. 开模距离　D. 顶出距离

75. 引起夹具夹紧装置失效的原因是（　　）。

A. 引导长度太长　B. 夹紧力增大　C. 夹紧行程太长　D. 传力机构失效

76. 引起弯曲模产生裂纹的原因是（　　）。

A. 弯曲线与板料的纤维方向不平行　B. 弯曲力平衡

C. 定位稳定　D. 剪切断面的毛边在弯曲的外侧

77. 引起注射模塑件产生开裂的原因是（　　）。

A. 模温太高　B. 嵌件预热足够

C. 型腔脱模斜度大　D. 进料口尺寸过大

78. 引起注射模产生顶杆折断的原因是（　　）。

A. 产品脱模阻力太小　B. 顶杆直径太大

C. 注射压力、保压压力太小　D. 模温太冷

79. 冲裁模修理好后，要对修整后的冲裁模进行（　　）。

A. 试冲和调整　B. 试冲　C. 调整　D. 装配

80. 一般要求导柱的硬度不低于55HRC，推杆的硬度不低于45HRC，要求导套的硬度不低于（　　）硬度为宜。

A. 凸模　B. 凹模　C. 推杆　D. 导柱

二、判断题（将判断结果填写在括号内，正确的填“√”，错误的填“×”。每题1分，共20分）

1. “德治”与“法治”同等重要，二者相辅相成，不可或缺。（　　）

2. 装配图中标注的尺寸，包括规格（性能）尺寸、装配尺寸、安装尺寸和外形总体尺寸等。（　　）

3. 正火的目的是细化晶粒、均匀组织、提高机械性能。 (   )

4. 国标规定每类机床划分为 10 个组，每个组又划分为 10 个系。 (   )

5. 一般法兰类零件各表面粗糙度 Ra 值均在 1.6 μm 以上，故可在车床上加工。(   )

6. 液压泵的实际输出流量随排油压力的升高而升高。 (   )

7. 胸外按压法适用于有呼吸但无心跳的触电者。 (   )

8. 划线时用来确定零件各部位尺寸、几何形状及相应位置的依据称为设计基准。 (   )

9. 进给量过大容易引起切削刃迅速磨损或碎裂。 (   )

10. 刮刀可分为平面刮刀和曲面刮刀两种。 (   )

11. 手工研磨的运动轨迹有直线、直线摆动、螺旋形、8 字形等。 (   )

12. 利用角度量块附件把不同角度的量块组成需要的角度，常用于检定和调整普通精度的测角仪器，不可用于直接测量精密模具零件的角度。 (   )

13. 轴承一端双向固定法是将右端轴承双向固定，左端轴承可随轴轴向游动。 (   )

14. 在拉深过程中，坯料的凸缘部分（即 $D-d$ 的环形部分）是不变形区。 (   )

15. 一般弯曲凸、凹模在加工过程中，能按图样要求，达到一定的加工精度，并保证凸、凹模间隙均匀，可以采用配作装配法。 (   )

16. 操作冲床前，要检查安全操作工具或安全装置是否完好，工位器具是否完好、齐全。 (   )

17. 弯曲模在试模在调压时，最好把纸板放在模具工作位置上进行调整。 (   )

18. 钻（镗）套的引导长度太长会引起夹具引导不良。 (   )

19. 粘接修理法不能实现异种材料粘接。 (   )

20. 对于零件上的缺陷，要在零件图上画出。 (   )

理论知识考试模拟试卷（一）参考答案

一、单项选择题

1. B	2. A	3. A	4. C	5. D	6. B	7. D	8. D	9. A
10. C	11. D	12. D	13. D	14. C	15. D	16. C	17. C	18. B
19. C	20. A	21. D	22. B	23. A	24. A	25. A	26. A	27. B
28. B	29. D	30. B	31. B	32. C	33. C	34. D	35. D	36. B
37. D	38. B	39. B	40. D	41. A	42. B	43. A	44. A	45. A
46. A	47. D	48. B	49. B	50. A	51. A	52. B	53. A	54. C

55. D 56. A 57. C 58. B 59. B 60. C 61. B 62. C 63. C
64. A 65. A 66. C 67. A 68. A 69. D 70. A 71. B 72. B
73. B 74. B 75. B 76. B 77. A 78. B 79. B 80. B

二、判断题

1. √ 2. √ 3. √ 4. √ 5. × 6. × 7. × 8. ×
9. × 10. √ 11. √ 12. √ 13. √ 14. √ 15. × 16. ×
17. × 18. × 19. × 20. ×

理论知识考试模拟试卷（二）参考答案

一、单项选择题

1. C 2. A 3. A 4. A 5. C 6. A 7. A 8. C 9. D
10. C 11. C 12. C 13. D 14. D 15. B 16. B 17. A 18. B
19. C 20. B 21. A 22. C 23. C 24. B 25. A 26. B 27. D
28. B 29. C 30. C 31. B 32. D 33. B 34. B 35. A 36. C
37. C 38. B 39. C 40. B 41. C 42. D 43. D 44. B 45. B
46. A 47. D 48. B 49. B 50. D 51. A 52. A 53. B 54. D
55. B 56. B 57. C 58. B 59. A 60. C 61. B 62. B 63. D
64. D 65. D 66. D 67. B 68. C 69. D 70. B 71. B 72. B
73. B 74. D 75. D 76. D 77. D 78. D 79. A 80. D

二、判断题

1. √ 2. √ 3. √ 4. √ 5. √ 6. × 7. √ 8. ×
9. √ 10. √ 11. √ 12. × 13. √ 14. × 15. × 16. √
17. × 18. × 19. × 20. ×

第四章　操作技能考核指南

➤ 操作技能考核解读

职业资格四级/中级工具钳工操作技能考核内容结构表

考试内容			选考方式	鉴定比重（%）	考试时间（min）	考核形式
工艺装备零件的加工（50）	划线	零件图识读	必考	5	10	实操
		零件划线		5	15	
	零件加工	刀具的刃磨	必考	5	15	
		錾削、锯削、锉削加工		15	45	
		孔加工		5	20	
		刮削加工	任选一项	5	15	
		研磨与抛光				
		制作加工				
		表面修整				
	零件的精度测量	通用量具测量	必考	5	15	
		专用量具、量仪测量		5	15	
工艺装备的装配、调试（35）	装配前的准备	识图与装配工具准备	必考	5	15	
		精度检测与平衡试验		5	15	
	装配	冲裁模具的装配	任选一项	15	45	
		注射模具的装配				
		液压、气压装置的装配				
		机床夹具的装配				
	调试	机床夹具的调试	任选一项	10	30	
		冲裁模具的调试				
		注射模具的调试				
		其他安装调试				

续表

考试内容			选考方式	鉴定比重（%）	考试时间（min）	考核形式
工艺装备的维修（15）	故障的分析与检查	夹具故障检查与分析	任选一项	5	10	实操
		冷冲模故障检查与分析				
		型腔模故障检查与分析				
	修理	夹具的维护与维修	任选一项	10	35	
		冷冲模的维修				
		型腔模的维修				
		其他工艺装备的维护与维修				

职业资格四级/中级工具钳工操作技能鉴定要素细目表

鉴定范围：四级						选考方式	鉴定点	
名称	鉴定比重（%）	名称	鉴定比重（%）	名称	鉴定比重（%）		代码	名称
工艺装备零件的加工	50	划线	10	零件图识读	5	必考	001	较复杂零件图的识读
				零件划线	5		001	立体划线（IT13）
							002	找正与借料
		零件加工	30	刀具的刃磨	5	必考	001	群钻的刃磨
							002	铰刀的研磨
				錾、锯、锉削加工	15		001	平面、曲面的锉削加工（IT9，*Ra*1.6）
				孔加工	5		001	钻孔、扩孔、锪孔加工（IT11）
							002	铰孔加工（IT7，*Ra*1.6）
				刮削加工	5	任选一项	001	平板刮削（2 级）
				研磨与抛光			001	平面、孔、轴、成型零件的研磨（IT4，*Ra*0.4）
							002	模具型面的细研加工
							003	零件抛光
				制作加工			001	平面工作样板、卡板制作
							002	塞规、环规制作（IT4）
				表面修整			001	使用电动、风动工具进行表面修整

续表

鉴定范围：四级						选考方式	鉴定点	
名称	鉴定比重（%）	名称	鉴定比重（%）	名称	鉴定比重（%）		代码	名称
工艺装备零件的加工	50	零件的精度测量	10	通用量具测量	5	必考	001	间接测量法和涂色法测量零件精度
				专用量具、量仪测量	5		001	水平仪测量零件精度
							002	正弦规测量零件精度
							003	角度量块测量零件精度
工艺装备的装配、调试	35	装配前的准备	10	识图与装备工具准备	5	必考	001	装配系统图的识读
							002	装配工艺卡的识读
				精度检测与平衡试验	5		001	装配精度的检测
							002	旋转零件静平衡试验
		装配	15	冲裁模具的装配	15	任选一项	001	简单复合、级进冲裁模装配
							002	单工序弯曲、拉延、成型模装配
				注射模具的装配			001	单分型面及简单型腔注射模装配
				机床夹具的装配			001	钻床、车床、铣床夹具的装配
				液压、气压装置的装配			001	普通液压元件、控制阀及辅件的装配
							002	普通气压元件、控制阀及辅件的装配
		调试	10	冲裁模具的调试	10	任选一项	001	单工序冲裁模的安装与调试
							002	简单复合、级进冲裁模的调试
							003	单工序弯曲、拉延、成型模的调试
				注射模具的调试			001	单分型面及简单型腔注射模的调试
				机床夹具的调试			001	钻床、车床、铣床夹具的调试
				其他安装调试			001	各类模具、夹具在工作设备上的安装

续表

鉴定范围：四级						选考方式	鉴定点	
名称	鉴定比重（%）	名称	鉴定比重（%）	名称	鉴定比重（%）		代码	名称
工艺装备的维修	15	故障的分析与检查	5	夹具故障检查与分析	5	任选一项	001	定位误差过大、引导不良、夹紧失效的故障原因分析
				冷冲模故障检查与分析			001	定位不良、卸料不顺、导料不畅的故障原因分析
				型腔模故障检查与分析			001	脱模不顺、冷却水渗漏、顶杆折断的原因分析
		修理	10	夹具的维护与维修	10	任选一项	001	夹具定位误差过大、引导不良、夹紧失效的故障维修
				冷冲模的维修			001	冷冲模定位不良、卸料不顺、导料不畅的故障维修
				型腔模的维修			001	型腔模脱模不顺、冷却水渗漏、顶杆折断的故障维修
				其他工艺装备的维护与维修			001	夹具、模具的更换零件的测绘
							002	夹具、模具的磨损零件的修复

➢ 操作技能考核试题

试题 4—1　制作单槽角度对配

一、考前准备

1．设备准备

长度单位：mm

序号	名称	规格	数量	备注
1	钻床	Z4112	1 台/5 人	
2	平口钳		1 台	根据钻床型号和数量制备
3	工作台（含台虎钳）		1 台/人	
4	平板	600×450/1 级	4 块	
5	方箱		4 个	
6	砂轮机		1 台/5 人	

说明：a）钳工工作台高度应符合要求，并对特殊情况应备有脚踏板。

b）台钻的配备数量应不低于每 5 人 1 台的要求。

c）提供部分共用平板。

2. 工具准备

长度单位：mm

序号	名称	规格	单位	数量	备注
1	平锉	300（1号纹）、250（2号纹）、150（2号纹）、150（3号纹）	把	各1把	
2	方锉	150（2号纹）	把	1	
		150（3号纹）	把	2	
3	麻花钻	ϕ2、ϕ4、ϕ7.8、ϕ12	支	各1支	
4	狭錾		把	1	
5	划针		支	1	
6	划规		把	1	
7	样冲		支	1	
8	钢直尺		把	1	
9	软钳口		副	1	
10	锯弓		把	1	
11	锯条		根	自定	
12	靠铁		件	1	
13	油石		块	1	
14	锤子		把	1	
15	铰刀	ϕ8H8	支	1	
16	铰杠		把	1	
17	游标高度卡尺	0~300/0.02	把	1	
18	游标卡尺	0~150/0.02	把	1	
19	外径千分尺	0~25/0.01、25~50/0.01、50~75/0.01	把	各1把	
20	游标万能角度尺	0°~320°	把	1	
21	刀口形直角尺	100×63/Ⅰ级	把	1	
22	刀口形直尺	125/Ⅰ级	件	1	
23	检验棒	ϕ8H8×20	个	2	
24	塞尺	0.01~2	把	1	
25	锉刀刷		把	1	
26	护目镜		副	1	

3．材料准备

名　　称	尺寸规格（mm）	材质	数量	备　　注
单槽角度对配毛坯料	66×46×8	45	2件/人	加工成形（见毛坯料图）

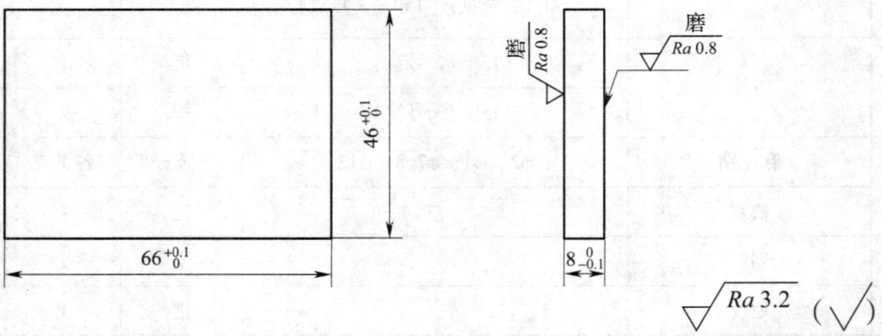

名称	单槽角度对配毛坯料
材料	45
数量	1件

二、考件图样（见图4—1）

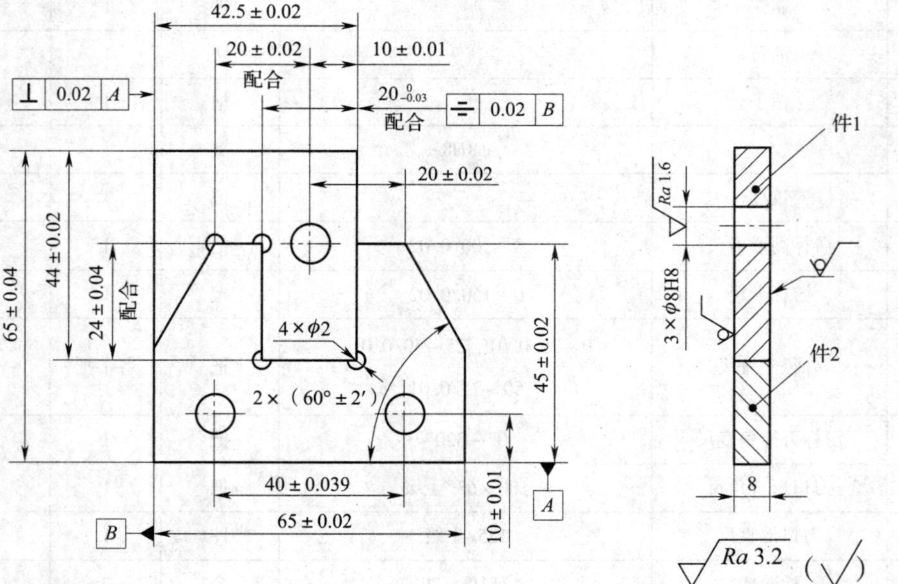

技术要求

1. 件2按件1配作，锐边倒圆R0.3。
2. 换向、换位配合单边间隙≤0.05，错位量≤0.08。
3. 全部配合面平面度0.015。

名称	单槽角度对配
材料	45
工时	5h

图4—1　单槽角度对配

三、考核内容

1．准备工作：劳动保护用品穿戴整齐，工具准备齐全，认真阅读试题图样和要求。

2．操作过程：按图 4—1 的图样要求和技术要求，利用合理的加工工艺进行制作加工并达到其精度要求。

3．使用工具：正确使用工具，且工具摆放整齐。

4．安全及其他：严格遵守有关安全操作规程，服从考评工作人员的安排与指挥，工作场地保持清洁、整齐、有序，在规定时间内完成操作，考试结束时清理现场。

四、考核时限

准备工作 15 min，正式操作 5 h。计时从正式操作开始，至操作完毕。操作超时 1 min，从总分中扣 5 分；超时 3 min，停止操作。

五、配分、评分标准

长度单位：mm

序号	考核内容	考核项目		配分	评分标准	检测结果	扣分	得分
1	准备工作	穿戴劳保用品		3	未穿戴整齐扣 3 分			
		工具、用具准备		2	工具选择不正确扣 2 分			
2	加工制作	65 ± 0.02		5	超差不得分			
3		42.5 ± 0.02		5				
4		$20_{-0.03}^{\ 0}$		5				
5		44 ± 0.02		5				
6		24 ± 0.04		4				
7		65 ± 0.04		5				
8		40 ± 0.039		3				
9		$\phi 8H8$	3 处	6	超差 1 处扣 2 分			
10		$60° \pm 2'$	2 处	8	超差 1 处扣 4 分			
11		⊥ 0.02 *A*		5	超差不得分			
12		≡ 0.02 *B*		5				
13		配合单边间隙 ≤0.05	5 处	20	超差 1 处扣 4 分			
14		外形错位量≤0.08		4	超差不得分			
15		*Ra*3.2 μm、*Ra*1.6 μm		10	超差 1 处扣 1 分，扣完为止			

续表

序号	考核内容	考核项目	配分	评分标准	检测结果	扣分	得分
16	使用工具	正确使用工具	2	工具使用不正确扣 2 分			
		正确维护工具	3	工具乱摆乱放扣 3 分			
17	安全及其他	按国家法规或企业规定		违规一次总分扣 5 分，严重违规停止操作			
		在规定时间内完成操作		超时 1 min 总分扣 5 分，超时 3 min 停止操作			
合计			100	考试得分			
考评员：			核分员：		日期：		

试题 4—2 制作六方拼块

一、考前准备

1. 设备准备

长度单位：mm

序号	名称	规格	数量	备注
1	钻床	Z4112	1 台/5 人	
2	平口钳		1 台	根据钻床型号和数量制备
3	工作台（含台虎钳）		1 台/人	
4	平板	600×450/1 级	4 块	
5	方箱		4 个	
6	砂轮机		1 台/5 人	

说明：a）钳工工作台高度应符合要求，并对特殊情况应备有脚踏板。

b）台钻的配备数量应不低于每 5 人 1 台的要求。

c）提供部分共用平板。

2. 工具准备

长度单位：mm

序号	名称	规格	单位	数量	备注
1	平锉	250（2 号纹）、150（2 号纹）	把	各 1 把	
2	锤子		把	1	

续表

序号	名称	规格	单位	数量	备注
3	样冲		支	1	
4	麻花钻	ϕ7.8、ϕ8、ϕ11.8	支	各1支	
5	铰刀	ϕ8H7、ϕ12H7	支	各1支	
6	铰杠		把	1	
7	软钳口		副	1	
8	划规		把	1	
9	划针		支	1	
10	锯弓		把	1	
11	锯条		根	自定	
12	靠铁		块	1	
13	油石		块	1	
14	游标高度卡尺	0~300/0.02	把	1	
15	游标卡尺	0~150/0.02	把	1	
16	外径千分尺	0~25/0.01、25~50/0.01、50~75/0.01	把	1	
17	游标万能角度尺	0°~320°	把	1	
18	刀口形直角尺	150/Ⅰ级	把	1	
19	杠杆百分表表座		个	1	
20	正弦规	100×80	套	1	
21	量块	83件	套	1	
22	检验棒	ϕ8H7、ϕ12H7	个	各2个	
23	深度千分尺	0~25/0.01	把	1	
24	钢直尺	0~150	把	1	
25	杠杆百分表	0~3	块	1	
26	锉刀刷		把	1	
27	护目镜		副	1	

3. 材料准备

名　　称	尺寸规格（mm）	材质	数量	备　　注
六方拼块毛坯料	ϕ80×9	45	1件/人	加工成形 （见毛坯料图）

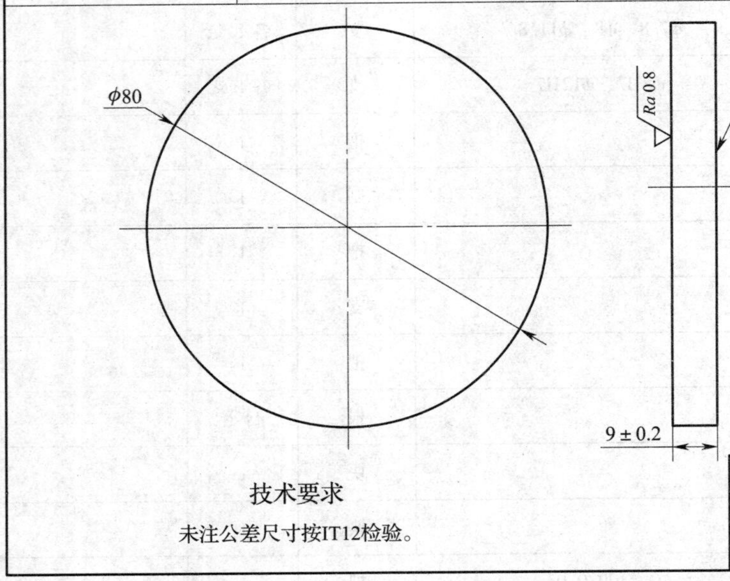

名称	六方拼块毛坯料
材料	45
数量	1件

二、考件图样（见图4—2）

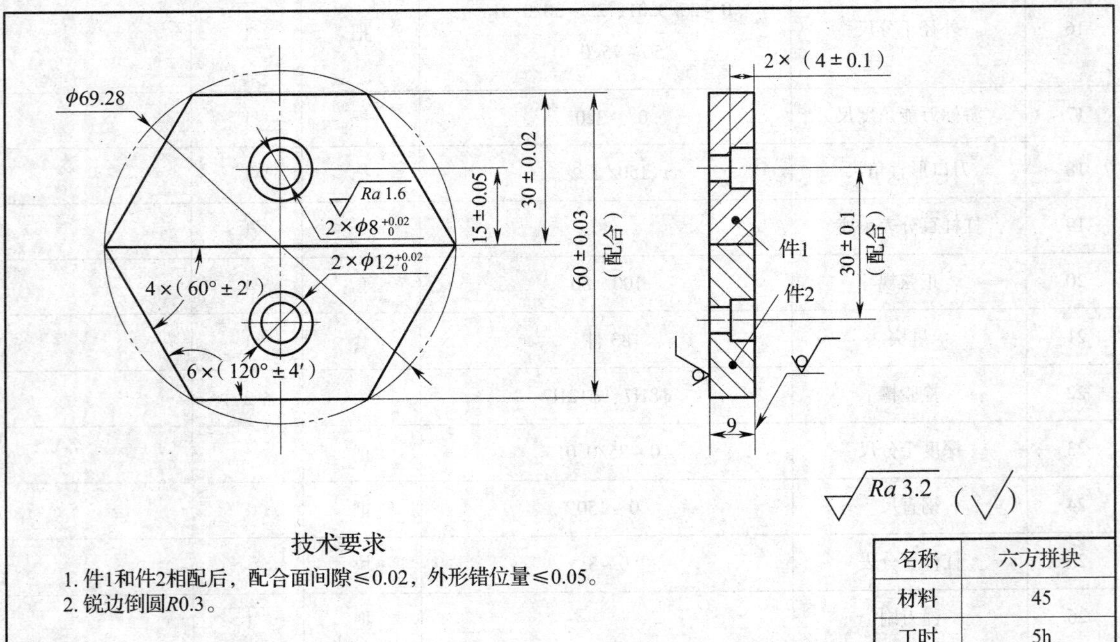

名称	六方拼块
材料	45
工时	5h

图4—2　六方拼块

三、考核内容

1．准备工作：劳动保护用品穿戴整齐，工具准备齐全，认真阅读试题图样和要求。

2．操作过程：按图4—2的图样要求和技术要求，利用合理的加工工艺进行制作加工并达到其精度要求。

3．使用工具：正确使用工具，且工具摆放整齐。

4．安全及其他：严格遵守有关安全操作规程，服从考评工作人员的安排与指挥，工作场地保持清洁、整齐、有序，在规定时间内完成操作，考试结束时清理现场。

四、考核时限

准备工作15 min，正式操作5 h。计时从正式操作开始，至操作完毕。操作超时1 min，从总分中扣5分；超时3 min，停止操作。

五、配分、评分标准

长度单位：mm

序号	考核内容	考核项目		配分	评分标准	检测结果	扣分	得分
1	准备工作	穿戴劳保用品		3	未穿戴整齐扣3分			
		工具、用具准备		2	工具选择不正确扣2分			
2	加工制作	60 ±0. 03	3处	12	超差1处扣4分			
3		30 ±0. 02	2处	6	超差1处扣3分			
4		15 ±0. 05		5	超差不得分			
5		120° ±4′	6处	18	超差1处扣3分			
6		$\phi8^{+0.02}_{0}$	2处	6				
7		$\phi12^{+0.02}_{0}$	2处	6				
8		4 ±0. 10	2处	4	超差1处扣2分			
9		60° ±2′	4处	12	超差1处扣3分			
10		30 ±0. 10		4	超差不得分			
11		配合面间隙≤0. 02		5				
12		外形错位量≤0. 05		4				
13		*Ra*3. 2 μm、*Ra*1. 6 μm、*Ra*0. 8 μm		8	超差1处扣1分，扣完为止			
14	使用工具	正确使用工具		2	工具使用不正确扣2分			
		正确维护工具		3	工具乱摆乱放扣3分			
15	安全及其他	按国家法规或企业规定			违规一次总分扣5分，严重违规停止操作			
		在规定时间内完成操作			超时1 min总分扣5分，超时3 min停止操作			
合计				100	考试得分			
考评员：				核分员：		日期：		

试题 4—3　制作凹凸角度镶配

一、考前准备

1. 设备准备

长度单位：mm

序号	名称	规格	数量	备注
1	钻床	Z4112	1 台/5 人	
2	平口钳		1 台	根据钻床型号和数量制备
3	工作台（含台虎钳）		1 台/人	
4	平板	600×450/1 级	4 块	
5	方箱		4 个	
6	砂轮机		1 台/5 人	

说明：a）钳工工作台高度应符合要求，并对特殊情况应备有脚踏板。

b）台钻的配备数量应不低于每 5 人 1 台的要求。

c）提供部分共用平板。

2. 工具准备

长度单位：mm

序号	名称	规格	单位	数量	备注
1	平锉	300（1 号纹）、200（3 号纹）、150（3 号纹）、100（3 号纹）	把	各 1 把	
2	三角锉	200（2 号纹）	把	1	
3	样冲		支	1	
4	麻花钻	$\phi3$、$\phi7.8$	支	各 1 支	
5	铰刀	$\phi8H8$	支	1	
6	铰杠		把	1	
7	软钳口		副	1	
8	钢直尺		把	1	
9	划规		把	1	
10	划针		支	1	
11	锯弓		把	1	
12	锯条		根	自定	
13	靠铁		块	1	
14	油石		块	1	

续表

序号	名称	规格	单位	数量	备注
15	锤子		把	1	
16	游标高度卡尺	0 ~ 300/0. 02	把	1	
17	游标卡尺	0 ~ 150/0. 02	把	1	
18	外径千分尺	0 ~ 25/0. 01、25 ~ 50/0. 01、50 ~ 75/0. 01	把	各 1 把	
19	游标万能角度尺	0° ~ 320°	把	1	
20	刀口形直角尺	100 × 63/ Ⅰ级	把	1	
21	刀口形直尺	150/ Ⅰ级	把	1	
22	锉刀刷		把	1	
23	检验棒	ϕ8H8	个	2	
24	护目镜		副	1	
25	錾子		支	1	

3. 材料准备

名　称	尺寸规格（mm）	材质	数量	备　注
凹凸角度镶配毛坯料	84×61×10	45	1件/人	加工成形（见毛坯料图）

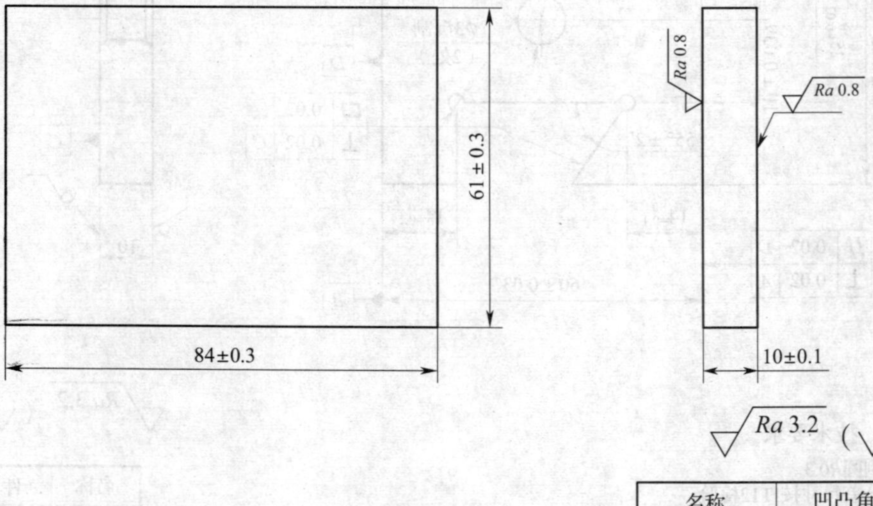

$\sqrt{Ra\ 3.2}$ ($\sqrt{}$)

名称	凹凸角度镶配毛坯料
材料	45
数量	1件

二、考件图样（见图 4—3 至图 4—5）

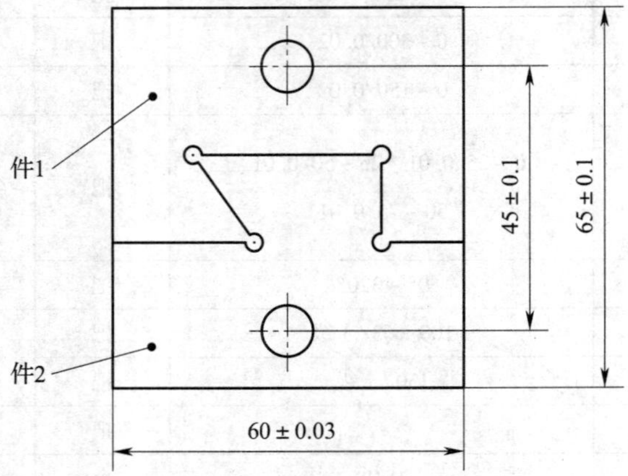

技术要求

件1与件2配合间隙≤0.05。

名称	凹凸角度镶配
材料	45
工时	5h

图 4—3　凹凸角度镶配

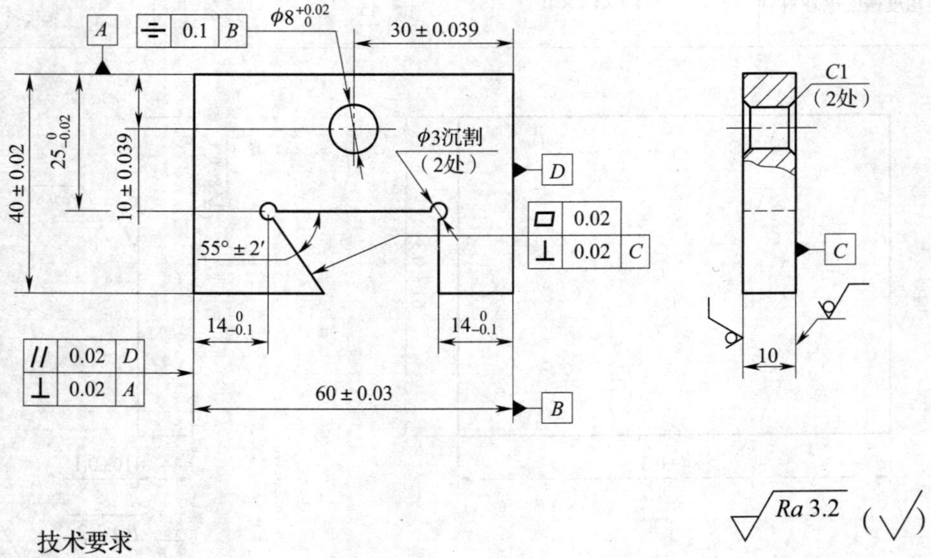

技术要求

1. 锐边倒圆R0.3。
2. 未注公差尺寸按IT12检验。

名称	件1（凹件）
材料	45

图 4—4　件 1（凹件）

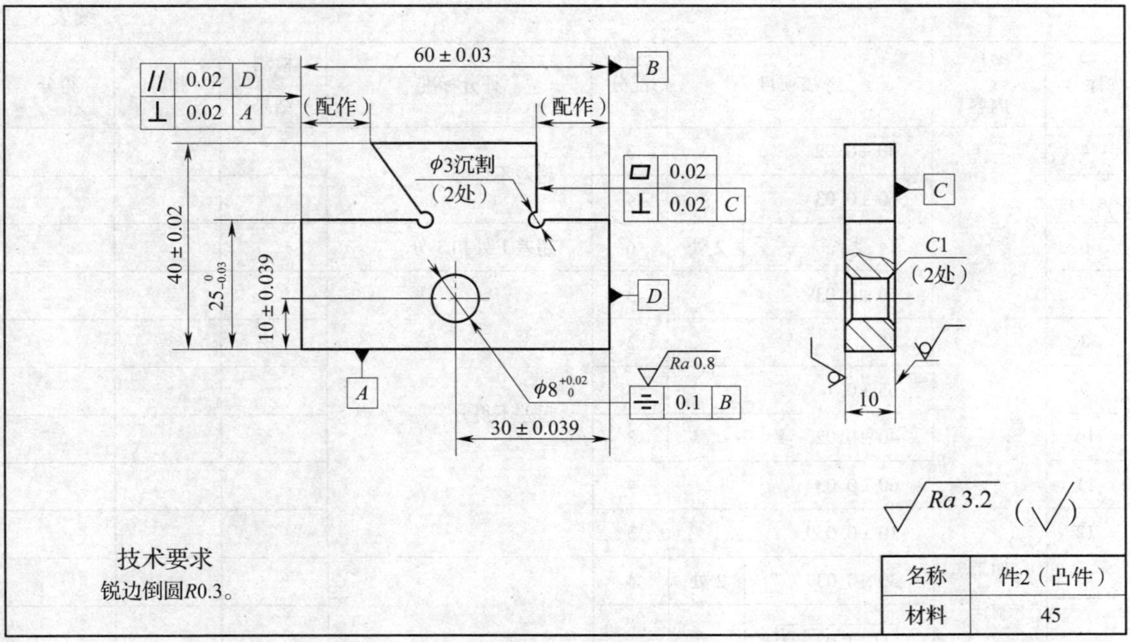

图 4—5　件 2（凸件）

三、考核内容

1. 准备工作：劳动保护用品穿戴整齐，工具准备齐全，认真阅读试题图样和要求。

2. 操作过程：按图 4—3、图 4—4 和图 4—5 的图样要求和技术要求，利用合理的加工工艺进行制作加工并达到其精度要求。

3. 使用工具：正确使用工具，且工具摆放整齐。

4. 安全及其他：严格遵守有关安全操作规程，服从考评工作人员的安排与指挥，工作场地保持清洁、整齐、有序，在规定时间内完成操作，考试结束时清理现场。

四、考核时限

准备工作 15 min，正式操作 5 h。计时从正式操作开始，至操作完毕。操作超时 1 min，从总分中扣 5 分；超时 3 min，停止操作。

五、配分、评分标准

长度单位：mm

序号	考核内容	考核项目		配分	评分标准	检测结果	扣分	得分
1	准备工作	穿戴劳保用品		3	未穿戴整齐扣 3 分			
		工具、用具准备		2	工具选择不正确扣 2 分			
2	加工制作	$\phi 8^{+0.02}_{\ 0}$	2 处	6	超差 1 处扣 3 分			
3		55° ±2′		4	超差不得分			

续表

序号	考核内容	考核项目		配分	评分标准	检测结果	扣分	得分
4	加工制作	40 ± 0. 02		3	超差不得分			
5		60 ± 0. 03		4				
6		$14^{\ 0}_{-0.1}$	2 处	6	超差 1 处扣 3 分			
7		10 ± 0. 039		3	超差不得分			
8		$25^{\ 0}_{-0.02}$		3				
9		65 ± 0. 1		4				
10		40 ± 0. 02		3				
11		60 ± 0. 03		4				
12		10 ± 0. 039		3				
13		30 ± 0. 039	2 处	4	超差 1 处扣 2 分			
14		// 0.02 D；⊥ 0.02 A	2 处	8				
15		⏥ 0.02；⊥ 0.02 C	2 处	8				
16		⌯ 0.1 B	2 处	4				
17		配合间隙≤0. 05		15	超差 1 处扣 3 分			
18		C1	4 处	4	超差 1 处扣 1 分			
19		Ra3. 2 μm、Ra0. 8 μm		8	超差 1 处扣 1 分，扣完为止			
20	使用工具	正确使用工具		2	工具使用不正确扣 2 分			
		正确维护工具		3	工具乱摆乱放扣 3 分			
21	安全及其他	按国家法规或企业规定			违规一次总分扣 5 分，严重违规停止操作			
		在规定时间内完成操作			超时 1 min 总分扣 5 分，超时 3 min 停止操作			
合计				100	考试得分			

考评员： 核分员： 日期：

试题 4—4　制作样板锉配

一、考前准备

1. 设备准备

长度单位：mm

序号	名称	规格	数量	备注
1	钻床	Z4112	1 台/5 人	
2	平口钳		1 台	根据钻床型号和数量制备
3	工作台（含台虎钳）		1 台/人	
4	平板	600×450/1 级	4 块	
5	方箱		4 个	
6	砂轮机		1 台/5 人	

说明：a）钳工工作台高度应符合要求，并对特殊情况应备有脚踏板。

b）台钻的配备数量应不低于每 5 人 1 台的要求。

c）提供部分共用平板。

2. 工具准备

长度单位：mm

序号	名称	规格	单位	数量	备注
1	平锉	300（1 号纹）、200（3 号纹）、100（2 号纹）	把	各 1 把	
2	三角锉	150（2 号纹）	把	1	
3	什锦锉		套	1	
4	麻花钻	$\phi3$、$\phi9.8$	支	各 1 支	
5	铰刀	$\phi10H8$	支	1	
6	铰杠		把	1	
7	划规		把	1	
8	划针		支	1	
9	样冲		支	1	
10	钢直尺		把	1	
11	锯弓		把	1	
12	锯条		根	自定	
13	靠铁		块	1	
14	油石		块	1	
15	锤子		把	1	
16	软钳口		副	1	

续表

序号	名称	规格	单位	数量	备注
17	游标高度卡尺	0～300/0.02	把	1	
18	游标卡尺	0～150/0.02	把	1	
19	外径千分尺	0～25/0.01、50～75/0.01、75～100/0.01	把	各1把	
20	游标万能角度尺	0°～320°	把	1	
21	刀口形直角尺	100×63/Ⅰ级	把	1	
22	刀口形直尺	150/Ⅰ级	把	1	
23	塞尺	0.01～2	把	1	
24	塞规	ϕ10H8	支	1	
25	锉刀刷		把	1	
26	样板	90°±4′	件	1	
27	护目镜		副	1	
28	錾子		支	1	

3. 材料准备

名称	尺寸规格（mm）	材质	数量	备注
样板锉配毛坯料	100×81×10	45	1件/人	加工成形（见毛坯料图）

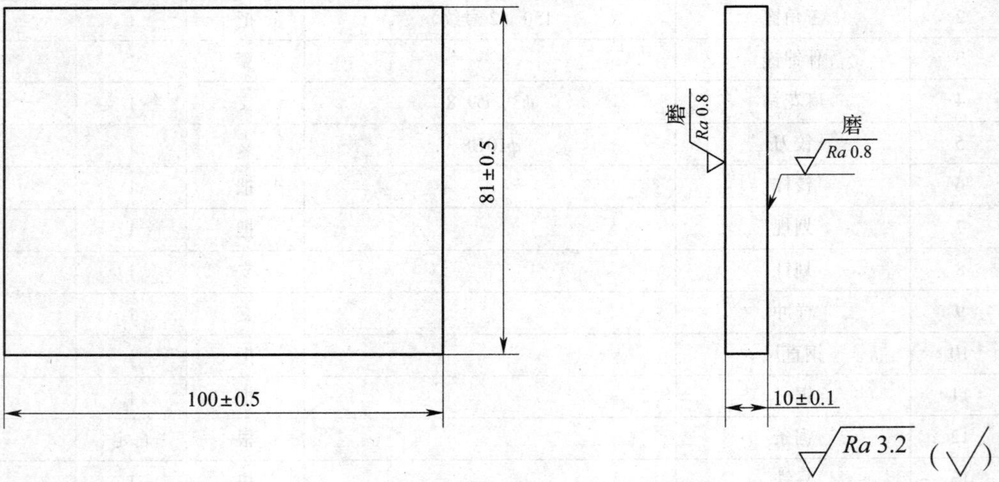

名称	样板锉配毛坯料
材料	45
数量	1件

二、考件图样（见图 4—6）

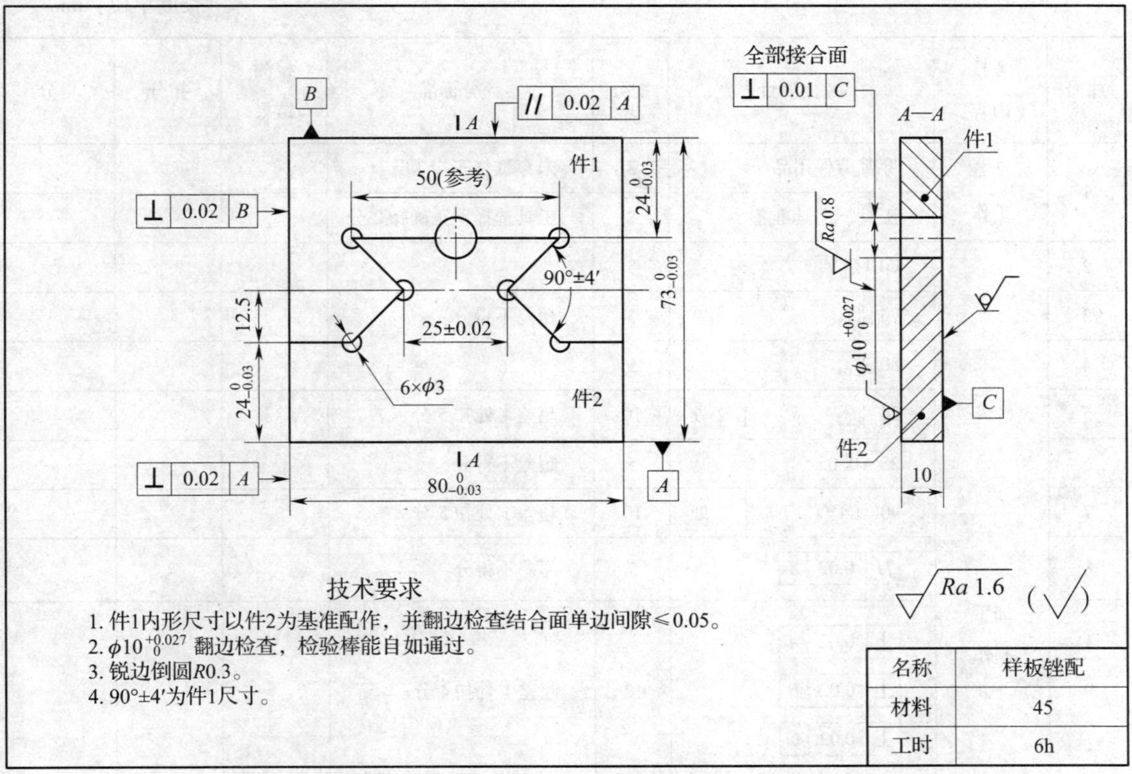

图 4—6　样板锉配

三、考核内容

1. 准备工作：劳动保护用品穿戴整齐，工具准备齐全，认真阅读试题图样和要求。

2. 操作过程：按图 4—6 的图样要求和技术要求，利用合理的加工工艺进行制作加工并达到其精度要求。

3. 使用工具：正确使用工具，且工具摆放整齐。

4. 安全及其他：严格遵守有关安全操作规程，服从考评工作人员的安排与指挥，工作场地保持清洁、整齐、有序，在规定时间内完成操作，考试结束时清理现场。

四、考核时限

准备工作 15 min，正式操作 6 h。计时从正式操作开始，至操作完毕。操作超时 1 min，从总分中扣 5 分；超时 3 min，停止操作。

五、配分、评分标准

长度单位：mm

序号	考核内容	考核项目	配分	评分标准	检测结果	扣分	得分
1	准备工作	穿戴劳保用品	3	未穿戴整齐扣 3 分			
		工具、用具准备	2	工具选择不正确扣 2 分			
2	加工制作	$\phi10^{+0.027}_{0}$	5	超差不得分			
3		$73^{0}_{-0.03}$	5				
4		$80^{0}_{-0.03}$	5				
5		$24^{0}_{-0.03}$　2 处	10	超差 1 处扣 5 分			
6		25 ±0.02	5	超差不得分			
7		90° ±4′　2 处	10	超差 1 处扣 5 分			
8		∥ 0.02 A	5	超差不得分			
9		⊥ 0.02 A ⊥ 0.02 B ⊥ 0.02 C	12	超差 1 处扣 4 分			
10		单边间隙≤0.05	18	超差 1 处扣 2 分			
11		$\phi10^{+0.02}_{0}$ 翻边检查，检验棒能自如通过	5	不符合不得分			
12		$Ra1.6\ \mu m$、$Ra0.8\ \mu m$	10	超差 1 处扣 1 分，扣完为止			
13	使用工具	正确使用工具	2	工具使用不正确扣 2 分			
		正确维护工具	3	工具乱摆乱放扣 3 分			
14	安全及其他	按国家法规或企业规定		违规一次总分扣 5 分，严重违规停止操作			
		在规定时间内完成操作		超时 1 min 总分扣 5 分，超时 3 min 停止操作			
合计			100	考试得分			

考评员：	核分员：	日期：

试题 4—5 制作双角对配

一、考前准备

1. 设备准备

长度单位：mm

序号	名称	规格	数量	备注
1	钻床	Z4112	1 台/5 人	
2	平口钳		1 台	根据钻床型号和数量制备
3	工作台（含台虎钳）		1 台/人	
4	平板	600×450/1 级	4 块	
5	方箱		4 个	
6	砂轮机		1 台/5 人	

说明：a）钳工工作台高度应符合要求，并对特殊情况应备有脚踏板。

b）台钻的配备数量应不低于每 5 人 1 台的要求。

c）提供部分共用平板。

2. 工具准备

长度单位：mm

序号	名称	规格	单位	数量	备注
1	平锉	300（1 号纹）、200（2 号纹）、150（3 号纹）	把	各 1 把	
2	三角锉	250（2 号纹）	把	1	
3	什锦锉		套	1	
4	麻花钻	ϕ3、ϕ7.8	支	1	
5	铰刀	ϕ8H8	支	1	
6	铰杠		把	1	
7	划规		把	1	
8	划针		支	1	
9	样冲		支	1	
10	钢直尺	0～150	把	1	
11	软钳口		副	1	
12	锯弓		把	1	
13	锯条		根	自定	
14	靠铁		块	1	
15	油石		块	1	
16	锤子		把	1	
17	游标高度卡尺	0～300/0.02	把	1	
18	游标卡尺	0～150/0.02	把	1	

续表

序号	名称	规格	单位	数量	备注
19	外径千分尺	0～25/0.01、25～50/0.01、50～75/0.01	把	各1把	
20	游标万能角度尺	0°～320°	把	1	
21	刀口形直角尺	100×63/Ⅰ级	把	1	
22	刀口形直尺	150/Ⅰ级	把	1	
23	杠杆百分表		块	1	
24	杠杆百分表表座		个	1	
25	正弦规		套	1	
26	量块	83件	套	1	
27	塞尺	0.01～2	把	1	
28	錾子		把	1	
29	护目镜		副	1	
30	锉刀刷		把	1	

3. 材料准备

名称	尺寸规格（mm）	材质	数量	备注
双角对配毛坯料	120×41×6	45	1件/人	加工成形（见毛坯料图）

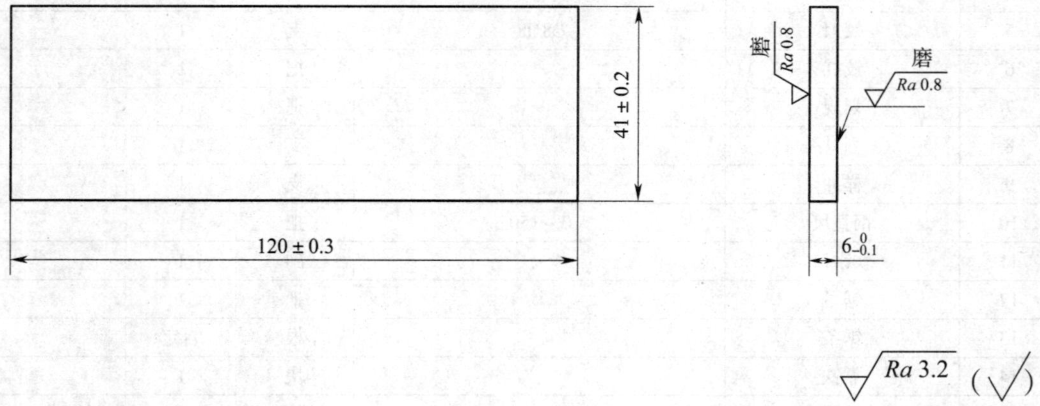

名称	双角对配毛坯料
材料	45
数量	1件

二、考件图样（见图 4—7）

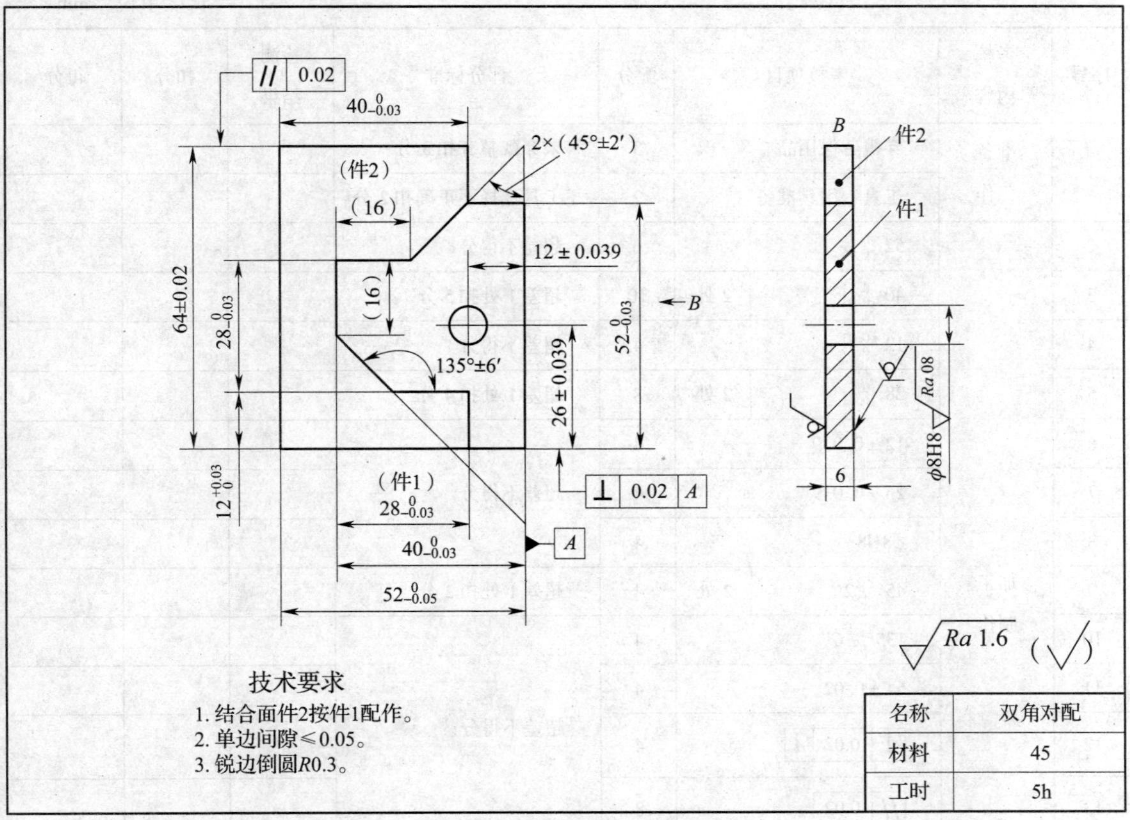

图 4—7　双角对配

三、考核内容

1．准备工作：劳动保护用品穿戴整齐，工具准备齐全，认真阅读试题图样和要求。

2．操作过程：按图 4—7 的图样要求和技术要求，利用合理的加工工艺进行制作加工并达到其精度要求。

3．使用工具：正确使用工具，且工具摆放整齐。

4．安全及其他：严格遵守有关安全操作规程，服从考评工作人员的安排与指挥，工作场地保持清洁、整齐、有序，在规定时间内完成操作，考试结束时清理现场。

四、考核时限

准备工作 15 min，正式操作 5 h。计时从正式操作开始，至操作完毕。操作超时 1 min，从总分中扣 5 分；超时 3 min，停止操作。

五、配分、评分标准

长度单位：mm

序号	考核内容	考核项目		配分	评分标准	检测结果	扣分	得分
1	准备工作	穿戴劳保用品		3	未穿戴整齐扣3分			
		工具、用具准备		2	工具选择不正确扣2分			
2	加工制作	$52_{-0.05}^{\ 0}$		6	超差不得分			
3		$40_{-0.03}^{\ 0}$	2处	10	超差1处扣5分			
4		$12_{\ 0}^{+0.03}$		4	超差不得分			
5		$28_{-0.03}^{\ 0}$	2处	8	超差1处扣4分			
6		12 ± 0.039		4				
7		26 ± 0.039		4	超差不得分			
8		$\phi 8H8$		4				
9		$45° \pm 2'$	2处	4	超差1处扣2分			
10		$135° \pm 6'$		4				
11		64 ± 0.02		4				
12		⊥ 0.02 A		4	超差不得分			
13		∥ 0.02		8				
14		单边间隙≤0.05		18	超差1处扣3分			
15		$Ra0.8\ \mu m$、$Ra1.6\ \mu m$		8	超差1处扣1分，扣完为止			
16	使用工具	正确使用工具		2	工具使用不正确扣2分			
		正确维护工具		3	工具乱摆乱放扣3分			
17	安全及其他	按国家法规或企业规定			违规一次总分扣5分，严重违规停止操作			
		在规定时间内完成操作			超时1 min总分扣5分，超时3 min停止操作			
合计				100	考试得分			
考评员：				核分员：		日期：		

试题 4—6　制作燕尾圆弧板

一、考前准备

1. 设备准备

长度单位：mm

序号	名称	规格	数量	备注
1	钻床	Z4112	1 台/5 人	
2	平口钳		1 台	根据钻床型号和数量制备
3	工作台（含台虎钳）		1 台/人	
4	平板	600×450/1 级	4 块	
5	方箱		4 个	
6	砂轮机		1 台/5 人	

说明：a）钳工工作台高度应符合要求，并对特殊情况应备有脚踏板。

b）台钻的配备数量应不低于每 5 人 1 台的要求。

c）提供部分共用平板。

2. 工具准备

长度单位：mm

序号	名称	规格	单位	数量	备注
1	平锉	300（1 号纹）、200（2 号纹）、150（2 号纹）、150（3 号纹）	把	各 1 把	
2	三角锉	150（2 号纹）	把	1	
3	半圆锉	200（2 号纹）、150（3 号纹）	把	各 1 把	
4	什锦锉		套	1	
5	样冲		支	1	
6	扁錾		把	1	
7	麻花钻	$\phi 4$、$\phi 5$、$\phi 8.5$、$\phi 9.8$	支	各 1 支	
8	丝锥	M10	副	1	
9	铰刀	$\phi 10H7$、$\phi 12H9$	支	各 1 支	

续表

序号	名称	规格	单位	数量	备注
10	铰杠		把	1	
11	划规		把	1	
12	划针		支	1	
13	锯弓		把	1	
14	锯条		根	自定	
15	靠铁		块	1	
16	油石		块	1	
17	锤子		把	1	
18	软钳口		副	1	
19	游标高度卡尺	0 ~ 300/0. 02	把	1	
20	游标卡尺	0 ~ 150/0. 02	把	1	
21	游标深度卡尺	0 ~ 200/0. 02	把	1	
22	外径千分尺	75 ~ 100/0. 01	把	1	
23	游标万能角度尺	0° ~ 320°	把	1	
24	刀口形直角尺	100 × 63/ Ⅰ级	把	1	
25	R 规	15 ~ 25	把	1	
26	杠杆百分表	0 ~ 3	块	1	
27	杠杆百分表表座		个	1	
28	量块	83 件	套	1	
29	正旋规	100 × 80	套	1	
30	检验棒	ϕ10H7 × 30	个	2	
		ϕ10H9 × 30	个	1	
31	螺纹塞规	M10	副	1	
32	钢直尺	0 ~ 150	把	1	
33	V 形铁	60 ~ 100/I 级	把	1	
34	护目镜		副	1	
35	锉刀刷		把	1	

3. 材料准备

名　　称	尺寸规格（mm）	材质	数量	备　　注
燕尾圆弧板毛坯料	81×81×10	45	1件/人	加工成形 （见毛坯料图）

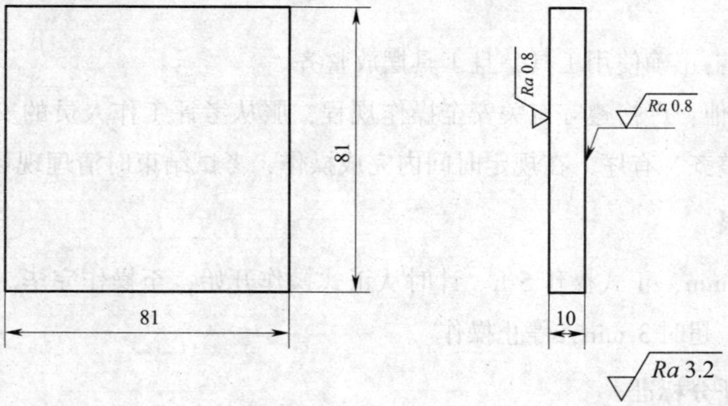

名称	燕尾圆弧板毛坯料
材料	45
数量	1件

二、考件图样（见图4—8）

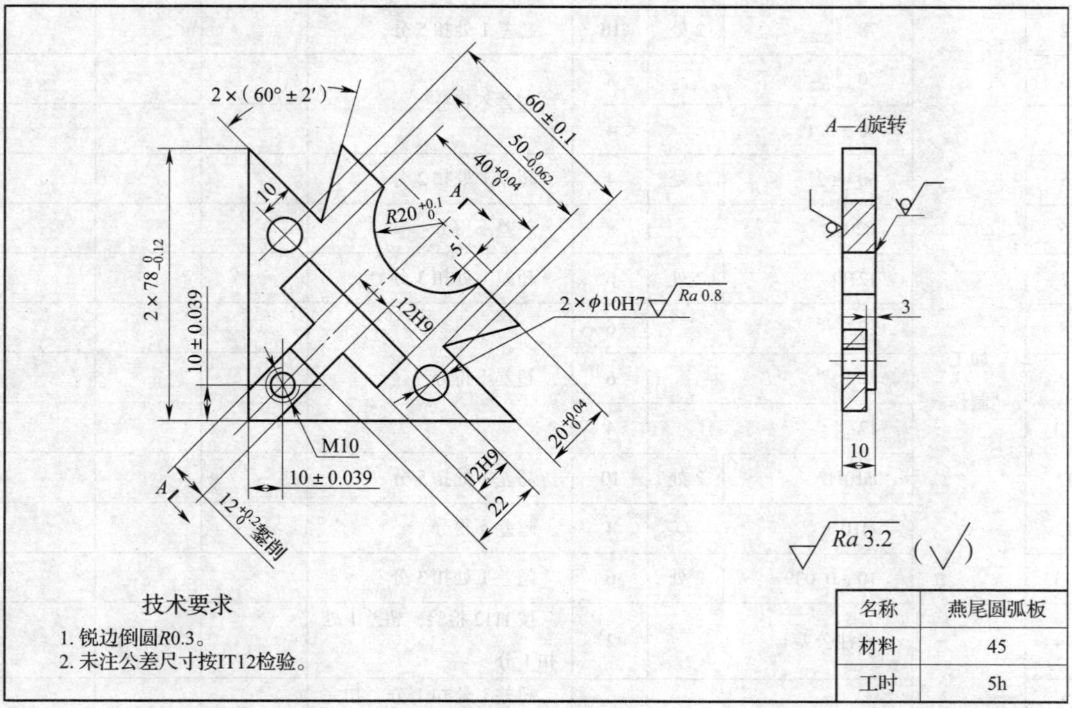

图4—8　燕尾圆弧板

三、考核内容

1．准备工作：劳动保护用品穿戴整齐，工具准备齐全，认真阅读试题图样和要求。

2．操作过程：按图 4—8 的图样要求和技术要求，利用合理的加工工艺进行制作加工并达到其精度要求。

3．使用工具：正确使用工具，且工具摆放整齐。

4．安全及其他：严格遵守有关安全操作规程，服从考评工作人员的安排与指挥，工作场地保持清洁、整齐、有序，在规定时间内完成操作，考试结束时清理现场。

四、考核时限

准备工作 15 min，正式操作 5 h。计时从正式操作开始，至操作完毕。操作超时 1 min，从总分中扣 5 分；超时 3 min，停止操作。

五、配分、评分标准

长度单位：mm

序号	考核内容	考核项目		配分	评分标准	检测结果	扣分	得分
1	准备工作	穿戴劳保用品		3	未穿戴整齐扣 3 分			
		工具、用具准备		2	工具选择不正确扣 2 分			
2	加工制作	$78_{-0.12}^{0}$	2 处	10	超差 1 处扣 5 分			
3		$50_{-0.062}^{0}$		8	超差不得分			
4		60 ± 0.1		4				
5		$60^\circ\pm2'$	2 处	4	超差 1 处扣 2 分			
6		$R20_{0}^{+0.1}$		8	超差不得分			
7		12H9	2 处	6	超差 1 处扣 3 分			
8		$20_{0}^{+0.04}$		6	超差不得分			
9		$40_{0}^{+0.04}$		6				
10		$12_{0}^{+0.2}$		4				
11		ϕ10H7	2 处	10	超差 1 处扣 5 分			
12		M10		4	超差不得分			
13		10 ± 0.039	2 处	6	超差 1 处扣 3 分			
14		未注公差		2	按 IT12 检验，超差 1 处扣 1 分			
15		*Ra*3.2 μm、*Ra*0.8 μm		12	超差 1 处扣 1 分，扣完为止			

续表

序号	考核内容	考核项目	配分	评分标准	检测结果	扣分	得分
16	使用工具	正确使用工具	2	工具使用不正确扣 2 分			
		正确维护工具	3	工具乱摆乱放扣 3 分			
17	安全及其他	按国家法规或企业规定		违规一次总分扣 5 分，严重违规停止操作			
		在规定时间内完成操作		超时 1 min 总分扣 5 分，超时 3 min 停止操作			
合计			100	考试得分			
考评员：			核分员：		日期：		

试题 4—7　制作三角尺

一、考前准备

1．设备准备

长度单位：mm

序号	名称	规格	数量	备注
1	钻床	Z4112	1 台/5 人	
2	平口钳		1 台	根据钻床型号和数量制备
3	工作台（含台虎钳）		1 台/人	
4	平板	600×450/1 级	4 块	
5	方箱		4 块	
6	砂轮机		1 台/5 人	

说明：a）钳工工作台高度应符合要求，并对特殊情况应备有脚踏板。

b）台钻的配备数量应不低于每 5 人 1 台的要求。

c）提供部分共用平板。

2. 工具准备

长度单位：mm

序号	名称	规格	单位	数量	备注
1	平锉	250（2 号纹）、150（3 号纹）	把	各1把	
2	扁錾		把	1	
3	麻花钻	$\phi5.8$、$\phi9.8$	支	各1支	
4	铰刀	$\phi10H8$	支	1	
5	铰杠		把	1	
6	平面刮刀		把	2	
7	样冲		支	1	
8	划规		把	1	
9	划针		支	1	
10	锯弓		把	1	
11	锯条		根	自定	
12	靠铁		块	1	
13	油石		块	1	
14	锤子		把	1	
15	软钳口		副	1	
16	游标高度卡尺	0～300/0.02	把	1	
17	游标卡尺	0～150/0.02	把	1	
18	外径千分尺	0～25/0.01、25～50/0.01	把	各1把	
19	游标万能角度尺	0°～320°	把	1	
20	刀口形直角尺	100×63/Ⅰ级	把	1	
21	刀口形直尺	150/Ⅰ级	把	1	
22	塞尺	0.01～2	把	1	
23	检验棒	$\phi10H8$	个	2	
24	钢直尺	0～150	把	1	
25	显示剂			若干	
26	锉刀刷		把	1	
27	护目镜		副	1	

3．材料准备

名　　称	尺寸规格（mm）	材质	数量	备　　注
三角尺毛坯料	88×51×15	45	1件/人	加工成形（见毛坯料图）

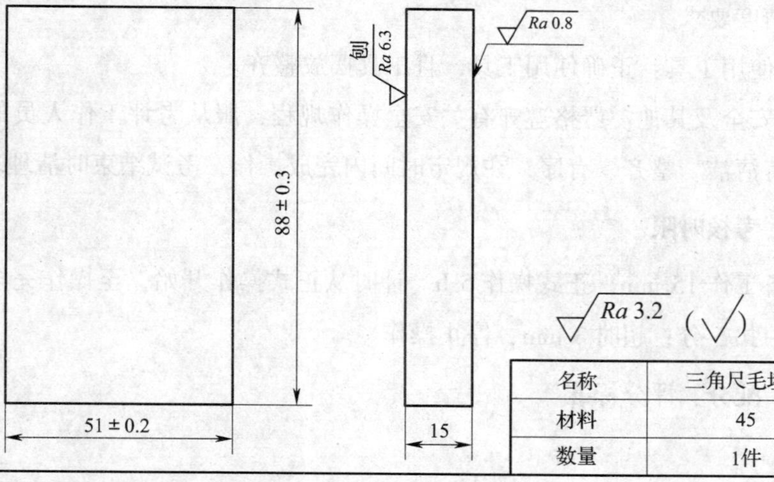

名称	三角尺毛坯料
材料	45
数量	1件

二、考件图样（见图4—9）

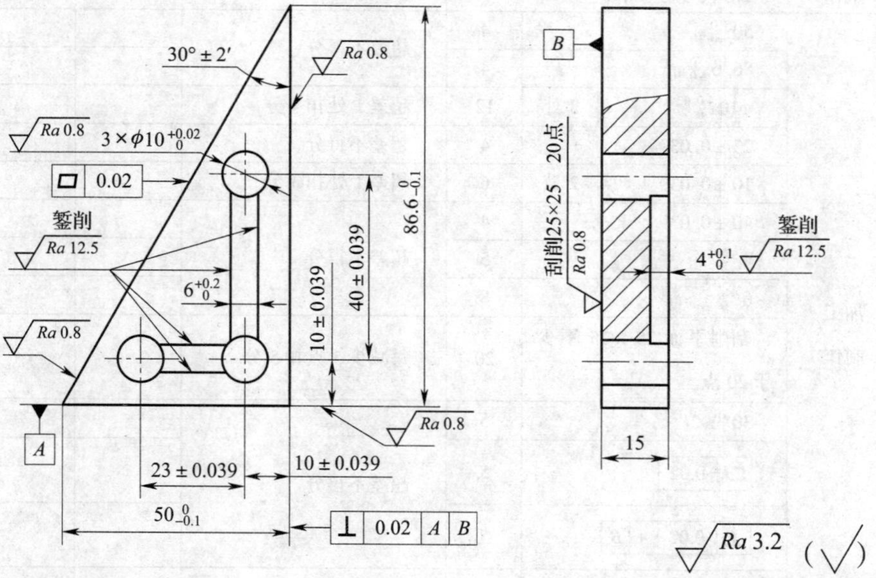

技术要求

1. 錾削、锉削、刮削痕迹必须保留。
2. 各外形锐边倒圆$R0.3$。

名称	三角尺
材料	45
工时	5h

图4—9　三角尺

三、考核内容

1. 准备工作：劳动保护用品穿戴整齐，工具准备齐全，认真阅读试题图样和要求。

2. 操作过程：按图 4—9 的图样要求和技术要求，利用合理的加工工艺进行制作加工并达到其精度要求。

3. 使用工具：正确使用工具，且工具摆放整齐。

4. 安全及其他：严格遵守有关安全操作规程，服从考评工作人员的安排与指挥，工作场地保持清洁、整齐、有序，在规定时间内完成操作，考试结束时清理现场。

四、考核时限

准备工作 15 min，正式操作 5 h。计时从正式操作开始，至操作完毕。操作超时 1 min，从总分中扣 5 分；超时 3 min，停止操作。

五、配分、评分标准

长度单位：mm

序号	考核内容	考核项目	配分	评分标准	检测结果	扣分	得分
1	准备工作	穿戴劳保用品	3	未穿戴整齐扣 3 分			
		工具、用具准备	2	工具选择不正确扣 2 分			
2	加工制作	$50_{-0.10}^{0}$	4	超差不得分			
3		$86.6_{-0.10}^{0}$	4				
4		$\phi10_{0}^{+0.02}$　3 处	12	超差 1 处扣 4 分			
5		23 ±0.039	4	超差不得分			
6		10 ±0.039　2 处	6	超差 1 处扣 3 分			
7		40 ±0.039	4	超差不得分			
8		$4_{0}^{+0.1}$	5				
9		$6_{0}^{+0.2}$	8				
10		刮削平面 25 × 25 不少于 20 点	20	每减少 5 点扣 5 分			
11		30° ±2′	5	超差不得分			
12		⏥ 0.02	5				
13		⊥ 0.02 A B	5				
14		*Ra*12.5 μm、*Ra*3.2 μm、*Ra*0.8 μm	8	超差 1 处扣 1 分，扣完为止			
15	使用工具	正确使用工具	2	工具使用不正确扣 2 分			
		正确维护工具	3	工具乱摆乱放扣 3 分			

续表

序号	考核内容	考核项目	配分	评分标准	检测结果	扣分	得分
16	安全及其他	按国家法规或企业规定		违规一次总分扣5分，严重违规停止操作			
		在规定时间内完成操作		超时1 min总分扣5分，超时3 min停止操作			
合计			100	考试得分			
考评员：			核分员：		日期：		

试题4—8　制作单斜块对配

一、考前准备

1. 设备准备

长度单位：mm

序号	名称	规格	数量	备注
1	钻床	Z4112	1台/5人	
2	平口钳		1台	根据钻床型号和数量制备
3	工作台（含台虎钳）		1台/人	
4	平板	600×450/1级	4块	
5	方箱		4个	
6	砂轮机		1台/5人	

说明：a）钳工工作台高度应符合要求，并对特殊情况应备有脚踏板。

b）台钻的配备数量应不低于每5人1台的要求。

c）提供部分共用平板。

2. 工具准备

长度单位：mm

序号	名称	规格	单位	数量	备注
1	平锉	300（1号纹）、250（2号纹）、200（3号纹）	把	各1把	
2	三角锉	200（2号纹）、150（2号纹）、150（3号纹）	把	各1把	

续表

序号	名称	规格	单位	数量	备注
3	什锦锉		套	1	
4	扁錾	刃口宽 10	把	1	
5	麻花钻	ϕ3、ϕ5、ϕ7.8	支	各 1 支	
6	铰刀	ϕ8H8	支	1	
7	铰杠		把	1	
8	软钳口		副	1	
9	划规		把	1	
10	划针		支	1	
11	钢直尺		把	1	
12	样冲		支	1	
13	锯弓		把	1	
14	锯条		根	自定	
15	靠铁		块	1	
16	油石		块	1	
17	锤子		把	1	
18	游标高度卡尺	0 ~ 300/0.02	把	1	
19	游标卡尺	0 ~ 150/0.02	把	1	
20	外径千分尺	0 ~ 25/0.01、25 ~ 50/0.01、75 ~ 100/0.01	把	各 1 把	
21	游标万能角度尺	0° ~ 320°	把	1	
22	刀口形直角尺	100 × 63/Ⅰ级	把	1	
23	刀口形直尺	150/Ⅰ级	把	1	
24	杠杆百分表表座		套	1	
25	杠杆百分表	0 ~ 3	块	1	
26	塞尺	0.01 ~ 2	把	1	
27	检验棒	ϕ8H8 × 20	个	2	
28	锉刀刷		把	1	
29	护目镜		副	1	

3. 材料准备

名　　称	尺寸规格（mm）	材质	数量	备　　注
单斜块对配毛坯料	78×81×8	45	1件/人	加工成形 （见毛坯料图）

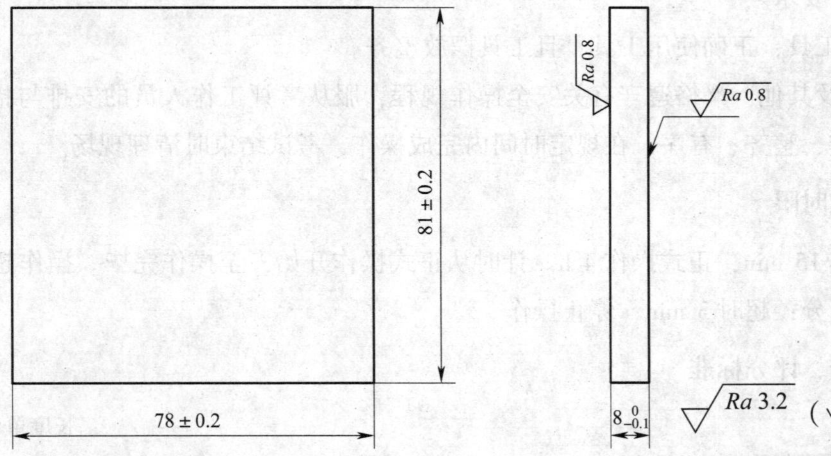

名称	单斜块对配毛坯料
材料	45
数量	1件

二、考件图样（见图4—10）

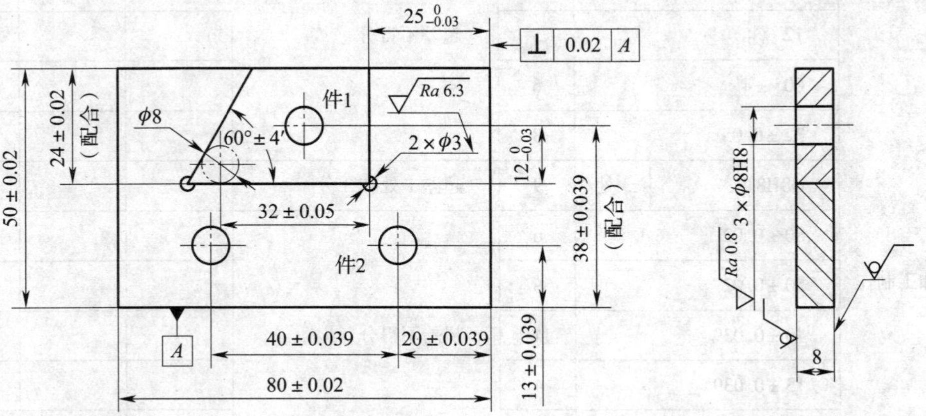

技术要求

1. 配合处为件1尺寸，32 ± 0.05为件2尺寸。
2. 件2配合面按件1配作。
3. 件1与件2配合面配合间隙≤0.04。

名称	单斜块对配
材料	45
工时	4h

图4—10　单斜块对配

三、考核内容

1. 准备工作：劳动保护用品穿戴整齐，工具准备齐全，认真阅读试题图样和要求。

2. 操作过程：按图 4—10 的图样要求和技术要求，利用合理的加工工艺进行制作加工并达到其精度要求。

3. 使用工具：正确使用工具，且工具摆放整齐。

4. 安全及其他：严格遵守有关安全操作规程，服从考评工作人员的安排与指挥，工作场地保持清洁、整齐、有序，在规定时间内完成操作，考试结束时清理现场。

四、考核时限

准备工作 15 min，正式操作 4 h。计时从正式操作开始，至操作完毕。操作超时 1 min，从总分中扣 5 分；超时 3 min，停止操作。

五、配分、评分标准

长度单位：mm

序号	考核内容	考核项目	配分	评分标准	检测结果	扣分	得分
1	准备工作	穿戴劳保用品	3	未穿戴整齐扣 3 分			
		工具、用具准备	2	工具选择不正确扣 2 分			
2	加工制作	24 ± 0.02	5	超差不得分			
3		$25_{-0.03}^{0}$	5				
4		$12_{-0.03}^{0}$	5				
5		$60° \pm 4'$	6				
6		32 ± 0.05	8				
7		$\phi 8H8$　3 处	9	超差 1 处扣 3 分			
8		80 ± 0.02	6	超差不得分			
9		50 ± 0.02	6				
10		40 ± 0.039	4				
11		13 ± 0.039	4				
12		20 ± 0.039	4				
13		配合间隙≤0.04	15	超差 1 处扣 5 分			
14		⊥ 0.02 A	5	超差不得分			
15		$Ra6.3\ \mu m$、$Ra1.6\ \mu m$、$Ra0.8\ \mu m$	8	超差 1 处扣 1 分，扣完为止			

续表

序号	考核内容	考核项目	配分	评分标准	检测结果	扣分	得分
16	使用工具	正确使用工具	2	工具使用不正确扣 2 分			
		正确维护工具	3	工具乱摆乱放扣 3 分			
17	安全及其他	按国家法规或企业规定		违规一次总分扣 5 分，严重违规停止操作			
		在规定时间内完成操作		超时 1 min 总分扣 5 分，超时 3 min 停止操作			
合计			100	考试得分			
考评员：			核分员：		日期：		

试题 4—9　制作凸轮样板

一、考前准备

1. 设备准备

长度单位：mm

序号	名称	规格	数量	备注
1	钻床	Z4112	1 台/5 人	
2	平口钳		1 台	根据钻床型号和数量制备
3	工作台（含台虎钳）		1 台/人	
4	平板	600×450/1 级	4 块	
5	方箱		4 个	
6	砂轮机		1 台/5 人	

说明：a）钳工工作台高度应符合要求，并对特殊情况应备有脚踏板。

b）台钻的配备数量应不低于每 5 人 1 台的要求。

c）提供部分共用平板。

2. 工具准备

长度单位：mm

序号	名称	规格	单位	数量	备注
1	平锉	250（1 号纹）、200（2 号纹）、150（3 号纹）	把	各 1 把	
2	圆锉	100（3 号纹）	把	1	

续表

序号	名称	规格	单位	数量	备注
3	方锉	100（2 号纹）	把	1	
4	整形锉		套	1	
5	麻花钻	ϕ4、ϕ5.9、ϕ10、ϕ19.8、ϕ20	支	各 1 支	
6	软钳口		副	1	
7	划规		把	1	
8	划针		支	1	
9	样冲		支	1	
10	锯弓		把	1	
11	锯条		根	自定	
12	靠铁		件	1	
13	油石		块	1	
14	锤子		把	1	
15	游标高度卡尺	0 ~ 300/0.02	把	1	
16	游标卡尺	0 ~ 150/0.02	把	1	
17	刀口形直角尺	100 × 63/Ⅰ级、63 × 40/Ⅰ级	把	各 1 把	
18	游标万能角度尺	0° ~ 320°	把	1	
19	R 规	1 ~ 7.5	把	1	
20	杠杆百分表表座		套	1	
21	杠杆百分表	0 ~ 3	块	1	
22	量块	38 件	套	1	
23	检验棒	ϕ20H8 × 40	件	2	
24	分度头	FW125	台	1	
25	曲线尺		把	1	
26	护目镜		副	1	
27	锉刀刷		把	1	
28	钢直尺	0 ~ 150	把		

3．材料准备

名　　称	尺寸规格（mm）	材质	数量	备　　注
凸轮样板毛坯料	85×85×8	45	1件/人	加工成形（见毛坯料图）

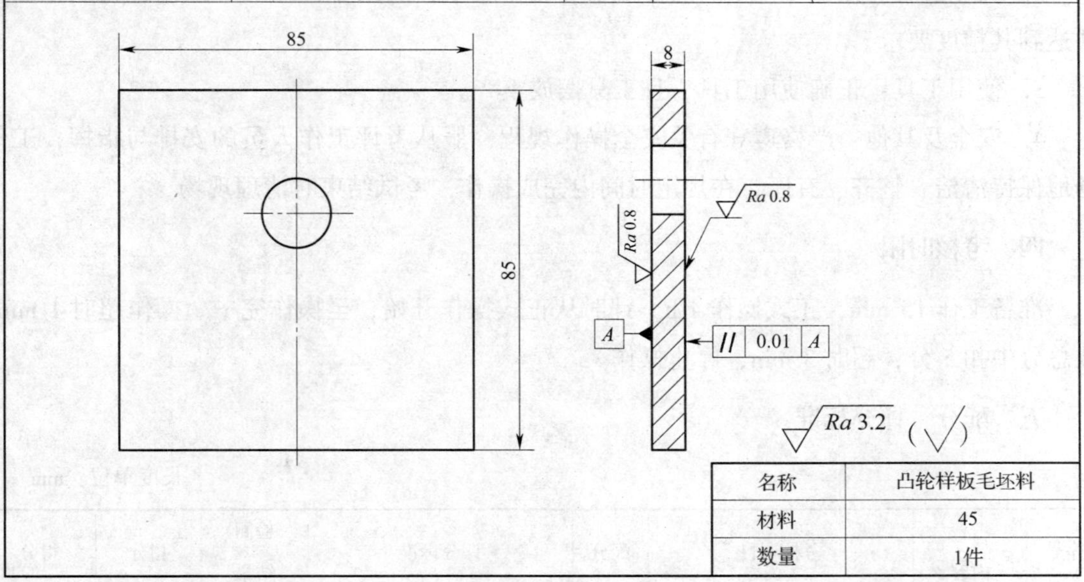

二、考件图样（见图4—11）

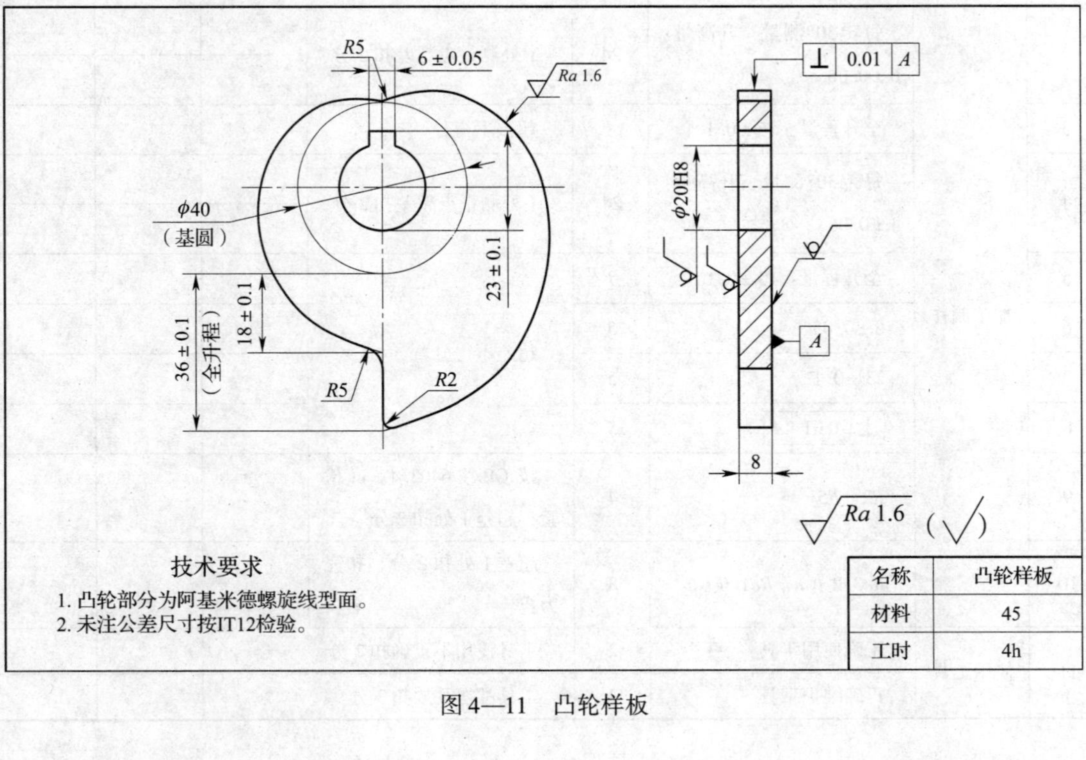

图4—11　凸轮样板

三、考核内容

1. 准备工作：劳动保护用品穿戴整齐，工具准备齐全，认真阅读试题图样和要求。

2. 操作过程：按图 4—11 的图样要求和技术要求，利用合理的加工工艺进行制作加工并达到其精度要求。

3. 使用工具：正确使用工具，且工具摆放整齐。

4. 安全及其他：严格遵守有关安全操作规程，服从考评工作人员的安排与指挥，工作场地保持清洁、整齐、有序，在规定时间内完成操作，考试结束时清理现场。

四、考核时限

准备工作 15 min，正式操作 4 h。计时从正式操作开始，至操作完毕。操作超时 1 min，从总分中扣 5 分；超时 3 min，停止操作。

五、配分、评分标准

长度单位：mm

序号	考核内容	考核项目	配分	评分标准	检测结果	扣分	得分
1	准备工作	穿戴劳保用品	3	未穿戴整齐扣 3 分			
		工具、用具准备	2	工具选择不正确扣 2 分			
2	加工制作	每转 30°测量，升高量：6 ±0.06	24	1 处测量点超差扣 2 分			
3		全升程量：36 ±0.1	8	超差不得分			
4		每转 30°测量，升高量：3 ±0.06	24	1 处测量点超差扣 2 分			
5		全升程量：18 ±0.1	7	超差不得分			
6		6 ±0.05	5				
7		23 ±0.1	5				
8		⊥ 0.01 A	5				
9		*R*2、*R*5	4	按 GB/T 6403.4—m 检验，超差 1 处扣 2 分			
10		*Ra*3.2 μm、*Ra*1.6 μm	8	超差 1 处扣 2 分，扣完为止			
11	使用工具	正确使用工具	2	工具使用不正确扣 2 分			
		正确维护工具	3	工具乱摆乱放扣 3 分			

续表

序号	考核内容	考核项目	配分	评分标准	检测结果	扣分	得分
12	安全及其他	按国家法规或企业规定		违规一次总分扣5分，严重违规停止操作			
		在规定时间内完成操作		超时1 min总分扣5分，超时3 min停止操作			
合计			100	考试得分			
考评员：			核分员：		日期：		

试题4—10　制作燕尾对配

一、考前准备

1. 设备准备

长度单位：mm

序号	名称	规格	数量	备注
1	钻床	Z4112	1台/5人	
2	平口钳		1台	根据钻床型号和数量制备
3	工作台（含台虎钳）		1台/人	
4	平板	600×450/1级	4块	
5	方箱		4个	
6	砂轮机		1台/5人	

说明：a）钳工工作台高度应符合要求，并对特殊情况应备有脚踏板。

b）台钻的配备数量应不低于每5人1台的要求。

c）提供部分共用平板。

2. 工具准备

长度单位：mm

序号	名称	规格	单位	数量	备注
1	平锉	300（1号纹）、200（3号纹）	把	各1把	
2	三角锉	200（3号纹）	把	1	
3	什锦锉		套	1	
4	扁錾		把	1	

续表

序号	名称	规格	单位	数量	备注
5	麻花钻	$\phi3$、$\phi5$、$\phi9.8$	支	各1支	
6	铰刀	$\phi10H8$	支	1	
7	铰杠		把	1	
8	划规		把	1	
9	划针		支	1	
10	软钳口		副	1	
11	锯弓		把	1	
12	锯条		根	自定	
13	样冲		支	1	
14	靠铁		块	1	
15	油石		块	1	
16	锤子		把	1	
17	游标高度卡尺	0~300/0.02	把	1	
18	游标卡尺	0~150/0.02	把	1	
19	外径千分尺	0~25/0.01、25~50/0.01、50~75/0.01	把	各1把	
20	游标万能角度尺	0°~320°	把	1	
21	刀口形直角尺	100×63/Ⅰ级	把	1	
22	刀口形直尺	125/Ⅰ级	把	1	
23	杠杆百分表	0~3	块	1	
24	杠杆百分表表座		套	1	
25	量块	83块	套	1	
26	R规	7.5~14.5	把	1	
27	塞尺	0.01~2	把	1	
28	检验棒	$\phi10H8\times10$	个	2	
29	锉刀刷		把	1	
30	护目镜		副	1	

3. 材料准备

名　称	尺寸规格（mm）	材质	数量	备　注
燕尾对配毛坯料	102×71×8	45	1件/人	加工成形（见毛坯料图）

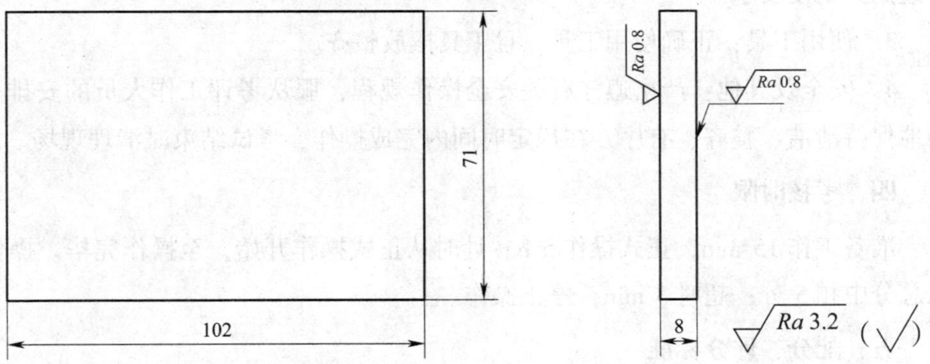

技术要求

未注公差尺寸按IT12检验。

名称	燕尾对配毛坯料
材料	45
数量	1件

二、考件图样（见图4—12）

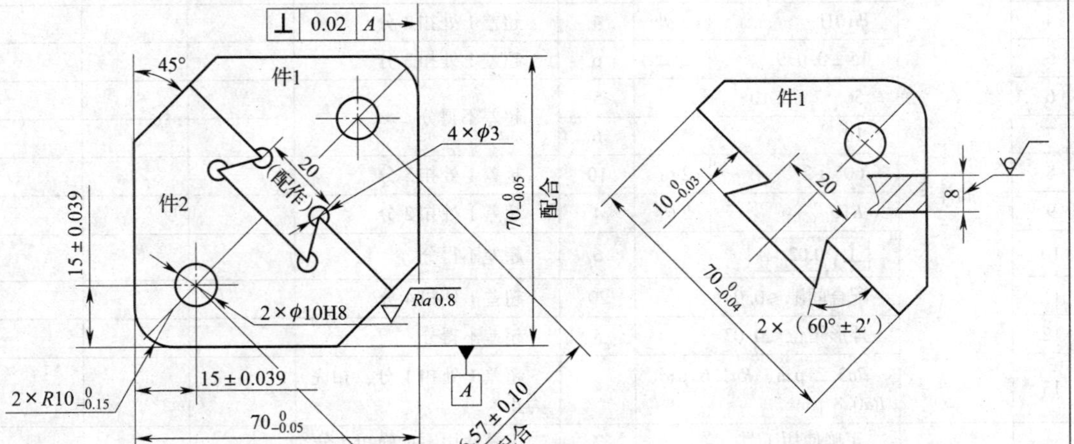

技术要求

1. 件2配合按件1配作。
2. 配合（翻转180°配合）间隙≤0.04。
3. 外形（翻转180°配合）错位≤0.03。
4. 锐边倒圆R0.3。

名称	燕尾对配
材料	45
工时	5h

图4—12　燕尾对配

三、考核内容

1. 准备工作：劳动保护用品穿戴整齐，工具准备齐全，认真阅读试题图样和要求。

2. 操作过程：按图 4—12 的图样要求和技术要求，利用合理的加工工艺进行制作加工并达到其精度要求。

3. 使用工具：正确使用工具，且工具摆放整齐。

4. 安全及其他：严格遵守有关安全操作规程，服从考评工作人员的安排与指挥，工作场地保持清洁、整齐、有序，在规定时间内完成操作，考试结束时清理现场。

四、考核时限

准备工作 15 min，正式操作 5 h。计时从正式操作开始，至操作完毕。操作超时 1 min，从总分中扣 5 分；超时 3 min，停止操作。

五、配分、评分标准

长度单位：mm

序号	考核内容	考核项目		配分	评分标准	检测结果	扣分	得分
1	准备工作	穿戴劳保用品		3	未穿戴整齐扣 3 分			
		工具、用具准备		2	工具选择不正确扣 2 分			
2	加工制作	$70_{-0.04}^{0}$	2 处	8	超差 1 处扣 4 分			
3		$70_{-0.05}^{0}$	2 处	8				
4		ϕ10H8	2 处	4	超差 1 处扣 2 分			
5		15 ±0. 039	2 处	6	超差 1 处扣 3 分			
6		56. 57 ±0. 10		5	超差不得分			
7		$10_{-0.03}^{0}$		6				
8		60° ±2′	2 处	10	超差 1 处扣 5 分			
9		$R10_{-0.15}^{0}$	2 处	4	超差 1 处扣 2 分			
10		⊥ 0.02 *A*		6	超差不得分			
11		配合间隙≤0. 04		20	超差 1 处扣 4 分			
12		外形错位≤0. 03		5	超差不得分			
13		*Ra*3. 2 μm、*Ra*1. 6 μm、*Ra*0. 8 μm		8	超差 1 处扣 1 分，扣完为止			
14	使用工具	正确使用工具		2	工具使用不正确扣 2 分			
		正确维护工具		3	工具乱摆乱放扣 3 分			
15	安全及其他	按国家法规或企业规定			违规一次总分扣 5 分，严重违规停止操作			
		在规定时间内完成操作			超时 1 min 总分扣 5 分，超时 3 min 停止操作			
合计				100	考试得分			

考评员：　　　　核分员：　　　　日期：